U0888186

权威·前沿·原创

皮书系列为

“十二五”“十三五”“十四五”时期国家重点出版物出版专项规划项目

BLUE BOOK

智库成果出版与传播平台

陕西蓝皮书
BLUE BOOK OF SHAANXI

陕西科技创新发展报告（2023）

ANNUAL REPORT ON THE DEVELOPMENT OF SCI-TECH INNOVATION IN SHAANXI (2023)

主 编 / 陕 西 省 社 会 科 学 院
陕 西 省 科 学 技 术 厅
陕 西 省 科 学 技 术 协 会
陕西省西咸新区开发建设管理委员会

社会科学文献出版社
SOCIAL SCIENCES ACADEMIC PRESS (CHINA)

图书在版编目(CIP)数据

陕西科技创新发展报告. 2023 / 陕西省社会科学院等主编. --北京：社会科学文献出版社，2023. 3
（陕西蓝皮书）
ISBN 978-7-5228-1526-8

Ⅰ. ①陕… Ⅱ. ①陕… Ⅲ. ①科学研究事业-发展-研究报告-陕西-2023 Ⅳ. ①G322. 741

中国国家版本馆 CIP 数据核字（2023）第 039005 号

陕西蓝皮书
陕西科技创新发展报告（2023）

主　　编 / 陕西省社会科学院
　　　　　陕西省科学技术厅
　　　　　陕西省科学技术协会
　　　　　陕西省西咸新区开发建设管理委员会

出 版 人 / 王利民
组稿编辑 / 邓泳红
责任编辑 / 宋　静
责任印制 / 王京美

出　　版 / 社会科学文献出版社 · 皮书出版分社（010）59367127
　　　　　地址：北京市北三环中路甲 29 号院华龙大厦　邮编：100029
　　　　　网址：www. ssap. com. cn
发　　行 / 社会科学文献出版社（010）59367028
印　　装 / 三河市东方印刷有限公司

规　　格 / 开　本：787mm × 1092mm　1/16
　　　　　印　张：23. 25　字　数：349 千字
版　　次 / 2023 年 3 月第 1 版　2023 年 3 月第 1 次印刷
书　　号 / ISBN 978-7-5228-1526-8
定　　价 / 158. 00 元

读者服务电话：4008918866

《陕西科技创新发展报告（2023）》编辑委员会

《陕西科技创新发展报告（2023）》编辑部

主要编撰者简介

王　飞　陕西省社会科学院院长、党组副书记、研究员。曾任国务院研究室综合研究司副巡视员，陕西省西咸新区管委会副主任、党工委委员（挂职），陕西省委副秘书长、陕西省新闻发言人，咸阳市委常委、副市长，大西安（咸阳）文体功能区（咸阳经开区）党工委书记等。主要研究领域为区域发展、管理系统工程。主要研究成果刊载在《人民日报》《学习时报》《习近平经济思想研究》等报刊。撰写完成的《应对重大疫情来袭保障城市基本生活运转》《加快构建全国统一大市场建议》等多篇咨询报告受到省部级以上领导批示。

吴　刚　陕西省社会科学院经济研究所副所长、研究员；兼任陕西省咨询委委员。主要研究领域为工业经济及新兴产业。近年来，主持完成20多项重点课题项目，包括国家社科基金项目“传统制造业转型升级能力评测及路径优化研究”，省社科基金项目“陕西战略性新兴产业发展路径研究”“军民科技协同创新路径及规制研究”“能化产业创新发展路径研究”“数字与实体经济融合发展研究”等。主持完成厅局级项目“陕西创新生态体系建设研究”“陕西汽车产业创新发展路径研究”“陕西亩均效益评价体系建构研究”等。公开出版《全面创新战略导向下产业升级模式研究》《低碳经济转型发展路径探析》等著作；科研成果先后获省部级二等奖两次、三等奖两次。

摘　要

2022年，陕西坚定不移实施创新驱动发展战略，以建设秦创原创新驱动平台为主线，着力强化国家战略科技力量、培育发展科技领军企业、深化科技成果转化“三项改革”、激发各类人才创新活力，探索推进科技强省建设新路径。科技创新综合实力持续增强，科技创新生态持续优化，科技赋能高质量发展的支撑引领作用日益凸显。

2023年，陕西深入贯彻落实党的二十大精神和习近平总书记来陕考察重要讲话重要指示，聚力推进高水平科技自立自强，持续深化科技成果转化“三项改革”，推动创新驱动发展迈出更大步伐，为奋进中国式现代化新征程、谱写陕西高质量发展新篇章提供更强动力。本书包括总报告、创新驱动篇、科技自立自强篇、“秦创原”篇、案例篇五个部分。总报告分析研究了陕西科技创新体系整体效能现状及突出问题，提出强化企业创新主体地位、强化战略科技力量、系统推进以科技创新为核心的全面创新、打造高能级创新平台、构建开放的创新生态等对策措施，提升陕西科技创新体系整体效能，不断塑造发展新动能新优势；创新驱动篇从促进“双链融合”、加速能源绿色低碳转型、提升院士专家工作站能级、优化“揭榜挂帅”机制等不同视角研究提出相关创新措施；科技自立自强篇从石油科技、新一代北斗卫星导航空间有效载荷、集成电路、新能源汽车等不同视角研究提出推进科技自立自强对策路径；“秦创原”篇从构建知识产权高地、建设“科创飞地”、打造创新驱动网络平台、培育“独角兽”企业等不同视角研究提出相关优化升级对策；案例篇解构分析了陕西法士特智能化转型、清控科创科技成果孵化、“小木耳大产业”科技赋能等典型案例，为科技赋能高质量发展提供实践指引。

关键词： 科技创新　科技自立自强　高质量发展　陕西

Abstract

In 2022, Shaanxi continually implemented the innovation-driven development strategy, took the construction of Qin Chuang Yuan's original new driving platform as the main line, focused on intensifying the national strategic scientific and technological strength, cultivating and developing leading scientific and technological enterprises, deepening the "three reforms" of the transformation of scientific and technological achievements, stimulating the innovative activities of various talents, and exploring new ways to promote the establishment of a strong province in science and technology. The comprehensive strength of scientific and technological innovation has been continuously enhanced, the ecological environment of scientific and technological innovation has been optimized, and the supporting and leading role of science and technology in enabling high-quality development has become increasingly prominent.

In 2023, Shaanxi will thoroughly implement the spirit of the 20th CPC National Congress and the important instructions made by President Xi Jinping when he visited Shaanxi, which is to promote the self-reliance of high-level science and technology, to develop the innovation-driven strategy to take greater steps, and to provide stronger impetus for high-quality development and modernization construction in Shaanxi. The report includes five parts: General report, Innovation-driven reports, Sci-tech self-reliance and self-strengthening reports, Qin Chuang Yuan reports and Case reports. The general report analyzes the current situation and problems of the efficiency of Shaanxi's scientific and technological innovation system, puts forward suggestions including strengthening the dominant position of enterprises in innovation, strengthening strategic scientific and technological forces, systematically promoting comprehensive innovation with scientific and technological innovation as the core, building a high-energy innovation platform, and building an open innovation ecosystem, to improve the overall efficiency of Shaanxi's scientific and technological innovation system, and constantly shaping new momentum and new advantages for development. The innovation-driven reports study "double chain integration", accelerating the green and low-carbon transformation of energy, improving the energy level of academicians and experts, and optimizing the mechanism of "select the best candidates", and then provide suggestions. The sci-tech self-reliance and self-strengthening reports investigate petroleum science and technology, the new generation Beidou satellite navigation space payload, integrated circuits, and new energy vehicles, and make suggestions. The "Qin Chuang Yuan" reports study building intellectual property highlands, "science and innovation enclaves", network platforms, and cultivating "unicorn" enterprises, and put forward optimization and upgrading countermeasures from different perspectives. The case reports deconstruct and analyze the typical cases of Shaanxi Fastgear's digital transformation, the acceleration of Qingkong's scientific and technological innovation incubation, and the technology empowerment of "small fungus industry", for providing practical guidance for the high-quality development of technology empowerment.

Keywords: Science and Technology Innovation; Sci-tech Self-reliance and Self-strengthening; High-Quality Development; Shaanxi

目 录

Ⅰ 总报告

B.1 陕西科技创新体系整体效能提升路径研究
…………………………………… 陕西省社会科学院课题组 / 001
一 科技创新体系效能提升的理论分析 ……………………… / 002
二 陕西推进科技创新体系整体效能提升的探索实践 ……… / 004
三 陕西科技创新体系整体效能提升面临的问题分析 ……… / 006
四 聚力提升科技创新体系整体效能的路径设计 …………… / 008

Ⅱ 创新驱动篇

B.2 “双链融合”典型特征及发展趋势研究……… 刘明熹 万劲波 / 014
B.3 陕西能源绿色低碳创新发展路径研究…………………… 李金柱 / 027
B.4 陕西院士专家工作站绩效测度及能级提升研究
…………………………………… 陕西省科学技术协会课题组 / 037
B.5 陕西探索实施科技项目“揭榜挂帅”制度的实践现状
与优化建议…………………………………… 司林波 宋兆祥 / 056

B.6 乡村振兴背景下陕西数字乡村建设综合评价研究
…………………………………… 王　刚　张子龙　宋思睿 / 084

B.7 陕西"科创中国"区域资源对接创新发展路径研究
…………………………………… 李肇娥　朱　炜　赵建文 / 109

B.8 陕西光子产业创新全生态体系建设研究
………………………………… 西安市中科硬科技创新研究院
陕西追光光子产业先导创新中心 / 128

B.9 陕西知识产权证券化实施路径研究…………… 贺骁勇　马新明 / 145

Ⅲ　科技自立自强篇

B.10 石油科技自立自强与发展研究
…………………………………………… 西安石油大学课题组 / 167

B.11 陕西推进新一代北斗卫星导航空间有效载荷高水平自立自强发展路径研究 …………… 航天五院西安分院课题组 / 185

B.12 产业链自主可控条件下陕西集成电路产业链发展研究
……… 西安交通大学改革试点探索与评估协同创新中心课题组 / 199

B.13 "双碳"背景下陕西新能源汽车科技创新发展路径研究
…………………………………… 陈铁嵩　郝　卓　刘大鹏 / 213

B.14 陕西智慧城市人工智能安全治理研究
………… 交叉信息核心技术研究院人工智能大安全观课题组 / 229

Ⅳ　"秦创原"篇

B.15 秦创原创新驱动平台总窗口促进区域高质量发展的实践与探索 ……………………… 西咸新区管委会课题组 / 243

B.16 秦创原知识产权创新引领高地建设路径研究 ……… 侯社教 / 259

B.17 秦创原"科创飞地"建设研究 ……………………… 张　胜 / 274

B.18 秦创原创新驱动网络平台建构研究
…………………………………… 王 军 李 华 吴爱萍 / 290
B.19 陕西“独角兽”企业培育路径研究
………………………………… 西北工业大学企业创新课题组 / 302

V 案例篇

B.20 陕西法士特高智新智慧工厂
……………………………………………………………… 吕 芬 / 316
B.21 清控科创“一体两翼”科创孵化 ……………………… 班 斓 / 328
B.22 科技赋能“小木耳大产业” …………………………… 赵鹏鹤 / 338

皮书数据库阅读**使用指南**

CONTENTS

I General Report

B.1 Research on the Path to Improve the Overall Effectiveness of Science and Technology Innovation System in Shaanxi

Project Group of Shaanxi Academy of Social Sciences / 001

1. Theoretical Analysis on the Efficiency Improvement of Science and Technology Innovation System / 002
2. Exploration and Practice of Promoting the Overall Effectiveness of Science and Technology Innovation System in Shaanxi / 004
3. Analysis of the Problems Faced by the Improvement of the Overall Effectiveness of Shaanxi Science and Technology Innovation System / 006
4. Path Design for Cohesion to Improve the Overall Effectiveness of Science and Technology Innovation / 008

Ⅱ Innovation-driven Reports

B.2 Research on Typical Characteristics and Development Trend of "Double Chain Integration"

Liu Mingxi, Wanjinbo / 014

B.3 Research on the Innovative Development Path of Green and Low Carbon Energy in Shaanxi *Li Jinzhu* / 027

B.4 Research on Performance Measurement and Energy Level Improvement of Shaanxi "Academician Expert Workstation"

Projet Group of Shaanxi Association for Science and Technology / 037

B.5 The Practical Situation and Optimization Suggestions for Shaanxi's Exploration and Implementation of the System of "Select the Best Candidates" in Science and Technology Projects

Si Linbo, Song Zhaoxiang / 056

B.6 Research on Comprehensive Evaluation of Shaanxi Digital Rural Construction under the Background of Rural Revitalization

Wang Gang, Zhang Zilong and Song Sirui / 084

B.7 Research on the Innovative Development Path of Regional Resources Connection of Shaanxi "Science and Technology Innovation China"

Li Zhaoe, Zhu Wei and Zhao Jianwen / 109

B.8 Research on the Construction of the Ecological System of Shaanxi Photon Industry Innovation

Xi'an Zhongke Hard Science and Technology Innovation Research Institute

Shaanxi Zhuiguang Photon Industry Leading Innovation Center / 128

B.9 Research on the Implementation Path of Shaanxi Intellectual Property Securitization

He Xiaoyong, Ma Xinming / 145

Ⅲ Sci-tech Self-reliance and Self-strengthening Reports

B.10 Research on Self Reliance and Development of Petroleum Science and Technology *Research Group of Xi'an Shiyou University* / 167

B.11 Research on the Development Path of Shaanxi to Promote the New Generation BeiDou Satellite Navigation Space Payload
Project Group of Xi'an,China Academy of Space Technology / 185

B.12 Research on the Development of Shaanxi IC Industry Chain under the Condition of Independent and Controllable Industry Chain
Research Center of Economic Reform Innovation and Assessment, Xi'an Jiaotong University / 199

B.13 Research on the Technological Innovation and Development Path of Shaanxi New Energy Vehicles under the Background of "Carbon Peaking and Carbon Neutrality"
Chen Yisong, Hao Zhuo and Liu Dapeng / 213

B.14 Research on Artificial Intelligence Security Governance of Shaanxi Smart City *Research Group of General Safety of AI, Institute for Interdisciplinary Information Core Technology* / 229

Ⅳ Qin Chuang Yuan Reports

B.15 Practice and Exploration of "The Window" of Qinchuangyuan Innovation Platform Promoting the High-Quality Development of Xixian New Area
Project Group of Management Committee of Xixian New Area / 243

B.16 Research on the Path of Qin Chuang Yuan's Intellectual Property Innovation Leading Highland Construction
Hou Shejiao / 259

B.17 Research on Qin Chuang Yuan's Construction of "Scientific Innovation Enclave" *Zhang Sheng* / 274

B.18 Research on the Construction of Qin Chuang Yuan' s Original and New Driving Network Platform
Wang Jun, Li Hua and Wu Aiping / 290

B.19 Research on the Cultivation Path of Shaanxi Unicorn Enterprises
Research Group of Entrepreneurial Innovation of Northwestern Polytechnical University / 302

V Case Reports

B.20 Shaanxi Fast Gear "Intelligence New Smart Factory"
Lyu Fen / 316

B.21 Qingkong Scientific Innovation "One Principle and Two Wings" Scientific Innovation Incubation *Ban Lan* / 328

B.22 Technology Enables "Small Agaric Industry" *Zhao Penghe* / 338

总报告

General Report

B.1

陕西科技创新体系整体效能提升路径研究

陕西省社会科学院课题组*

摘　要： 提升国家创新体系整体效能是完善科技创新体系的重要内容。区域科技创新体系是国家创新体系的基础单元，区域科技创新体系整体效能提升表现为创新投入产出效率的提高、创新体系综合竞争优势的增强。近年来，陕西推进科技创新体系整体效能提升取得了一些成效。着眼完善科技创新体系的新要求，陕西科技创新体系整体效能提升面临一些突出问题。加大破解突出问题，持续提升科技创新体系整体效能，要强化企业创新主体地位，激发创新发展新动能；强化战略科技力量，提升科技自立自强水平；系

* 课题组组长：王飞，陕西省社会科学院院长、党组副书记、研究员，研究方向为区域发展、管理系统工程。主要成员：吴刚，陕西省社会科学院经济研究所副所长、研究员，研究方向为工业经济及新兴产业；吕芬，陕西省社会科学院经济研究所助理研究员，研究方向为产业转型；赵鹏鹤，陕西省社会科学院经济研究所助理研究员，研究方向为区域经济与生态文明建设。

统推进以科技创新为核心的全面创新，提高全要素创新效率；打造高能级创新平台，加速科创资源集聚成果转化；构建开放的创新生态，提升创新系统体系化能力。

关键词： 创新体系　整体效能　科技创新　陕西

当前，国际社会科技竞争空前激烈，已从领域竞争走向体系对抗。世界主要国家都在加快科技创新体系化建设，力争在科技领域赢得全球领先地位和竞争优势。经过多年发展，我国已成功进入创新型国家行列，科技实力从量的积累迈向质的飞跃、从点的突破迈向系统能力提升。为适应这一重要阶段性特征，完善国家科技创新体系、提升创新体系效能将成为一项战略任务。党的二十大报告明确指出“完善科技创新体系”，并将“提升国家创新体系整体效能”作为重要内容。陕西是科教大省，也是国家重要的国防科技工业基地，创新综合实力雄厚，有条件在推进科技创新体系整体效能提升上走在前列，为国家创新体系整体效能提升贡献力量。

一　科技创新体系效能提升的理论分析

（一）科技创新体系效能提升的内涵分析

国家创新体系是集创新主体、创新机制和创新环境于一体，国家层面促进创新资源合理配置和高效利用，创新机构之间协调互动，充分体现国家创新意志和战略目标的系统。区域科技创新体系是国家创新体系的基础单元，是基于一定科技层面各类创新主体及创新机制、环境之间相互作用形成的有机系统。区域科技创新体系效能提升表现为创新投入产出效率的提高、创新体系竞争优势的增强。在早期创新系统理论中，创新体系效能提升关注创新能力的增强与创新机制的优化，随着创新生态系统理论的发展，创新体系效能提升更加关注创新协同发展以及系统整体繁荣。区域科技创新体系整体效能提升是一项系统工程，不仅要提高创新资源配置效率，促进各类创新主体密切合作、创新要素有序流动、创新生态不断优化，还要提高创新系统体系化能力和重点领域的突破能力等。努力构建自主创新能力突出、全要素创新效率较高、创新主体协同共生、创新系统运行稳健、创新生态开放包容的创新体系是科技创新体系整体效能提升的目标追求。

（二）科技创新体系效能影响因素分析

创新体系是一个复杂系统，只有系统各部分协调运转、均衡发展，创新体系整体效能才会充分发挥，任何一部分薄弱或缺失，都会影响体系整体效能。科技创新体系效能受创新主体、创新投入、创新成果转化、创新人才、创新机制及创新环境等多方面因素影响。其中，创新主体包括企业、高校、科研院所、政府机构及各类中介等。企业特别是科技型骨干企业、独角兽等高价值企业、“专精特新”企业创新活力较强，也是创新投入、产出以及收益的主体，是创新体系的核心。创新机制，包括资源要素配置、科研组织、管理方式等。良好的创新机制，有助于增强产学研协同，促进创新成果转化、技术合作和外溢等，激发创新创造活力。创新环境，包括体制、基础设施、人才供给、创新文化和政策制度等。创新环境影响创新主体培育、技术扩散、科技赋能等，构建开放的创新环境是维系和促进科技创新体系整体效能提升的重要保障。

（三）科技创新体系演进的趋势特征分析

当前，全球科技创新进入密集活跃期，创新主体复杂多样，创新范式加速变革，科技创新体系演进呈现多元化、高效化、体系化、网络化、生态化等趋势特征。

1. 创新主体多元化

随着新技术新业态新模式带来的产业迭代浪潮，创新主体由科技研发机构扩散至产学研各界。新型物种、新型研发机构大量出现。新型物种呈现高速扩张、高效增值、高重置成本和定价权等高价值性，迸发出高能创新活力。

2. 资源配置高效化

有效市场和有为政府发挥协同效应，市场主导创新元素的变异、优选、扩散。政府推动制度创新、营造创新文化、优化创新系统，使创新资源要素贯通融合、高效配置。

3. 创新系统体系化

诸多创新单元高效集成，从研发设计、技术集成、生产组织，到价值实现和利益分配等一体化集成、产学研一体化部署，形成大纵深、跨学科、全链条创新合作新格局。

4. 创新模式网络化

互联网改变生产和创新组织方式，创新网络平台整合域内外创新资源，形成跨区域与跨时空的技术转移和合作，分布式研发促进创新资源发挥更大价值。

5. 创新环境生态化

创新体系更加重视生态化环境营建。产、学、研、金、中介服务等创新群落相互依赖、共生演进，供需互动形式更加多样、速度更快、界面更加模糊。创新系统韧性增强，对环境变化响应更加迅速。

二　陕西推进科技创新体系整体效能提升的探索实践

党的十八大以来，习近平总书记多次来陕考察，对陕西创新发展寄予厚望，2015 年 2 月考察西安时明确指出“核心技术靠化缘是要不来的，必须靠自力更生”；2020 年 4 月来陕考察又作出“在创新驱动发展方面迈出更大步伐”的重要指示；2021 年 9 月考察榆林时再次作出“把加强科技创新作为最紧迫任务，加快关键核心技术攻关”的重要指示。近年来，陕西牢记总书记嘱托，围绕创新型省份建设，统筹推进创新主体培育、核心技术攻关、创新载体打造、创新生态营建，区域科技创新体系整体效能稳步提升。

（一）培育发展创新主体，激发创新活力

陕西大力培育发展企业主体，打造优势产业集群。数据显示，陕西企业主体从2016年的56.3万户增长到2021年的124.6万户，年均增长17.2%；其中，高技术企业从2016年的1829户增长到2021年的8397户，年均增长35.6%；培育形成国家级“专精特新”企业166户；西部超导、铂力特、三达膜、瑞联新材、凯立新材料等一批企业先后在科创板成功上市，成为国内乃至全球具有竞争力的隐形冠军企业。围绕“双链融合”，培育形成高端能化、集成电路、结构性材料、新能源汽车、重卡、乘用车、通用航空、民用无人机等一批产业链条相对完整、规模实力较强的创新型产业集群，引领科技创新活力稳步增强。

（二）加强原创性引领性科技攻关，推进科技自立自强

陕西组织实施重大科技创新工程，推进实施“揭榜制”“赛马制”等方式，强化科技资源统筹，推进大型运输机、新能源汽车、人工智能、光子制造、高端液晶面板、生物医学等领域原创性引领性科技攻关，陆续攻克国产大飞机、载人航天、中国天眼（FAST）、北斗导航系统、特高压输配电设备、数控机床、3D打印、能源清洁高效利用、分子医学等重大科技领域一些“卡脖子”技术，有力地提升了科技自立自强水平。

（三）打造秦创原等高能级创新载体，加速创新成果转化

陕西紧盯国家战略导向，积极争取国家实验室、技术中心、创新基地布局，构建高能级创新载体，加速科技成果转化。截至2021年，陕西已建成国家工程研究中心7家、国家重点实验室26个。培育形成秦创原创新驱动平台、省科技资源统筹中心、西安科技大市场等一批从研发到孵化再到产业化的创新载体。2021年陕西技术合同交易额达到2343.44亿元，比2012年增长6.0倍。科技成果转化速度加快、规模提升，创新成果匹配产业需求，对产业升级形成坚实支撑。

（四）强化创新政策供给，优化创新生态

陕西先后出台《陕西省促进科技成果转化若干规定（试行）》《进一步加强高校科技成果转化的若干意见》《秦创原创新驱动平台建设三年行动计划》《推动科技成果转化“三项改革”》等政策举措，优化改善创新环境，促进科技创新潜能释放。2021年，陕西R&D经费投入强度达到2.35%，较2012年提升了0.32个百分点，在全国位次由2012年的第8位上升至第7位。陕西综合科技创新水平指数达到67.86%，比2012年提升10.8个百分点。

三　陕西科技创新体系整体效能提升面临的问题分析

立足完善科技创新体系的新要求，加快构建新发展格局，着力推动高质量发展的新需求，陕西科技创新体系整体效能提升面临新的问题和挑战。

（一）企业创新主体作用发挥不足

企业是科技和经济紧密结合的重要力量，是创新体系效能提升的关键。而目前陕西科技型企业数量较少，2021年科技型企业数量仅占陕西企业总量的0.85%，独角兽企业等高价值企业更为缺乏。陕西规模以上工业企业研究与试验发展经费投入强度仅为1.03%，低于全国规模以上工业企业研究与试验发展经费投入强度0.37个百分点；分产业看，陕西规模以上采矿业、制造业研发投入强度分别为0.40%、1.35%，分别低于全国规模以上平均水平0.33个、0.19个百分点。创新高能产业发展滞后。2021年陕西战略性新兴产业增加值仅占全省GDP的11.8%，而同期全国为13.4%，相差1.6个百分点；高技术制造业增加值占全省规模以上工业增加值的9.6%，而同期全国为15.1%，相差5.5个百分点。

（二）核心技术攻关能力薄弱

自主创新能力、核心技术攻关能力是科技创新体系核心竞争力的重要体现。当前，陕西大批中小企业的创新以一般性技术和产品创新为主，处于产业链的中低端，关键技术对外依赖性较大。比如，乘用车关键核心部件仍以省外配套为主；数控设备操作系统、可编程逻辑控制器、智能工业网关等工业控制基础产品研究能力不足；工业机器人关键核心部件、计算机核心CPU芯片等长期依赖进口等。

（三）创新资源配置效率低下

只有创新资源要素流动共享，高效配置才能发挥最大的效用。陕西高校、科研院所、军工、央企拥有大量科技创新资源，由于体制机制制约，大量的科研仪器、实验室共享不足，运行效益低下；军民、央地融合创新能力不足，资源配置成本较高；再加之，知识产权保护、公平竞争、社会信用等制度规则建设滞后，技术、产权交易、数据要素等市场发育不足，导致创新资源要素配置效率低下、投入产出绩效不足。

（四）创新系统体系化能力不足

体系化是整体性、协同性和有机关联性的集中体现。良好的创新系统呈现创新资源均衡分布、创新主体及要素高层级的联动协同。而目前，陕西科技创新资源分布极不均衡，2021年陕西全省R&D经费投入强度为2.35%，除西安为5.18%、杨凌示范区为2.69%外，其他各市区都低于全省均值，能源化工强市榆林仅为0.25%。另据中国科技发展战略研究小组发布的《中国区域创新能力评价报告2021》，2021年，陕西科技论文、专利等综合指数在全国分别排第2位、第6位；而企业研发投入、技术转移等综合指数在全国分别排第21位、第25位，研发转化不匹配，各类创新资源要素有机关联不强、联动协同不足。

四　聚力提升科技创新体系整体效能的路径设计

科技创新体系整体效能提升是持续不断的过程。加大破解突出问题，统筹谋划，努力打造竞争优势突出、创新生态良好的科技创新体系，不断塑造发展新动能新优势。

（一）强化企业创新主体地位，激发创新发展新动能

促进创新要素向企业集聚，全面提升企业创新能力，培育发展创新型领军企业、创新企业集群，激发全社会创业创新活力，积蓄创新发展新动能，开辟发展新领域新赛道。一是大力培育创新型领军企业。支持拥有国家级研发、检测机构，国家驰名商标、单打冠军、首台套的企业，或应税销售收入在同业中处于领先位置的科创企业规模化、品牌化发展，提升核心竞争力。支持创新型领军企业勇当原创技术“策源地”、现代产业链“链长”，开展关键核心技术攻关，承担国家重大科技项目，开发前沿新产品新技术，参与重大科研国际分工。支持创新型领军企业营建自身生态链、生态圈，积极开展全球知识产权、行业标准的布局，主导产业链供应链，增强产业韧性。二是积极培育创新型企业集群。支持中小企业组建产业技术创新联盟，与科研院所共建产学研联合实验室，强化研发合作。支持中小企业利用科技创新券购买科技公共服务，提高创新资源配置和利用效率。鼓励和支持科技型中小企业在创业板、新三板挂牌融资。着力打造科技型、高成长型中小微企业生态群落，积极培育发展专精特新“小巨人”，加快形成以高新技术企业为骨干的创新型企业集群。三是持续激发全社会创业创新活力。积极开展群众性科技创新活动，提高群众科学素养和创新意识。推进大学科技园、大学生创业园、大学生创客空间等平台建设，建立一体化孵化体系，吸引高校毕业生创新创业。大力弘扬企业家精神、工匠精神，营造全社会创新创业的浓厚氛围。

（二）强化战略科技力量，提升科技自立自强水平

党的二十大报告明确提出“强化国家战略科技力量”。战略科技力量具有较强的稀缺性，会对经济社会发展产生系统性影响。国家战略科技力量能让一个国家对其他国家形成“可置信威胁”。一旦该国对全球切断了这种科技能力的供应，就能对其他国家形成“卡脖子”的关键影响。陕西具有战略科技人才丰富、国家创新复合试点叠加优势突出、国防军工保障能力强大等综合优势，加快建设国家战略科技与产业链融合先行区，打造科技创新原创动力，提升科技自立自强水平。一是积极打好关键核心技术攻坚战。聚焦保障初级产品供给安全、生命健康、气候变化、数据安全等，着力突破一批关键共性技术、核心技术，打通关键领域技术的堵点、断点，有效解决产业链供应链面临的严重威胁。种业安全方面，加大攻关种源保护、木本油料、中药材优质高效生产和精加工前沿技术，培育发展种子名优品牌，打造种业强省；能源安全方面，依托榆林高端能化基地，集中研发油气安全供应、化石能源清洁高效开发、低阶煤分质利用、可再生能源发电系统等技术。加大攻关非常规油气勘探开发、“源网荷储”一体化、多能互补集成、储能和电动汽车应用、能源系统数字化智能化等先进技术；生命健康方面，依托国家分子医学转化科学中心，推进基因诊断、基因治疗和基因工程新药小分子医药等前沿引领技术研发；碳达峰碳中和方面，加强前沿/颠覆性技术、新型能源技术、碳捕集技术、森林碳汇技术等攻关；数据安全方面，依托超算、绿色算力中心，加强数据聚合、建模分析、应用开发、资源调度等共性技术的研发和应用，推动人工智能、区块链、边缘计算等前沿技术的部署和融合。二是巩固提升国防军工战略科技保障能力。聚焦航空航天、专用材料、信息网络等领域，加快推进空间动力装置、深空探测、空间飞行器在轨服务系统等关键技术研发；推进航空动力制造技术、零配件专业化成套制造技术研发；提高军工高端制造设备、仪器仪表、研发软件等自主可控水平；加大整合国防科技实验室、军工企业创新中心，推进资源开放共享。促进军民项目、人才、政策等创新资源深度融合、协同发展。三是打造国

家战略科技承载高地。依托秦创原创新驱动总平台打造国家战略科技中试熟化一体化承载高地。紧盯国家战略导向，积极争取国家实验室、大科学中心、国际科技创新基地等布局。围绕煤制烯烃、氢能与储能、传感器、无人机、光子集成芯片、钛及钛合金等优势产业链，布局建设一批工程技术研究中心、企业技术中心等。进一步打通“研发—工程化—产业化”链条，加快形成跨领域、大协作、高强度的产业链融合簇群。

（三）系统推进以科技创新为核心的全面创新，提高全要素创新效率

创新是一个复杂集成的系统过程，科技创新带来的新工具、新手段，对经济增长起着引领、驱动和倒逼作用，但创新效率的最大化有赖于多要素、多领域相关要素的“同频共振”。不仅需要科技创新，也需要与之匹配的组织、管理、制度等非技术要素创新。要系统推进以科技创新为核心的全面创新，提高全要素创新效率。一是立足“四个面向”推进科技创新。面向世界科技前沿，加大人工智能、航天动力、数控机床、储能技术等协同攻关，引领未来科技和产业发展；面向经济主战场，促进产业链和创新链深度融合、军民融合、制造与服务融合，全方位提升产业核心竞争力；面向国家重大需求，合力攻关优势产业链自主可控、能源保障、初级产品安全等方面核心技术，为产业安全、经济安全、国家安全作出贡献；面向人民生命健康，统筹生物医疗医学资源，加大重大公共卫生事件应对、重大疾病防控、食品药品安全保障等，为人民生命健康提供日益充分的科技保障。二是推进组织、业态、管理等非技术要素创新。新科技产业革命催生新的生产方式、组织形态和商业模式，立足网络化、生态化组织创新趋势，着力打造产业集群化、生态网络化、平台化等产业组织新模式；紧扣商业变革分享演进趋势，积极培育发展场景体验、定制营销等新业态；着眼全球性、动态性、不确定性、复杂性技术变革趋势，大力发展精益管理、协同管理、智能管理、价值链整合管理。三是推进场景创新。场景创新是科技革命、产业变革的创新实验室，也是新技术新业态的聚合器。加大支持应用场景策划，引导企业组建

“场景创新实验室”，探索“科技攻关—场景验证—产业化应用”的成果转化新路径。四是推进制度创新。依托航空航天、智能制造、信息感知、旱区农业等优势创新资源，打造基础研究、应用研究到商业一体化的制度体系；统筹推动市场效率提升、协同创新能力增强、供给质量提升、开放创新生态的制度体系建设，激发政策制度集成效应。

（四）打造高能级创新平台，加速科创资源集聚、成果转化

创新平台是集聚高端资源要素、汇聚创新人才、孵化科技成果的有效载体。打造高能级创新平台，吸纳和聚集更多的创新企业、研发创新人才等，与驻地创业创新资源、政策和平台等充分对接，推动创新链产业链资金链人才链深度融合，促进科技成果转化。一是打造秦创原原创技术策源地。围绕打造新技术、新产业、新业态、新模式策源地，强化创新资源空间耦合，集聚科创资源，完善公共科研基础设施，谋划建设大数据中心、新能源基因库、科学数据平台等。面向新材料、工业互联网、生命健康等战略性关键领域方向，谋划建设一批创新功能单元，着力打造一批创新要素高度集聚、创新成果加速产出、创新企业不断孵化、创新生态良好的发展新空间。二是建设高水平创新服务综合体。围绕产业创新服务全链条，打造研发设计、概念验证、测试检验、中试熟化、规模化生产等多功能叠加的产业创新服务综合体。持续完善产学研用金紧密结合的创新生态，积极构建以龙头企业、研发机构、产业园区等为多元化投资主体的发展格局。三是加强建设各类共享开源平台。鼓励企业开发运营开源托管平台，构建开源社区、产业联盟等多元化平台。支持和引导软件企业、科研机构积极参与一批基础性、前瞻性、领先性的开源项目，提高基础软硬件协同研发能力，构建开源开放的技术创新和软件应用生态。

（五）构建开放的创新生态，提升创新系统体系化能力

构建开放的创新生态，加速释放“雨林”效应，促进相关创新群落联动共生、要素开放耦合，加快实现创新要素高层级的联动、协同、共生，提

升创新系统体系化能力。一是加大科技创新资源协调化布局。加快清理废除妨碍统一市场和公平竞争的区域性优惠政策、市场进入壁垒等，促进人才、资金、技术、数据等各类创新资源跨区域融合互动。搭建体系化的区域创新合作网络，统筹引导省属企业、高新园区、民间资金联合投资，积极参与各具特色的区域创新体系建设。充分发挥秦创原创新驱动平台的集群效应，辐射带动边缘区域协同共进发展。二是推进研发组织方式创新。推进集中式研发同分布式网络化研发并行，进一步激发创新主体价值创造力。积极探索新型举国体制聚合重点研发平台、企业、科研机构等创新主体，构建体系化关键核心技术攻关新模式，加快形成关键核心技术力量集中化布局、建制化推进、协同化发展的新局面；支持优势“链主”企业加大构建开放创新网络，整合吸纳内外创新资源，强化共享和协作，推进分布式研发创新，提高资源的利用效率和创新效率。三是建立全生命周期创新体系效能提升支持政策体系。分析研判创新体系效能提升不同生命周期阶段的规律和政策需求，建立覆盖创新体系效能提升起步期、发展期、成熟期不同阶段支持政策体系，优化创新政策措施与创新活动的耦合度，增强政策实施精准效果。四是深入推进科技创新体系化改革。持续深化现代科研院所分类改革，健全差异化配套支持政策机制，激发发展活力；深化科技成果转化“三项改革”，持续激发广大科技人员创新创造活力。进一步完善创新成果知识产权保护机制，提升知识产权转移转化效益；统筹发展和安全，优化科技创新开放合作环境，积极融入全球科技创新网络，加快向创新链上游攀升。五是加强科技创新体系效能提升的关键数据评价监测。探索构建涵盖科技自主创新能力、体系化能力、主体协同发展、资源配置绩效、开放创新生态的评价监测体系。加强评价督查，引领科技创新体系整体效能持续提升。

参考文献

余江、管开轩、李哲等：《聚焦关键核心技术攻关　强化国家科技创新体系化能力》,《中国科学院院刊》2020 年第 8 期。

陈芳、万劲波、周城雄:《国家创新体系:转型、建设与治理思路》,《科技导报》2020 年第 5 期。

赵炎、王玉仙:《面向 2035 年的分布式创新》,《中国科技论坛》2020 年第 10 期。

贾晓峰、高芳、胡志民:《国家创新体系建设的结构、功能、生态视角分析》,《科技管理研究》2021 年第 22 期。

冯泽、陈凯华、陈光:《国家创新体系研究在中国:演化与未来展望》,《科学学研究》2021 年第 9 期。

陕西省统计局:《科创实力显著提升,创新硕果成绩斐然》,《陕西日报》2022 年 10 月 12 日。

王飞:《构筑高水平创新生态　为实体经济持续赋能》,《习近平经济思想研究》2022 年第 8 期。

创新驱动篇

Innovation-driven Reports

B.2 "双链融合"典型特征及发展趋势研究

刘明熹　万劲波*

摘　要： 当前，新一轮科技革命和产业变革加速演进。加快推动创新链与产业链"双链"深度融合，是我国应对全球产业链供应链重构的重要方向，也是我国实现产业现代化和经济社会高质量发展的关键举措。与2035年跻身创新型国家前列、建成世界科技强国的目标相比，我国基础研究仍然薄弱，创新链对产业链的支撑能力不足，产业技术"卡脖子"问题突出，产业链供应链安全稳定面临严峻挑战，迫切需要强化基础研究原始创新策源功能，发挥企业在科技创新中的主体作用，打造科技、产业、金融良性循环的创新体系。在科技同经济深度融合中，要着重处理好三个关系：一是处理好产业链与创新链的关系；二是处理好科技、产

* 刘明熹，理学博士，管理科学与工程博士后，中国科学院科技战略咨询研究院副研究员，研究方向为创新战略与政策；万劲波，理学博士，中国科学院科技战略咨询研究院研究员、博士生导师，研究方向为科技战略与规划。

业、金融的关系；三是处理好有为政府与有效市场、有序社会的关系。

关键词： 双链融合　创新链　产业链　融合路径　陕西

2020年4月，习近平总书记在陕西考察时强调“要围绕产业链部署创新链、围绕创新链布局产业链，推动经济高质量发展迈出更大步伐”①。2020年9月，习近平总书记在湖南考察时再次强调“要围绕产业链部署创新链、围绕创新链布局产业链，强化企业技术创新主体地位，完善成果转化和激励机制，提升自主创新能力”②。2020年10月，习近平总书记在深圳经济特区建立40周年庆祝大会上的讲话中指出“要围绕产业链部署创新链、围绕创新链布局产业链，前瞻布局战略性新兴产业，培育发展未来产业，发展数字经济”③。2021年3月，习近平总书记在参加十三届全国人大四次会议内蒙古代表团审议时进一步强调“要紧扣产业链供应链部署创新链，不断提升科技支撑能力”④。习近平总书记关于“双链融合”的系列重要论述，为新时期推动科技同经济深度融合、提升科技支撑引领能力指明了努力方向。

一　发展意义与未来需求

从概念内涵看，产业链是一条包含从原材料、中间品到最终产品等各个

① 习近平：《扎实做好“六稳”工作落实“六保”任务　奋力谱写陕西新时代追赶超越新篇章》，《人民日报》2020年4月24日。

② 《习近平在湖南考察时强调　在推动高质量发展上闯出新路子　谱写新时代中国特色社会主义湖南新篇章》，《人民日报》2020年9月19日。

③ 习近平：《在深圳经济特区建立40周年庆祝大会上的讲话》，《人民日报》2020年10月15日。

④ 《习近平在参加内蒙古代表团审议时强调完整准确全面贯彻新发展理念　铸牢中华民族共同体意识》，《人民日报》2021年3月6日。

生产环节的链条，主要描述不同生产部门间的上下游投入产出关系。创新链是由基础研究、应用开发、试制改进等多环节形成的链式结构，主要描述科技成果从科学思想萌发到商业化生产销售整个过程，反映了各创新主体的相关作用关系。产业链和创新链的融合发展可以提高产业链上生产要素和创新链上技术要素的整合能力，实现“双链”相互促进、协同发展。

我国已连续多年成为世界第一制造业大国，但科技经济结合不紧密、产品附加值偏低、竞争力不强等问题仍然比较突出。在全球产业链供应链加速重构、经济全球化面临困难的背景下，推动产业链与创新链的“双链融合”是保持我国经济发展可持续高阶性推进的重要举措，是我们应对西方大国挑起经济冷战、保持中国经济的持续高成长性的重要利器，也是前瞻谋划未来产业发展，迈向产业基础高级化、产业链现代化目标的关键路径。

（一）“双链融合”有助于提升产业链供应链韧性和现代化水平

百年变局和世纪疫情交织叠加，全球产业链供应链加速重构，我国在部分产业领域短板明显，核心控制能力较弱，产业链韧性面临严峻挑战。通过产业链和创新链深度融合，围绕产业链部署创新链，一方面，聚焦事关国家发展和安全的关键核心领域布局研发项目，利用科技创新解决产业发展面临的关键技术问题，推动产业链关键核心技术自主可控。另一方面，加强科技成果转化和产业化，有力推动产业转型升级，通过创新让产业链各环节实现价值增值，依托创新链促进产业链升级，提升产业链供应链韧性和现代化水平。

（二）“双链融合”有助于深入实施创新驱动发展战略

从创新链的定义来看，这条复杂的链式结构既包含充满好奇心和创造力的创新创意萌发过程，又包含大量求真务实、实证探究的产品试制改进过程，还要经过充满风险挑战的“死亡之谷”和“达尔文之海”，是一个高知识技术密集、高资本投入和高风险的过程，容易出现科技与产业脱节、成果转化不畅和链条中断等现实问题。一方面，通过与产业链的深度融合，可以为创新链找到转化落地的载体，进而形成对创新方向和目标的校正和引导。另一方面，通过产业转型升级对创新链发展不断提出新需求，推动创新链的演进变化和迭代升级，与产业链融合从而实现经济社会价值，有力推动创新驱动发展战略向纵深发展。

二　发展趋势与机遇挑战

当前，新一轮科技革命和产业变革加速演进。加快推动创新链与产业链“双链”深度融合，是我国应对全球产业链供应链重构的重要方向，也是我国实现产业现代化和经济社会高质量发展的关键举措。当前，受百年变局和世纪疫情交织影响，全球产业链创新链分工格局、运行逻辑、规则体系、竞争范式正在发生深刻变革，呈现新的发展趋势，面临新的机遇挑战。立足新发展阶段、贯彻新发展理念、构建新发展格局，必须充分发挥科技创新驱动作用，通过产业链创新链融合发展提升产业附加值，促进产业链供应链现代化发展，增强产业综合竞争力，推动我国经济由要素驱动型转向创新驱动型发展。要加快建设以人为本、多链融合的良好社会创新生态，构建创新联合体和科技创新体集群，推进科学发现、技术发明、产业创新一体化发展；要拓展深化国际创新链产业链合作，不断提升我国创新链产业链国际分工地位。

（一）“双链融合”的发展趋势

首先，全球产业链分工格局深度调整，原有“大三角”分工格局逐渐支离破碎，新“三足鼎立”分工格局正在加快形成。受俄乌冲突搅动全球能源格局、欧洲能源来源多元化、各国推动生产制造环节本土化区域化、跨国公司布局分散化多元化等因素影响，北美、欧洲、亚洲等“区域内”循环和经济联系不断增强，原有全球“大三角”分工格局加速调整，北美供应链、欧盟供应链和亚洲供应链“三足鼎立”供应链格局加速形成。发达国家凭借科技创新、市场、人才、品牌等优势，牢牢占据着关键核心零部件、研发设计、品牌、售后服务等价值链高端环节，将一般零部件制造、加工组装等低端环节转移到低成本的发展中国家。

其次，全球产业链创新链运行逻辑发生变化，安全因素在各国产业链创新链布局中的权重上升。疫情暴发以来，各国纷纷认识到产业链供应链安全的极端重要性，加快推动产业链供应链区域化、本土化，区域内贸易量进一步增加。一些跨国企业为分散风险，逐步将产业链供应链关键环节向本土转移、回流；部分国家将以往高度分散的生产工序和环节逐步收缩。这些都可能影响我国的分工地位。此外，俄乌冲突使很多国家更加重视产业链供应链安全，各国纷纷通过加强资源整合和“保护性措施”减少对外依赖，关键资源、重要原材料、医疗器械等就近和本地化生产或成为重要趋势。

最后，产业创新范式发生重要变化，国际竞争逐步由个体竞争向群体竞争、集群竞争、链条竞争和生态竞争转变。全球产业竞争范式深刻调整，国际产业和创新竞争正在从产品竞争、个体竞争升级到产业链群和产业生态之间的竞争，分工深化、协同互补、链条完整的产业集群创新成为产业竞争力的重要来源。政府支持政策也从重视单一产品制造和技术突破逐步向重视系统集成、生态营造、集群建设、产业链升级、自主可控转变。

（二）“双链融合”的机遇挑战

加快构建新发展格局是关系国家发展全局的重大战略，其中最本质的特征是要实现高水平的科技自立自强。当前，我国面临复杂严峻的国内外发展环境，劳动力成本优势减弱，绿色发展对资源、环境的承载能力提出了更高要求，传统的生产要素组合方式难以适应新形势，科技创新的重要性已经被提升至新的高度。一方面，从国内大循环来看，推动产业链与创新链融合发展，能够通过调整资源配置、补齐短板改善整个供给结构，从而成为巩固“三去一降一补”成果、推进供给侧结构性改革的重要支撑；另一方面，从国内国际双循环来看，通过打造产业链和创新链融合共生的供应链体系，提升我国在全球产业链中的核心竞争力，不断提升“中国服务”的国际竞争力，维护好互利共赢的全球价值链，有助于进一步为构建新发展格局筑牢根基。

当前，我国基础研究仍旧相对薄弱，科技成果转化路径不畅，加之政策体系不完善，“双链融合”发展面临以下几方面瓶颈。

一是基础研究仍相对薄弱，难以有效发挥创新链对产业链的支撑作用。基础研究是科技创新之源，如何通过基础研究进一步提升原始创新能力，是发挥创新链对产业链支撑作用的关键所在。近年来，党中央、国务院高度重视基础研究发展，有关部门出台了一系列政策措施，不断加大基础研究领域的要素投入力度。从投入规模看，2021 年，我国基础研究经费为 1817 亿元，比上年增长 23.9%，增速较上年提升 14.1 个百分点，比 R&D 经费增速高 9.3 个百分点，基础研究经费占 R&D 经费比重为 6.5%，比上年大幅提升 0.49 个百分点，达到历史新高，但与美国等发达国家相比仍有较大差距。从投入来源看，据统计，中央财政投入在我国基础研究经费投入中占到 90%以上①，远高于美国等发达国家，地方、企业等基础研究经费投入偏少。此外，受科技成果评价和学术生态环境影响，我国多数科研人员倾向于选择容易出成果和“短平快”的研究，不愿选择需“十年磨一剑”的基础研究，缺乏对基础研究的兴趣和耐心。

二是科技成果转化不畅导致创新链支撑产业链的整体效能难以有效发挥。多年来，我国长期存在科技和经济“两张皮”的现象，科技成果转化的路径存在梗阻，各个环节衔接不紧密。科技成果转化处于创新链末端，是创新链与产业链发生作用的关键节点，因此转化率不高将直接影响创新链对产业链的支撑作用。从专利的成果转化率来看，据国家知识产权局发布的数据，2019~2021 年，我国 PCT 国际专利申请量已连续三年居世界首位。然而，我国的专利科技成果转化率与发达国家相比仍然较低，据有关机构统计，我国科技成果真正实现产业化的不足 5%，相比发达国家 40%~50%的科技成果转化率差距巨大。究其原因，从高校院所来看，大部分科研成果主

① 国家统计局、科学技术部、财政部：《2021 年全国科技经费投入统计公报》，2022 年 8 月 31 日。

要是基于兴趣或前沿热点，尚未形成以市场需求为导向的研发直接导致科技成果难以匹配市场需求无法落地。从企业端来看，多数大企业长期处于垄断地位，对创新的积极性不高，而中小企业大多处于产业链低端环节，在科技成果转化方面“心有余而力不足”。

三是政策体系不完善导致“双链融合”的长效机制缺失。早在2014年，关于产业链创新链融合发展已有相关论述。自中美经贸摩擦及新冠疫情发生以来，我国产业链供应链面临日趋复杂严峻的形势，产业链创新链融合发展于2021年上升到国家规划层面。然而，当前促进产业链创新链融合的体制机制不完善，存在若干政策空白和模糊地带，配套服务体系跟不上，制约了“双链融合”的进度和效能发挥。

三 融合思路

当前，科技创新已成为大国间战略博弈的关键领域，且竞争的重点逐步聚焦基础研究，加强基础研究是各国抢占科技制高点、开辟科技新领域新赛道的必由之路，是我国推进高水平科技自立自强、塑造国际创新竞争新优势的必然要求。与跻身创新型国家前列、建成世界科技强国的目标相比，我国基础研究仍然相对薄弱，创新链对产业链的支撑能力不足，产业“卡脖子”问题突出，产业链供应链安全稳定面临严峻挑战，迫切需要强化基础研究原始创新策源功能，发挥企业在技术创新中的主体作用，打造科技、产业、金融良性循环的创新体系。

（一）打通“双链融合”的堵点卡点，加强体制机制融合

针对产业链创新链融合的堵点卡点，推动科技体制改革与经济体制改革同步发力，破解制约产学研融通创新的体制机制障碍。

首先，加快推动基于产业链和创新链不同环节的产学研协同合作。产业链创新链均包含多个环节，其融合发展不仅体现在同一环节的融合，还体现在不同环节间的协同与融合，如某些共性技术的研发应用等。因此，要牢固

树立系统思维，加强产学研协同合作的顶层设计，进一步激发国家创新体系活力。

其次，积极探索以产业链和创新链为主体的多链协同发展。除产业链和创新链之间的耦合作用外，围绕"双链"的政策链、资金链、人才链、数据链、金融链和招商链等链条也相互依赖、影响，共同构成区域的创新生态。目前，全国多个地方通过"链长制"促进多链条的协同发展，但仍处于探索阶段，相关制度并不完善。要以产业链和创新链为主体，进一步对多链协同发展的机制进行探索，努力营造更有利于"双链融合"的生态。

再次，逐步完善区域性产业链创新链融合发展的制度。区域属性是产业链和创新链的重要特征。当前，各地方推行的"链长制"往往由不同领导分管单个产业链，缺乏对地区内全部产业链在资源要素方面的统筹协调，跨地区的产业链创新链融合仍属空白。因此，要强化体制机制设计和探索，搭建互利共赢的地区间产业链创新链合作制度架构。

最后，探索完善对科研人员的激励机制。当前，我国大部分高能级创新平台、高校院所的科研人员受限于单位性质和身份，其薪资水平在市场上不具备竞争力，而依托职务发明创业也因存在国有资产流失等风险处于政策的模糊地带，导致高校和科研院所的科研人员推动科技成果转化的动力不足。因此，要加大对科研人员的稳定支持力度，拓宽晋升通道，探索建立有利于科技成果转化的激励机制。

（二）围绕产业链部署创新链，推动政产学研深度融合

围绕产业链部署创新链，要进一步聚焦目标，发挥各类创新主体效能，强化科技创新供给支撑引领能力。

一是要明确产业发展是科技创新的主要目的，充分发挥创新链对提升产业链供应链现代化水平的作用。应聚焦国家战略需要，聚焦产业链的堵点、卡点进行科技攻关，对或将面临的极端情形进行模拟推演，有针对性、有序实现关键核心技术自主可控，确保极端条件下产业链供应链安全稳定运行。

二是要加快推进政产学研深度融合，更好发挥企业创新主体作用。要加

强科技创新统筹协调，加快建立各主体、各方面、各环节有机互动、协同高效的国家创新体系。政府应进一步加快职能转变，稳步推进科技管理体制改革，聚焦营造良好的科研生态环境。高校、科研院所应巩固已有改革成果，进一步强化激励、合理分工、分类改革。企业应发挥创新主体作用，让企业家组织和主导创新，激发市场主体活力。

三是加大产业链关键环节的基础研究力度。加大基础研究经费投入，对面向产业链重点领域、关键环节的基础研究提供长期稳定支持，增强科研人员在从事基础研究时的自主权，完善对基础研究成果的考核评价机制，通过财政投入引导企业加大研究力度，针对产业链关键环节开展攻关，支持企业承担国家重点科研项目。

（三）围绕创新链布局产业链，筑牢底板、长板

围绕创新链布局产业链，关键是应用牵引，充分发挥超大规模市场优势，打好产业基础高级化和产业链现代化攻坚战。

一是将产业化作为科技创新的重要目标。能否将科技成果转化为现实生产力，是评价科技创新能力和水平的关键标准。要在创新活动的起始阶段就明确其产业化的目标方向，过程中要充分发挥企业的创新主体地位，打通科技成果产业转化渠道，将科技成果转化为经济社会发展的现实动力。

二是打通科技成果转化的通道。要创新科技成果转化机制，促进资金、技术、应用、市场等要素对接，努力解决基础研究“最先一公里”和成果转化、市场应用“最后一公里”有机衔接问题，打通产学研创新链、价值链。要强化科技同经济、创新成果同产业、创新项目同现实生产力、研发人员创新劳动同其利益收入等四个方面的对接，探索完善有助于出成果、成果可产业化的新机制。

三是加大源头性技术创新主体培育力度。培育一批能开拓世界前沿科技领域、掌握全球领先科学技术的战略科学家和科技领军人才，致力于解决制约发展的关键核心技术、带动前沿引领技术突破，夯实产业发展基础能力。加快建设国家实验室、国家科研机构、高水平研究型大学、科技领军企业等

国家战略科技力量，加强基础科学研究和技术科学研究，保障源头性技术创新能力和基础研究、技术科学持续供给与储备。

四　融合路径

在科技同经济深度融合中，要着重处理好三个关系。一是处理好产业链与创新链的关系：一方面要深化科技体制改革、推动产学研深度融合，围绕产业链部署创新链；另一方面要打通科技成果转化的通道，围绕创新链布局产业链。二是处理好科技、产业、金融的关系：要充分发挥资本作为关键生产要素的积极作用，引导资本健康有序发展。三是处理好有为政府与有效市场、有序社会的关系：政府要加快实现从“分钱、分物、定项目”到“定战略、定方针、定政策和创造环境、搞好服务”的角色转变。

（一）“点、线、面、体”全方位加快推进“双链融合”载体建设

一是推进“点”融合。依托领先的企业、院所、大学及实验室进行融合，建设创新联合体、创新联盟、产业联盟。鼓励行业龙头企业加大自主研发力度，联合高校院所、上下游企业等创新资源组建创新联合体，带动产业链中的配套中小企业进行零部件等中间品的创新开发，构建开放有序、跨界融合、协同创新网络。鼓励中小企业向“隐形冠军”“专精特新”等方向发展，努力提高关键零部件等中间品的质量和自给率。发挥中小企业的灵活优势，引导其在前沿技术和适应新市场需求方面积极探索，创新产品和模式。加快构建以国家实验室为引领的国家战略科技力量，发挥好重要科研院所、重点研究型大学和创新领军企业“国家队”作用。重点布局一批基础学科研究中心，重组全国重点实验室，优化国家技术创新中心、国家工程研究中心等创新基地布局。支持发展新型研究型大学、新型研发机构。深化央企创新联合体建设并形成若干国家级创新基地，建立政产学研用良性互动的科技创新协作体系。

二是推进“线”融合。依托具体领域或行业的产业链、供应链、创新

链、人才链、数据链等进行融合，建设现代产业链、源头技术策源地、人才中心、数据中心。强化产业链、供应链、创新链、资金链、服务链、数据链等要素协同，引导金融机构加大对科技创新集群支持力度，建立“科技、产业、金融”融合和大中小企业融通的创新生态。引导大企业通过生态构建、基地培育、内部孵化、赋能带动、数据联通等方式打造一批大中小企业融通的代表性模式。培育一批协同配套能力突出的“专精特新”中小企业。通过政策引领、机制建设、平台打造，有力支撑产业链供应链补链固链强链。

三是推进“面”融合。依托具体领域或行业的知识集群、创新集群、产业集群进行融合。统筹战略性新兴产业集群、创新型产业集群和先进制造业集群建设规划，依托科技创新集群打造自主可控、安全可靠的产业链供应链，推动重点领域突破提升，构建融合融通创新生态，促进集群高质量发展。按照“国家战略与地方需求相结合、政府引导与市场主导相结合、科技创新与产业发展相结合、自主培育与扩大开放相结合”的原则，规划一批掌握关键核心技术、产业技术体系完备、大中小企业融通发展、处于国际国内领先地位的创新型产业集群。围绕产业集群的产业发展需求，科学规划空间布局，也要综合运用财政、税收、土地、金融、贸易及科技项目、基地、人才、评价等政策，支持产业集群的发展。在建设京津冀、长三角和粤港澳大湾区国际科技创新中心进程中，发展世界级产业集群、超级经济区，并使其逐步成为全球创新要素集散地和创新网络枢纽性节点。发展高技术制造业和知识密集型服务业各专业领域的优势特色产业集群。

四是推进“体”融合。加快建设综合性科技创新集群和区域创新高地。支持有条件的地方建设国际和区域科技创新中心、综合性国家科学中心，增强国家自主创新示范区、高新技术产业开发区、经济技术开发区等创新带动作用。推动央地协同、部门协作，鼓励依托国际和区域科技创新中心开展集群建设体制机制改革先行先试。建议成立国家层面的科技创新集群建设工作部际协调机制，厘清我国科技创新集群建设的总体思路、发展方向和着力点，引导各部门、各地方统一认识，聚焦若干重点领域和重点地区，统筹规划科技创新集群布局，强化集群政策协同，避免重复建设，加大指导、评估和督查力度，并适时调整集群建设资源配置和政策支持力度。发挥超大规模市场优势，围绕国家重大区域战略，突出细分领域特色，依托龙头企业组建“1+N”产业链合作伙伴共同体，建立若干跨区域、跨领域科技创新集群联盟。

（二）强化数字赋能科技同经济深度融合

一是充分发挥数字经济赋能优势，实现传统产业链的数字化、自动化、现代化、协同化。推动传统制造向智能制造、绿色制造、服务制造转型，实现消费者驱动、并行式研发、定制化生产、即时化连接、网络化协作、云计算服务的商业模式，打造低碳产业链、静脉产业链和绿色供应链，推动技术驱动型创新与用户需求型创新协同发展。加快5G、人工智能、物联网、工业互联网等信息基础设施与传统产业的深度融合，扎实打造数字技术应用的重要载体，推动质量变革、效率变革和动力变革。鼓励互联网平台企业发挥优势，应用数字技术助力实体经济转型升级，引导制造业龙头企业将工业互联网平台对上下游企业开放，提高全行业数字化水平，发挥数据作为新型生产要素的价值。将现代数字化信息化的优势与传统产业紧密结合起来，坚持以产业为基础、数字经济为助推剂，形成数字技术应用创新发展新格局，提高经济质量效益和核心竞争力，不断为高质量发展提供新动能。

二是以数字技术融合为引领，加快培育新产业、新业态和新模式。发挥数字化转型带动作用，拓展和释放数字化转型带来的创新引领、产业升级、效益倍增、价值创造效应，立足发展数字经济激活存量经济、消费经济、平台经济、共享经济、乡村经济、小微经济。以数字经济促进消费提质升级，充分利用超大规模市场优势，推动产业转型升级，加快构建新发展格局。加强和创新社会治理模式，通过构建数字化治理体系，以推行电子政务、建设智慧城市为契机，打破制度和体制壁垒，加快数字政府建设，推进政府决策科学化、社会治理精准化、公共服务高效化，提升公共服务、社会治理等数字化、智能化水平，为实现高质量发展提供保障。

三是以数字经济为纽带，促进国内国际更好循环。发挥数字技术优势，解决当前我国存在的生产要素与市场难以高效匹配的问题。加快推动产业数字化，推动“中国制造”向“中国智造”“中国创造”转变。对国内已经形成国际市场的产业，要通过数字贸易使其进一步释放市场活力，促进国内国际双循环。面对不确定性增加的外部市场，借助数字经济在打破地域界限等方面的天然优势，为国际市场的开拓和国际优质资源的引进提供更加有力的国内市场支撑。以发展数字贸易为抓手，加快跨境电商、跨境服务贸易等发展。推进贸易链条的数字化改造，培育外贸新动能，助力贸易高质量发展，为加快构建新发展格局提供重要支撑。

参考文献

刘明熹、万劲波、韩辉：《打造科技创新体集群　提升我国发展独立性自主性安全性》，《中国战略新兴产业》2022 年第 8 期。

B.3 陕西能源绿色低碳创新发展路径研究

李金柱*

摘　要： 实现“双碳”目标是一场广泛而深刻的经济社会系统性变革，将重塑我国的能源结构与产业结构，加快生产生活方式转变。陕西是传统能源大省，在“双碳”目标下，推进能源绿色低碳创新发展任务繁重、挑战艰巨。要系统施策，以“五碳并举”为抓手，推进多元化立体减碳；以“六化转型”为方向，加快绿色能源基地建设；立足于“大”，做大做强做优能源经济；着眼于“绿”，强力推进绿色生产、绿色消费、绿色管理；落脚于“新”，强力推进新能源、新电力、新技术发展。

关键词： 能源　绿色低碳　创新发展　陕西

党的二十大报告指出，推动经济社会发展绿色化、低碳化是实现高质量发展的关键环节。加快推动产业结构、能源结构、交通运输结构等调整优化，并就“积极稳妥推进碳达峰碳中和”进行了战略部署。重要论断为能源绿色低碳转型指明方向。陕西是传统能源大省，在“双碳”目标下，推进能源绿色低碳转型任务繁重、挑战艰巨。加快设计科学合理的能源绿色低碳转型路径将非常重要而迫切。

---

* 李金柱，陕西省决策咨询委副主任、陕西省人民政府原副省长。

一　深刻领会“积极稳妥推进碳达峰碳中和”的内涵要义

实现“双碳”目标是一场广泛而深刻的经济社会系统性变革，将重塑我国的能源结构与产业结构，加快生产生活方式转变，其复杂性是我们前所未遇的。党的二十大报告对“积极稳妥推进碳达峰碳中和”进行了战略部署。具体要求，要立足我国能源资源禀赋，坚持先立后破，有计划分步骤实施碳达峰行动。完善能源消耗总量和强度调控，逐步转向碳排放总量和强度“双控”制度。深入推进能源革命，加强煤炭清洁高效利用，加大油气资源勘探开发和增储上产力度，加快规划建设新型能源体系，确保能源安全。重要战略部署彰显了我国推进实施“双碳”战略已经走上了“科学、务实、健康”的轨道。

（一）先立后破，分步实施“双碳”战略

“先立后破”，意味着要坚持问题导向，守正创新，在推进实施“双碳”战略中完善相关制度体系、构建绿色低碳经济体系，而不是按部就班，坐等时间节点，等着新的制度建立了，再进行“减碳”、构建经济新体系。同时，“减碳”是为了更高质量的发展，“发展”仍然是优选项。当然，也不能理解为抢在碳达峰之前，继续扩大“两高”产能，而是在保持现有存量发展水平的基础上，优化调整用能结构，培育发展清洁能源、新能源、绿色低碳产业等，争取实现替代效应。“分步实施”，意味着“减碳”要综合考虑特定环境、地区之间、行业之间的差异，因地制宜，分类施策。可以借鉴国际上应对气候变化采取的“共同但有区别”的原则，允许各地区制定同向而有差异的碳达峰行动方案。要纠正齐步走、运动式的“减碳”，也要坚决遏制“两高”项目盲目发展。

（二）能耗“双控”转向碳排放“双控”

能耗“双控”的初衷是从节约能源的角度对企业用能加以限制，提高

能源利用效率，但“双控”忽视可再生能源的特点，在考核时与传统化石能源一概而论，与当前鼓励支持使用清洁、低碳能源的导向相悖。尽管能耗“双控”执行起来简便、易行，但缺陷是明显的。能耗“双控”向碳排放“双控”的转变，意味着政策工具已瞄准到“双碳”战略目标上来，考核机制可结合碳交易市场，实现价格型工具和数量型工具同向发力，驱动能源结构转型，更加有利于发展绿色低碳经济。

（三）煤炭仍是我国未来30年的主力能源

推进实施“双碳”战略，要深入推进能源革命，加强煤炭清洁高效利用，加大油气资源勘探开发和增储上产力度，加快规划建设新型能源体系。“多煤少油缺气”是我国的能源国情，2021 年我国能源消费 52.4 亿吨标准煤，煤炭消费占比 56%，消费原煤 43 亿吨；2030 年，煤炭消费占比 44%，消费原煤预计 38 亿吨；2040 年煤炭消费占比 33%，预计消费原煤 30 亿吨，2050 年化石能源消费占比 50%，原煤消费预计 25 亿吨[①]。俄乌冲突对欧洲国家能源需求的冲击，使得我们更加清楚地认识到能源安全的重要性。按照我国“双碳”战略的实施路线图和时间表，煤炭仍是我国未来 30 年的主力能源。立足以煤为主的基本国情，推动煤炭和新能源优化组合。传统能源退出要建立在新型能源安全可靠基础之上，确保能源安全。

（四）构建清洁低碳安全高效的能源体系是“双碳”战略实施的重要目标

清洁低碳、安全高效，是现代能源体系的核心内涵，也是对能源系统加快实现现代化的总体要求。推进实施“双碳”战略，在确保能源安全的前提下，将充分发挥资源优势，坚持清洁低碳的发展方向，大力发展可再生能源，不断完善天然气基础设施，加快构建清洁低碳安全高效能源体系。国家将实施“减煤、控油、增气、扩张新能源”的发展规划，朝着终端电气化、

① 本报告数据均来自国家统计局。

行业智能化、电力绿色化目标迈进。煤炭等化石能源用量将逐年减少，新能源消费比例将逐年提高；同时电力在终端能源消费中的比例将逐年提高。推动能源生产消费方式绿色低碳变革，提升能源产业链现代化水平，加强能源自主供给能力建设等。

二 推进实施“双碳”战略带给陕西能源经济发展的挑战与机遇分析

（一）三大挑战

推进实施“双碳”战略给陕西能源生产、能源消费、产业转型带来三大挑战。

一是能源生产结构调整。2021 年，陕西规模以上工业企业原煤产量稳居全国第三位，天然气、原油分居第三、四位，发电量位居第 14 位。陕西规模以上工业原煤产量达 7.00 亿吨，创历史新高，同比增长 2.7%，拉动全国原煤产量提高 0.5 个百分点，占全国总产量的比重为 17.2%；规模以上工业原油产量 2552.76 万吨，同比增长 0.9%，增速较上年同期加快 1.1 个百分点；规模以上工业天然气产量 294.13 亿立方米，同比增长 7.0%；规模以上工业发电量 2615.83 亿千瓦时，实现同比 12.5%的较高增速，较上年同期加快 5.2 个百分点。陕西省在保障国家能源战略安全方面发挥着重要作用，但能源种类以传统化石能源为主，在能源生产供应方面面临艰巨挑战。

二是能源消费结构调整。2021 年陕西能源消费强度为 0.52 吨标准煤，能源总消费中化石能源占比高达 91%（全国 81.4%）。其中，煤炭消费占陕西能源消费量的 73%，远高于全国 56.8%的平均水平，非化石能源，特别是新能源供给不足。要实现“十四五”末陕西非化石能源消费占比达到 16%的目标，仍面临巨大的挑战和压力。

三是产业转型升级。陕西作为国家重要的能源接续地，如何统筹量增质优发展和减排的关系，如何向全社会提供更高比例的低碳高效清洁能源，较大幅度提高非化石能源特别是可再生能源占比；如何实现能源工业绿色低碳转型和加快高碳资源低碳化利用，依然面临诸多的挑战。

（二）三大机遇

一是碳达峰窗口期将为陕西能源经济高质量发展带来发展机遇。2020~2030年这十年是碳达峰前能源工业发展的重要窗口期。这一时期，煤炭工业进入转型期，石油工业将进入稳定发展期，天然气进入黄金发展期，新能源进入全面提速的扩展期，传统化石能源仍将发挥主导作用。按国家有关部门预测，2030年煤炭消费量仍将保持在27亿吨标准煤左右（约合原煤37.8亿吨）；预计到2040年我国煤炭消费占比降至35%，需求约为20亿吨标准煤（约合原煤30亿吨），到2050年煤炭消费约合原煤下降至25亿吨左右，煤炭基本由燃料转为原料，煤电基本转型为应急能源和调峰能源。在这一重大转型过程中，看似形势逼人，实则蕴含全新机遇。国家“十四五”规划和2035年远景目标纲要提出，要推动煤炭生产向资源富集地区集中，能源产业重心要逐步西移。陕西地处我国地理版图中心，不仅有丰富的优质煤炭资源，而且靠近消费地，煤炭在未来能源工业发展中，仍具有得天独厚的优势。

二是多元立体构建现代能源体系将为陕西能源经济发展带来新的机遇。从未来我国能源资源禀赋和低碳发展要求来看，我国能源生产与消费结构，必须向化石能源占比逐步下降与非化石能源占比逐步上升转变，必须向煤、油、气、电、新能源、储能与传统能源战略储备等多能融合互补方向转变。保障国家经济和能源安全，是构建现代能源体系的重要前提。一方面，陕西有4143亿吨优质煤炭预测储量，油气产能与产出当量仍位居全国首位，充分利用陕西的优势煤、油、气资源，在全面加快新能源发展的同时，加快化石能源发展仍具有重要机遇。同时充分利用陕西的优质煤、油、气资源与新能源转化的绿氢绿氧资源，发展航空航天特种油品、特种燃料、清洁能源、替代能源、煤基与生物基可降解塑料、高端化工合成材料等，对确保国家能源和基础原材料安全，仍将发挥重要的基础保障、战略兜底作用。另一方面，陕西还具有发展风能、太阳能等再生资源优势和新能源设计研发、技术人才、装备与材料制造、施工安装等优势。充分利用这些发展优势，对陕西加快能源结构转型、打造现代能源体系、持续做大做强以可再生能源为主导的新能源产业规模、培育新的经济增长极均可发挥重要作用。

三是相关“双碳”战略实施的政策文件为陕西能源经济转型带来新的机遇。国家先后印发《关于完整准确全面贯彻新发展理念做好碳达峰碳中和工作的意见》《完善能源消费强度和总量双控制度方案》，这些政策文件将为陕西能源经济转型带来重大战略机遇。陕西应积极用好用活重大项目能耗指标管理、可再生能源消费占比、超指标用能市场化交易等政策红利，积极争取包括风电、光伏发电、光热发电、太空发电离子送电、氢能、氨能、核电、储用能和新能源材料与装备制造等国家重大产业项目、试验示范项目落户陕西，积极发展新能源，加速推进能源低碳绿色转型。

三　系统施策，推进能源绿色低碳转型

（一）以“五碳并举”为抓手，推进多元化立体减碳

一是高效清洁利用减碳。立足陕西以煤为主、油气为辅的能源资源禀赋特征，充分利用能源高效清洁转化技术，推动产业链低碳零碳延伸，推动煤炭向原料、材料与制品转化。统筹推进煤炭生产减排和消费过程节能提效减排、煤燃烧新工艺减排、燃料变原料减排、煤转化源头过程终端减碳等多元化路径，降低碳排放。二是优化能源结构降碳。以现代能源体系建设为核心，大力发展新能源及储能产业，全力提速新能源在能源生产与消费结构中的比例，加快电力、氢能、甲醇等替代能源生产与消费布局，优化能源结构，推动碳资源循环利用和余热余能余压综合利用，推动节能减碳降碳。三是废弃矿井利用存碳。基于“资源、技术、环境、经济”一体化的发展思路，支持废弃矿井 CO_2低成本安全封存，推动废弃矿井能源化、资源化、功

能化综合开发，促进废弃矿井发展可再生能源，提高废弃矿井资源开发利用效率，推动铜川等资源枯竭型城市转型发展。四是发挥市场机制融碳。建设区域碳排放权交易市场，充分发挥市场机制作用，推动碳资源配置优化，以成本效益最优方式实现碳减排。五是利用负碳技术去碳。以减碳与去碳协同为原则，加速发展以 CO_2 捕集、封存与利用技术（CCUS）为代表的去碳技术，推广燃煤电厂+CCUS、煤制氢+CCUS、煤化工+CCUS 等新技术应用。

（二）以“六化转型”为方向，加快绿色能源基地建设

在“双碳”背景下，陕西能源经济应坚持走煤炭原料化、再生能源增量化、终端用能电气化、能源使用高效化、能源供给多元化、能矿资源开发利用清洁化的“六化转型”路径，实现用煤减量的“软着陆”，确保在科学规划、有序转型、产业协同的基础上，实现能源经济的稳健发展和安全转型。

一是着力推动能源产业高端化、智能化、绿色化发展。充分利用资源开发转化新工艺新技术新装备，打造煤制烯芳烃产业链，焦油深度加工转化产业链，氯碱产业链，煤制油气产业链，煤电产业链，新能源产业链，兰炭、硅铁、铝镁硅产业链，不断延伸产业链、提升价值链。推动煤炭由原料向材料、材料向终端制品与消费品转化。大力推广煤矿井下无人开采、安全开采、绿色开采、保水采煤、充填式开采、无煤柱连续开采、地下气化等新技术；支持建设智能工厂、智能绿色矿山、数字油气田；支持煤炭企业、煤转化企业建设碳中和林示范区，结合塌陷区治理发展光伏风电与现代设施农业、现代草业、现代畜禽养殖业一体化产业项目。支持煤层气抽采、瓦斯利用、油田伴生气、焦炉气、工业窑炉尾气、高炉气与电石炉气资源化利用，煤电、煤化工排放二氧化碳资源化利用，新能源电解煤矿疏干水制氢制氧、洗煤废水制水煤浆、煤矸石及粉煤灰与气化废渣生产新型建材墙材与工程建设材料，非煤工业废气废水废渣利用，油污泥资源化利用及油污泥处理终端尾渣改土发展现代农业草畜等产业化项目。二是着力推动能源产业深度低碳转型。全面推进能源革命，大力发展新能源，支持集成利用新技术，推动能

源化工行业和能化企业产生的二氧化碳，实现源头减排、全产业链节能降耗、过程减排与终端排放全量资源化利用或安全封存。推动优质能矿资源向优势产业集中与配置，资源优势向产业优势转化。综合使用税收减免、财政奖励、研发经费支持、绿色金融、绿色债券、实施超指标排放付费与限制超指标用能等政策机制，倒逼企业节能降碳，持续降低能源消耗强度。三是加快产业融合。大力推进新能源与储能产业、氢能源产业、能矿资源清洁转化、碳氢资源充分利用、二氧化碳资源化利用与延伸产业链结合起来；将烯芳烃发展及下游产业一体化融合起来；将煤制油气和煤制烯芳烃、煤制合成材料、有机化学品、精细化学品及化学制品一体化融合；将新型低碳水煤浆气化、干粉气化、煤地下气化、干馏气化一体化技术、纯氧加氢气化技术、超临界水气化制合成气制氢技术、电煤干馏粉焦兰炭发电技术和传统煤电、煤化工技术融合起来；将上游树脂生产、聚合物生产、初级形态塑料原料生产与下游树脂改性、型号品牌增加、各种材料制造、各种制品加工和终端应用产业发展融合起来；将能化产业与氟硅新材料产业、玻纤产业、石墨烯产业、高纯碳材料产业、汽车应用材料、航空应用材料、军工材料、新能源材料、农业全产业链发展等融合起来，推动能化产业链纵向侧链延伸，在更大领域发挥基础支撑作用。

（三）立足于“大”，做大做强做优能源经济

一是大产能。坚持资源优势转化为经济发展优势的方针，做大能源规模，做强国家能源供应的承载区。力争“十四五”末陕西一次能源生产总量能够占到国家能源消费总量的1/8。总量应达到7.5亿吨标准煤左右，折合原煤、原油、天然气产量分别为8亿吨、3000万吨、400亿立方米，电力装机1.3亿千瓦（其中包括煤电5000万千瓦、可再生能源6500万千瓦等）。二是大转化。强力推进化石能源转化为化工新产品。一方面，把初级塑料转化为高级塑料；另一方面，在初级塑料生产规模化的基础上，加快烯烃下游产业发展。推动煤化工产业向下游聚酯、工程塑料、特种橡胶、高分子复合材料等高附加值产业延伸。三是大集群。大力培养舵手企业，推进全产业链

集群建设。着力创建榆林能源革命创新实验区、推动煤油气盐集约绿色开采、建设清洁能源供应基地、实施能源化工产业创新工程等。

（四）着眼于“绿”，强力推进绿色生产、绿色消费、绿色管理

一是绿色生产。积极推动传统化石能源的绿色低碳开采，强化煤炭绿色开采、煤炭洗选加工以及煤炭分质分级梯级利用，加大油气田甲烷采收利用力度，加快二氧化碳驱油技术推广应用，不断提升传统石化资源综合利用水平。二是绿色消费。倡导生态意识、环保意识和节约意识，构建全体社会成员共同参与的能源资源保护和治理体系。创建绿色低碳社会行动示范区，营造绿色低碳生活新风尚。三是绿色管理。基于清洁技术与数字化技术复合叠加效应，积极构建从能源生产和能源存储到能源传输和能源消耗整个生命周期的智能绿色管理体系，加快实现能源绿色高效供给、清洁消费。

（五）落脚于“新”，强力推进新能源、新电力、新技术发展

一是新能源。陕西新能源发展潜力巨大。截至 2021 年，陕西风力发电资源有 350 万千瓦，光伏发电资源 1.1 亿千瓦，新能源装机已达 2300 万千瓦，尚有 1.22 亿千瓦有待开发；另有近 10 亿平方米的建筑可以安装分布式电站。二是新电力。按照风光火储一体化和源网荷储一体化开发模式，优化各类电源规模配比，扩大电力外送规模。预计到 2025 年，陕西可再生能源装机将达到 6500 万千瓦，建成以新能源为主体的新型电力系统，适应可再生能源居于深度利用和广域输送的电网体系。三是新技术。能源科技是当今科技创新最主要和最活跃的领域之一。油气颠覆性技术，例如，水平井多段清水压裂技术、纳米技术和新材料、多用途激光工具与钻井技术等都有可能颠覆传统油气钻采模式。氢能源技术，可围绕氢能产业生态链，打造优势氢能供应链与应用生态链，以榆横工业区氢能产业园为依托，形成氢能装备基地、科创新城，构建制氢、纯化、储运、加氢站、氢能汽车生产、氢能装备制造一体化全系列产业链，将陕西省打造成氢能源产业链协同创新示范基地，融入国家氢能源发展布局。储能技术，储能技术被称为“能源革命的

支撑技术”，在很多方面都将发挥重大的作用。对于电力系统而言，储能可为电网提供调峰调频、削峰填谷、黑启动、需求响应支撑等多种服务；在可再生能源开发方面，储能可显著提高风电和太阳能发电的消纳水平，支撑分布式电力及微网；在交通方面，储能将在能源互联互通、融合新能源汽车在内的智慧交通网络方面发挥关键作用。二氧化碳资源化利用技术，最终实现“碳中和”目标，还是要结合 CCUS 等新兴技术。但是，目前，我国 CCUS 仍处于基础研究阶段，现有捕集项目总规模仅为 170 万吨/年，而且成本居高不下，而碳中和目标下 2050 年需要通过技术固碳来吸收二氧化碳 5.1 亿吨到 8.8 亿吨。未来科研院所和企业必将加大针对此领域研发力度，助力 CCUS 走向大规模商用。

参考文献

杨友麒：《“双碳”形势下能源化工企业绿色低碳转型进展》，《现代化工》2023 年第 1 期。

吕指臣、胡鞍钢：《中国建设绿色低碳循环发展的现代化经济体系：实现路径与现实意义》，《北京工业大学学报》（社会科学版）2021 年第 6 期。

柴文忠：《推动能源结构绿色低碳转型发展》，《北京观察》2022 年第 9 期。

B.4

陕西院士专家工作站绩效测度及能级提升研究

陕西省科学技术协会课题组*

摘　要： 院士专家工作站具有集聚战略科创资源、进行联合科技攻关、加速成果转化、提供战略咨询、培养引进高端人才等功能叠加优势，遵循产学研合作、协同创新、创新雨林生态等内在运行机制。近年来，陕西院士专家工作站在科技赋能高质量发展方面发挥积极作用。基于“建设-运行-产出”三位一体绩效评价测度显示，建设绩效方面，陕西院士专家工作站呈现不平衡不协调发展、差异化功能分布态势；运行产出绩效方面，陕西院士专家工作站存在重建设、轻运行产出，重硬件建设、轻制度配套，重专利发明、轻成果转化等突出问题。在当前以创新驱动为特征的经济环境下，要发挥陕西院士专家工作站吸纳聚集战略科学家的作用，为陕西打造主导产业、战略性新兴产业提供战略咨询、科技预见；要探索建立协同创新机制，支撑引领陕西乃至区域主导产业、战略性新兴产业高质量发展；要加强服务和评估，指导支持院士专家工作站提质增效，切实发挥服务建站单位、辐射带动经济发展的载体功能作用。

关键词： 院士专家工作站　绩效测度　能级提升

* 课题组组长：吕建军，陕西省科学技术协会党组成员、副主席。主要成员：田世坡，陕西省科学技术协会企事业工作部部长；张斌，陕西省科学技术协会办公室副主任；逯敏飞，陕西省科学技术协会企事业工作部二级调研员；吕芬，陕西省社会科学院经济研究所助理研究员。

习近平总书记在党的二十大报告中指出“强化国家战略科技力量，优化配置创新资源”“加强企业主导的产学研深度融合，强化目标导向，提高科技成果转化和产业化水平”。习近平总书记的一系列重要论述为深入实施创新驱动发展战略提供了根本遵循。院士专家工作站具有集聚战略科创资源、促进产学研协同创新等功能叠加优势，在新形势下，迫切需要加强院士专家工作站建设、运行，提升产出绩效，打造高能级平台，促进科技与经济深度融合，不断塑造发展新动能新优势。

一　院士专家工作站的功能定位及工作机理分析

院士专家工作站是一种重要的产学研合作模式，自 2010 年中国科协印发推进院士专家工作站建设的指导意见以来，我国各地非常重视院士专家工作站建设，纷纷加大投入，争相引进院士及高端人才落户建站。十多年间，我国院士专家工作站经历快速发展、规范提升，直到目前进入高质量发展新阶段。截至 2021 年底，全国各省（区、市）通过认证的院士专家工作站已愈 5000 家，浙江、湖北、四川、福建、上海、河北等省（区、市）数量较大，处于全国第一梯队。北京、广东、江西、湖南、天津、山东、辽宁、云南、内蒙古、陕西处于全国第二梯队。其余各省（区、市）数量相对较少，处于第三梯队。

从院士专家工作站创建初衷及实际运行效果分析来看，院士专家工作站功能属性及运行机理如下。

（一）院士专家工作站的功能属性

1. 聚集科创资源，联合科技攻关

院士专家工作站能够吸纳聚集院士及高端专家人才，整合重点实验室、工程或技术研究中心等战略科创资源，形成复合叠加优势，与入驻企业创新资源、政策和平台等充分对接，激发激活企业创新创造能力。企业借助院士专家及其团队高端前沿科技和丰富的技术资源，围绕企业发展亟须解决的重

大技术难题开展联合攻关。

2. 孵化科创成果，助推转型升级

院士专家工作站依托企事业单位建设，围绕企事业单位的战略咨询和技术创新需求，充分发挥院士及其专家团队研发能力，进行联合科技攻关。通过“研发—工程化—产业化”链条立体联动孵化，推动创新链产业链资金链人才链深度融合，有效助推企事业单位创新转型升级。

3. 发挥高端智力资源优势，提供战略咨询

建设院士专家工作站，是以院士专家高端智力资源为核心，搭建以企业为主体、产学研用各方合作的联合体。院企双方依托院士及其创新团队的理论研究、前瞻性技术研发和科技人才资源优势，就企业战略思想、中长期规划、新产品开发等长远性的战略导向问题开展技术咨询和技术合作。

4. 搭建科创交流平台，培养引进高端人才

通过营建联合攻关、利益共享、风险共担的良好生态，促进资源设施共享、价值共创，发挥产学研用创新联合体“同频共振”效应。工作站的建立为企业与院士专家等高端人才的沟通交流搭建了平台，一方面，院士专家团队常驻企业，在解决实际生产的难题过程中为企业培养技术骨干；另一方面，以工作站为载体，共建人才培养基地，为企业培养、引进、聚集高层次的技术人才和管理人才。

总之，从全国各地的实践发展来看，院士专家工作站是促进科技与经济融合的有效载体，其在集聚战略科创资源、联合产学研用协同攻关、孵化科技成果、培养创新人才团队、增强企业自主创新能力等方面，发挥着越来越重要的作用。

（二）院士专家工作站的运行机理

院士专家工作站的运行有其内在机理，综合现有创新理论，可以从以下视角来分析。

1. 产学研合作机制

产学研合作是科技成果转化为生产力的有效实现形式和途径。在产学研合作过程中，企业是技术的需求方，科研院所和大学是技术的供给方，合作各方通过联合攻关、互惠互利，促进技术创新资源要素组合、高效转化。院士专家工作站要加强企业主导的产学研深度融合，强化“企业出题、专家答题”的机制导向，建立和完善利益分享、风险共担机制，实现创新资源高效配置和平台运行绩效的增进。

2. 协同创新机制

在开放和网络化条件下，知识、技术、人才等创新资源要素融合互动的空间和视角更为宽广，客观上要求构建开放式的协同创新体系。协同能够促进创新系统内各创新群落向着更为有序的状态发展，实现价值行为的同向、创新效能的最大化。协同创新是一种创新组织模式，其关键是实现产、学、研、金、中介服务等群落竞争秩序井然，创新资源自由流动，并通过资源整合与深度合作，形成系统创新绩效倍增。院士专家工作站平台建设与运行，要以协同创新能力的提升为目标追求。充分汇集企业、高等院校、科研院所、中介机构等创新资源要素，建立和完善创新系统，设计制度规则和治理体系，加快形成创新主体深度合作、创新资源配置高效、创新活力充沛的创新活动，达到“1+1>2”的创新协同效应。

3. 创新雨林生态

创新生态系统理论认为，创新体系是一个具有共生关系的经济共同体。通过建立具备完善合作创新支持体系的群落，创新系统内部各个主体将发挥各自的异质性，与其他主体形成共生竞合、开放耦合的生态化特征，实现价值创造。创新系统产生繁荣发展的雨林生态效应，使创新的种子发芽、茁壮成长。院士专家工作站其实也是一种创新生态系统，它具有明确的共生单元，例如，企业、研究机构、专家人才、中介等。要吸纳聚集足够丰富的共生单元，以便形成强劲的创新支撑群体。它有共生界面，例如，优势产业链、高能级研发平台、创新联盟等，要强化各类共生单元之间的高效联结和相互配套，提升创新效能。它也有共生环境，例如，政策制度、服务体系、文化氛围等，要营建和谐共生的政策环境，发挥更大的加持效应。

二 陕西院士专家工作站建设与运营成效

（一）陕西院士专家工作站建设基本情况

陕西院士专家工作站采取“政府推动、院士参与、企业管理、市场运作”的建站模式，以省内创新型企业、高新技术企业及高新区等科技园区为依托，以产业发展的技术需求为导向，以省内外院士及其创新团队为技术核心，以合作项目为纽带，联合攻克产业关键共性技术，为企业科技创新提供强大智力支撑，提升企业自主创新能力，在加速国家级创新资源和高层次人才团队向省内集聚、促进科技成果转化及产业化方面发挥着重要作用。

截至 2022 年，陕西共建立省、市级工作站 345 家，其中，院士站 172 家、专家站 173 家，涵盖智能制造、信息技术、光电芯片、新材料、新能源、现代农业、生物医药等陕西省重点发展产业。首批省级院士、专家站 41 家，在站工作院士 63 名（省内院士 11 名，省外院士 48 名，外籍院士 4 名），进站专家团队 916 人，提供决策咨询 1015 次，形成报告 562 篇，省级采纳决策咨询 87 篇，转化成果 356 项，发表论文著作 473 篇，专利授权 2064 项，制定技术标准 399 项，关键共性技术开发 368 项，开发新产品 301 个①。

（二）陕西省级工作站建设运行主要成效

2019 年初，由陕西省委组织部认定了首批 41 家省级工作站。截至 2022 年，首批省级工作站已建满 3 年，建站成效逐步显现。

1. 突出柔性引才，集聚与培养高层次创新人才

科技人才是建设创新型省份、创新型企业的基石。院士专家工作站着眼

① 本报告所使用数据均来自陕西省科学技术协会内部资料。

"高端引领"，紧紧聚焦院士专家，突出柔性引才，以项目合作为纽带，引导院士及其创新团队等高端智力向企业聚集、向产业集中，为陕西吸引、集聚一批高层次创新人才，为企业培养了一批科技人才。数据显示，三年间陕西省级站引进院士 63 个，聚集吸纳科研人才 916 人。采取传帮带模式，培养了一批创新型人才，提高了企业科技创新原动力。其中，空军军医大学窦科峰教授在组织的关怀培养和院士传帮带下，2021 年成功当选中国科学院院士。

2. 着力打造产学研协同创新平台，联合攻克了一批关键技术

以企业为主体，建设院士专家工作站，吸纳整合产学研资源，联合攻关。三年间，陕西省级工作站累计联合攻关科研项目 356 项，专利授权 2064 项，制定技术标准 399 项，开发关键共性技术 368 项，开发新产品 301 个。如西安机电信息技术研究所通过与专家合作，突破了多个关键技术，为我国灵巧弹药装备整体达到国际先进水平、光电关键部件达到国际领先水平提供了有力的技术支持。西安鑫垚工作站依托张立同院士的研发平台，为航空航天领域生产百余种万余件产品。

3. 发挥院士专家战略咨询优势，提供高水平决策建议

院士创新团队是国家级"智囊团"。工作站在建设的同时注重发挥院士专家战略咨询优势。三年间，陕西省级工作站累计提供咨询建议 1015 次，获省级以上部门采纳或领导批示 87 件/次。如，陕西省土地工程建设集团孙九林院士团队就完善土地工程学科体系、建设科技创新平台等方面提出多项咨询建议，带动了土地工程行业整体进步。镇坪县饮源生态资源保护开发有限公司桂建芳院士工作站，调查形成的《新冠肺炎疫情对陕西水产养殖的影响及对策建议》，为抗击疫情及产业发展提供了重要依据和参考。

4. 注重辐射引领，探索科技赋能高质量发展新路径

引进院士专家可以带来大量的人才团队和创新资源，能够带动关键技术的突破，从而带动地区或新兴产业的发展。陕西洋县志建药业科技有限公司曹福亮院士工作站投资打造中药材种植基地、成果转化基地，带动了农村的

经济发展，辐射带动周边种植 2 万亩，从根本上促进农业产业结构的调整，增加和拓宽农户就业渠道。榆林沙漠王生物科技有限公司院士工作站在生态农业、林果采摘、林下食用菌推广等方面成效显著，为榆林市樟子松林区林下经济创造了一种行之有效的经济模式。

三　院士专家工作站绩效评价体系构建

评价院士专家工作站绩效，有助于科学引导工作站建设发展，从而更好地促进工作站能级提升、可持续发展。

（一）评价指标体系的构建

参考国内其他省（区、市）院士专家工作站绩效评价办法，结合陕西院士专家工作站建设发展特点，遵循系统性与全面性、代表性与特殊性、实用性与可操作性相结合的原则，构建“建设—运行—产出”三位一体绩效评价指标体系。具体如表 1 所示。

表 1　陕西院士专家工作站绩效评价指标体系

一级指标	二级指标	三级指标
建设绩效	基础建设	工作站日常办公场所(平方米)
		产品研发及产业化场所(平方米)
		科研设施设备资产(万元)
	制度建设	工作站管理办法及相关配套制度(项)
		工作站年度工作计划与总结(份)
	团队建设	创新团队人数(人)
		创新团队三年累计在站工作时间(天)
		工作站配套安排工作人员(人)
	资金保障	投入工作站运行保障经费(万元)
		投入工作站科研保障经费(万元)

续表

一级指标	二级指标	三级指标
运行绩效	战略决策咨询	工作站为建站主体提供咨询和指导(次)
		形成文字性报告(篇)
		决策咨询获地市级及以上领导批示次数(次)
		决策咨询被省级及以上部门采纳次数(次)
	项目联合攻关	签订技术开发与合作项目合同或项目立项(份/个)
		技术开发与合作项目合同或项目立项总金额(万元)
	创新人才集聚培养	运行期间建站单位的人才学历、职称获得提升人数(人)
		工作站人员发表代表性论文(篇)
		工作站人员发表代表性著作(本)
	科技成果转化	代表性科研成果转化项目(个)
成果产出绩效	专利	工作站专利授权数(项)
		工作站 PCT 国际专利申请数(项)
	技术标准	主持牵头制定国际标准、国家标准、团体标准、企业标准(项)
		参与制定国际标准、国家标准、团体标准、企业标准(项)
	各类奖励	国家级奖励(项)
		省部级奖励(项)
		其他奖励(项)
	技术产品与社会效益	近三年产业共性技术开发(项)
		近三年新产品增加数量(个)
		宣传报道情况(次)

(二)评价方法:多指标综合评价法

1. 总方法

多指标综合评价法。

2. 指标权重

采用德尔菲法和熵值法结合的主观客观综合赋权法。

3. 数据标准化

研究中所设计的指标均为正效指标，对其进行无量纲化处理，并对数据边界进行合理化修正。

（三）评价步骤

1. 三级指标标准化

将三级指标先采用对数标准化，以降低端点极值对数据平衡的杠杆影响；再根据多目标规划原理，采用功效系数法对各项评价指标分别确定一对满意值和不允许值，以满意值为上限，以不允许值为下限，计算相应的功效评分值，作为指标的评价值。

对数标准化公式：

$$Y_{ij} = \ln[X_{ij} - \min(X_{ij}) + 1]$$

功效系数法：

$$Z_{ij} = \frac{Y_{ij} - \min(Y_{ij})}{\max(Y_{ij}) - \min(Y_{ij})} \times A + B$$

其中，A 为功效区间，B 为功效基准值。

2. 二级指标生成

二级指标评分值由三级指标评价值乘以相应指标权重加权综合而成。公式如下。

$$U_{ij} = \sum_{i=1}^{n} \omega_i \times Z_{ij}$$

其中，ω_i 为三级指标权重，n 为每个二级指标下包含的三级指标个数。

3. 一级指标生成

一级指标评分值由二级指标评分乘以相应指标权重加权综合而成。公式如下。

$$V_{ij} = \sum_{i=1}^{m} \varphi_i \times U_{ij}$$

其中，φ_i 为二级指标权重，m 为每个一级指标下包含的二级指标个数。

4. 总评分的产生

总评分值由一级指标评分值乘以相应指标权重加权综合而成。公式如下。

$$W = \sum_{i=1}^{h} \tau_i \times V_{ij}$$

其中，τ_i 为各级指标权重，h 为一级指标个数。

四　陕西院士专家工作站绩效评价结果分析

（一）院士专家工作站呈现不平衡不协调的发展态势

从陕西省级院士专家工作站所在区域分布来看，西安占 63.8% 以上，宝鸡占 16.6%，其余各市区占比不到 6%，省级院士专家工作站区域分布差距较大。从综合绩效评价来看，TDGC、SXMH、BJCJ、BCZY 等院士专家工作站综合绩效都在 80 分以上，位列第一方阵；而 YAYL、TCKJ、ZHGY、SJYL、AKZY 等院士专家工作站综合绩效则在 70 分以下，同第一方阵的差距较大，如表 2 所示。

（二）院士专家工作站呈现差异化功能分布

陕西院士专家工作站凸显不同功能分布态势。协同攻关能力较为突出的平台，如 XYFH、SXYC、GHBT；科技成果转化功能较为突出的平台，如 SHKJ、SLKJ、ZDES；人才积聚培养功能较为突出的平台，如 TDGC、BCZY、ZYDX；战略决策咨询功能较为突出的平台如 BJCJ、TDGC 等，如表 3 所示。

表 2 陕西院士专家工作站综合绩效评价得分与排名

单位：分

工作站名称	得分	排名	工作站名称	得分	排名
TDGC	87.46	1	SHKJ	75.74	19
SXMH	86.62	2	YXZJ	74.41	20
BJCJ	83.99	3	FHTX	74.16	21
BCZY	81.22	4	QCJC	74.12	22
XYFH	79.79	5	BSGG	73.89	23
SDDY	79.38	6	ZDES	73.64	24
ZYDX	78.76	7	HQMB	73.13	25
KJJS	78.65	8	XSJG	73.03	26
KLCL	78.60	9	BTJT	72.77	27
XYHT	78.01	10	KJJY	72.46	28
AFSW	77.93	11	SYCL	71.88	29
SXYC	77.78	12	ZHTH	70.98	30
GHBT	77.60	13	ZPST	70.49	31
TLKJ	77.09	14	YAYL	68.71	32
SLKJ	76.96	15	TCKJ	68.51	33
BRYS	76.83	16	ZHGY	68.21	34
HYKJ	76.20	17	SJYL	66.78	35
SDCL	76.04	18	AKZY	64.42	36

表 3 运行绩效二级指标评价得分与排名

单位：分

院士专家工作站名称	战略决策咨询		联合项目攻关		创新人才积聚培养		科技成果转化	
	得分	排名	得分	排名	得分	排名	得分	排名
BJCJ	93.47	1	85.02	16	75.10	10	91.28	6
TDGC	89.25	2	85.38	14	90.47	1	92.58	4
KJJS	85.23	3	88.99	6	81.51	6	81.86	17
AFSW	84.30	4	86.04	13	70.26	25	84.34	13
SDDY	83.01	5	86.35	12	86.19	4	91.28	5
HYKJ	81.63	6	87.15	10	70.84	22	78.83	23
BCZY	80.18	7	87.90	8	89.55	2	84.34	15
YXZJ	76.87	8	78.49	28	64.37	30	88.25	7

续表

院士专家工作站名称	战略决策咨询		联合项目攻关		创新人才积聚培养		科技成果转化	
	得分	排名	得分	排名	得分	排名	得分	排名
XYFH	76.01	9	95.29	2	72.22	16	78.83	18
SXYC	75.92	10	91.06	3	70.58	24	81.86	16
ZPST	74.12	11	75.99	31	61.43	34	74.93	27
SLKJ	72.41	12	88.60	7	65.94	29	97.67	2
ZYDX	71.99	13	89.53	5	88.36	3	86.44	9
SDCL	69.73	14	78.25	29	73.99	12	78.83	22
BRYS	67.39	15	86.91	11	67.37	28	74.93	27
KLCL	66.11	16	87.21	9	71.22	19	88.25	7
GHBT	66.11	17	89.63	4	72.26	15	84.34	14
KJJY	65.94	18	85.27	15	76.45	8	69.42	32
TCKJ	65.71	19	72.22	34	60.00	36	69.42	33
XYHT	65.52	20	85.00	18	72.03	17	84.34	12
SXMH	64.97	21	97.13	1	75.35	9	84.34	10
FHTX	64.94	22	81.11	25	62.99	31	74.93	25
ZHTH	64.91	23	79.93	26	61.80	33	60.00	34
AKZY	64.37	24	60.00	36	69.32	27	74.93	29
XSJG	63.9	25	72.91	33	72.85	14	74.93	30
SYCL	63.84	26	74.95	32	74.84	11	74.93	24
ZDES	63.78	27	83.40	20	70.76	23	93.76	3
SJYL	63.78	28	70.97	35	60.90	35	60.00	36
SHKJ	63.46	29	85.01	17	69.94	26	97.89	1
ZHGY	63.16	30	78.58	27	62.53	32	69.42	31
QCJC	62.85	31	82.06	24	73.16	13	74.93	26
BTJT	62.17	32	76.87	30	71.12	21	78.83	20
HQMB	61.92	33	84.79	19	71.86	18	78.83	21
YAYL	61.87	34	82.37	22	83.52	5	60.00	35
TLKJ	61.48	35	82.92	21	77.27	7	84.34	11
BSGG	60.00	36	82.20	23	71.13	20	78.83	19

（三）部分工作站重建设、轻运行及产出

重平台建设、轻运营及成果产出在一些院士专家工作站中表现较为明

显。如：FHTX 院士专家工作站建设绩效排在第 6 位，而运行绩效排在第 30 位，成果绩效排在第 20 位；GHBT 院士专家工作站建设绩效排在第 5 位，而运行绩效排在第 14 位，成果绩效排在第 12 位；SXYC 院士专家工作站建设绩效排在第 4 位，而运行绩效排在第 10 位，成果绩效更是排在第 17 位，如表 4 所示。

表 4　陕西院士专家工作站绩效一级指标评价得分与排名

单位：分

院士专家工作站名称	成果绩效		运行绩效		建设绩效	
	得分	排名	得分	排名	得分	排名
SXMH	88. 17	1	80. 57	11	91. 79	3
TDGC	83. 57	2	89. 00	1	94. 89	2
BJCJ	77. 22	3	86. 82	2	96. 64	1
BCZY	76. 90	4	85. 20	4	86. 02	8
XYFH	76. 82	5	81. 60	8	84. 52	19
TLKJ	76. 63	6	75. 64	19	80. 44	33
KLCL	76. 51	7	77. 89	15	84. 92	15
XYHT	76. 15	8	76. 43	18	85. 02	14
BRYS	75. 30	9	74. 75	21	83. 76	22
ZYDX	74. 51	10	83. 42	6	82. 43	28
SDCL	73. 41	11	74. 96	20	84. 25	20
GHBT	73. 18	12	78. 04	14	88. 00	5
KJJS	72. 49	13	84. 94	5	84. 59	18
AFSW	72. 48	14	82. 02	7	85. 41	10
SDDY	72. 34	15	86. 31	3	86. 63	7
QCJC	72. 02	16	73. 09	24	80. 92	32
SXYC	71. 34	17	80. 58	10	89. 68	4
SHKJ	71. 30	18	78. 53	13	82. 64	27
SLKJ	70. 98	19	81. 03	9	85. 78	9
FHTX	70. 77	20	71. 40	30	86. 78	6
HYKJ	70. 73	21	80. 57	12	83. 35	25
BSGG	70. 17	22	72. 65	25	85. 03	13
XSJG	69. 84	23	70. 62	31	84. 60	17
YXZJ	69. 83	24	77. 13	16	81. 79	29

续表

院士专家工作站名称	成果绩效		运行绩效		建设绩效	
	得分	排名	得分	排名	得分	排名
BTJT	69.12	25	71.70	28	83.51	24
SYCL	68.40	26	71.59	29	80.99	31
HQMB	68.12	27	74.15	23	84.13	21
ZHTH	67.19	28	67.81	33	85.18	12
ZDES	66.91	29	77.06	17	85.33	11
KJJY	66.25	30	74.54	22	84.89	16
SJYL	64.80	31	64.60	36	74.99	36
ZPST	63.99	32	72.54	26	83.68	23
TCKJ	63.50	33	67.26	34	82.92	26
YAYL	62.55	34	71.97	27	79.21	34
ZHGY	62.50	35	68.91	32	81.45	30
AKZY	60.85	36	66.16	35	75.72	35

（四）部分工作站重硬件建设、轻制度配套

重硬件环境建设，制度环境建设滞后，软硬件建设不协调，创新生态仍然不佳。如 BRYS 院士专家工作站基础设施建设居第 6 位，但制度建设、团队建设分列第 27 位、31 位；BTJT 院士专家工作站基础设施配套居第 8 位，但制度建设居第 30 位；SYCL 院士专家工作站基础配套居第 14 位，但制度建设居第 32 位。

（五）部分工作站重专利发明、轻成果转化

专利成果只有转化为现实生产力，才能发挥应有的成效。一些工作站专利发明成果较多，但转化效率较为低下。如 XYHT 平台发明专利数量排第 2 位，但技术产品与社会效益转化较弱，排第 24 位；ZHTH 平台发明专利数量排第 7 位，但技术产品与社会效益排第 26 位；SYCL 平台发明专利数量排第 14 位，但技术产品与社会效益排第 29 位。

五　面对新形势，提升院士专家工作站能级的政策建议

党的二十大报告指出，必须坚持科技是第一生产力、人才是第一资源、创新是第一动力，深入实施科教兴国战略、人才强国战略、创新驱动发展战略，开辟发展新领域新赛道，不断塑造发展新动能新优势。陕西省深入贯彻党的二十大精神，积极打造秦创原创新驱动先行区和示范区，全力支持西安高标准建设综合性科学中心和科技创新中心，同时大力发展县域经济、民营经济、开放型经济、数字经济。这将为陕西院士专家工作站能级提升创造了难得的机遇。院士专家工作站是集产、学、研于一体的协同创新平台，是促进科技、人才、产业融合的有效载体，具有“推动创新链产业链资金链人才链深度融合”的内在优势。因此，在当前以创新驱动为特征的经济环境下，陕西院士专家工作站着眼更好服务高水平科技自力自强，要发挥吸纳聚集更多的战略科学家作用，为陕西打造主导产业、战略性新兴产业提供战略咨询、科技预见；要探索建立协同创新机制，支撑引领陕西乃至区域主导产业、战略性新兴产业高质量发展；要加强服务和评估，指导支持院士专家工作站提质增效，切实发挥服务建站单位、辐射带动经济发展的载体功能作用。

（一）发挥吸纳聚集更多的战略科学家作用，为陕西打造主导产业、战略性新兴产业提供战略咨询、科技预见

1. 充分发挥院士专家工作站战略决策咨询的功能和学术引领作用

一是围绕陕西省委、省政府重大决策和重点任务，面向陕西主导产业发展以及战略性新兴产业，广泛开展系列综合性学术交流和政策研究，以任务型、针对性、前瞻性为导向深化战略咨询研究，力争形成一批有战略性、科技预见性的决策咨询建议。二是面向县域经济、民营经济、开放型经济、数字经济等陕西经济社会发展短板弱项，通过开展院

士专家工作站高端论坛、高端对话等，着力开展产学研用咨询活动，充分发挥好战略科学家的作用。

2. 构建院士柔性智库网络体系，积极融入秦创原创新驱动平台建设发展

一是根据西安“双中心”建设要求，聚焦科技创新重点领域，加强与省级研究机构和各类专业智库的合作。二是构建合作开放式院士柔性智库网络体系，为秦创原创新驱动平台建设提供决策支撑和智力支撑，积极融入秦创原创新驱动平台高质量发展。三是聚焦秦创原创新驱动平台建设和陕西高质量发展，开展院士柔性智库战略规划、课题研究以及政策制定等。

3. 创新工作站决策咨询工作机制，提供高端智力精准支撑

一是创新决策咨询形式，搭建不同层次、不同形式的决策咨询平台，在更广的范围内、更深的层次上，调动院士参与决策咨询活动。二是组织动员院士专家，领衔凝练决策咨询议题、组织开展决策咨询活动、揭榜研究课题、参与第三方评估等，提供高端智力精准支撑，推动国家战略层面支持陕西发展。

（二）探索建立协同创新机制，支撑引领陕西乃至区域主导产业、战略性新兴产业高质量发展

1. 探索建立协同创新机制

一是提升服务水平，协同创新，切实促进共建共赢。积极做好工作站服务平台建设，做好企业建站前、中、后期的配套保障、评价服务，为院士专家、企业和工作站长效发展提供更好的服务，推动建立工作站资源开放、共享、合作、交流。二是依托秦创原创新驱动平台，围绕区域主导产业重大技术创新需求，充分发挥企业工作站高端、前沿、跨界、集聚和战略引导独特优势，在同行业建站企业和上下游建站企业中组建产业工作站战略联盟，进行协同创新，共享知识产权，促进重点领域的创新突破，加快主导产业科技成果向生产力转化的进程。三是充分发挥“院士经济”的支点作用、催化效应，努力形成更多科创项目、科创企业、科创产业，不断提高企业、产业和区域的自主创新能力，进一步推动协同创新驱动发展迈出更大步伐。

2. 提升工作站科技成果转化和产业化水平

坚持平台化、集群化发展，加快产学研用相结合，引导人才、平台、资本、项目等资源要素向企业集聚，推动产业链创新链深度融合，持续提升创新资源整合和辐射带动效能，实现更多科技成果就地孵化、转化、产业化。一是加大产业链创新发展。引导工作站加大承载与院士研究关联度较大的战略性新兴产业，如大数据、网络安全、卫星导航、新能源、医药健康、基因工程、高端装备、人工智能、无人机、智能网联汽车、生态环保、元宇宙、3D 打印等，前沿布局量子通信、云芯片、脑科学、边缘计算、机器学习等未来产业，孵化育成一批战略性新兴产业集群。二是推进产业核心技术攻坚。支持引导工作站依托设站企业组建体系化、任务型的创新联合体，推进行业关键核心技术研发及产业化应用。三是深入实施人才强站工程。建立院士专家高层次人才数据库，编制高层次紧缺人才开发目录，定期发布需求信息，推进实施“揭榜挂帅”制，引导研发对接。深化“人才+项目+资本”“院士领衔+团队培植”等协同引才模式，加快形成高层次人才的链式效应。建立灵活便捷的柔性引才引智政策。四是推进产融深度融合。积极构建服务工作站的“金融水利工程”。加大创新平台专项资金扶持力度；常态化开展工作站精准融资对接活动，引导金融机构、天使基金等支持种子、在孵企业培育壮大。

3. 加强工作站配套政策支持

提升工作站建设发展战略定位，加大配套政策支持，引导工作站高质量发展。一是分类施策，强化工作站差异化政策扶持。按照战略科技转化平台、战略咨询服务平台、高端人才平台等不同功能定位，打造功能差异、优势突出、竞争有序的工作站良好发展生态。二是支持工作站建设高水平创新载体。支持建站企业加大整合企业工程技术中心、企业技术中心、博士后科研工作站、企业院士专家工作站等研发平台，提升集聚效应；支持建站企业建立完善载体建设与项目引进联动机制，及时引进更多高端科研项目，不断提高科技创新载体利用率，形成更多的功能载体创新点。三是强化政策集成，厚植发展合力。加强人才、科技孵化、战略性新兴产业培育等方面支持政策集成、衔接，厚植发展合力，支持工作站做大做强做优。

（三）加强服务和评估，指导支持院士专家工作站建设提质增效，切实发挥服务建站单位、辐射带动经济发展的体制机制作用

1. 加强工作站绩效评价

建立科学的工作站绩效评价体系，以评促转，引导工作站持续提质增效。一是建立“建设—运行—产出”三位一体工作站绩效评价体系。工作站不仅要注重建设，更要注重运行、产出。强化产学研用协同攻关、科技成果转化、战略咨询功能发挥等指标评价，突出科创项目、科创企业、科创产业孵化等指标评价。二是建立和完善工作站动态管理和退出机制。以“建运产”三位一体绩效评价为导向，引导工作站升级定档、优胜劣汰、能级提升。三是加强工作站内部数字治理体系建设。引导企业加大工作站可持续投入，构建稳定的数字支撑体系，探索建立院士专家工作站数字化评估指标体系。

2. 建立院企合作共赢互信机制

一是推动建立工作站资源开放、共享、合作、交流。认真组织院士专家团队深入产业、企业实地调研指导。二是利用好院士专家团队，促进其与企业创新团队的深度交流，帮助院士专家与企业建立利益与义务同等的合作共赢的互信机制。三是支持院士专家创新团队与企业科研生产一线技术人员开展技术互访、信息沟通和经验交流活动，促进高校、科研院所、企业高层次创新人才的资源和信息共享。

3. 突出重点产业的典型示范

一是把有限的资源集中到重点产业链上，使工作站建设既能围绕中心服务大局，又能起到较强的辐射带动作用。二是要集中力量扶持培育若干示范工作站，特别是在运行方面具有较大创新的工作站。总结示范经验，推动全省工作站建设整体水平上台阶，放大工作站成效，发挥较强辐射作用。

参考文献

习近平：《高举中国特色社会主义伟大旗帜　为全面建设社会主义现代化国家而团结奋斗——在中国共产党第二十次全国代表大会上的报告》，2022。

朱巍、程艳、张柳：《国内发展“院士经济”的实践经验及启示》，《科技中国》2018 年第 2 期。

刘畅、李鹏：《院士工作站服务天津区域经济长效机制研究》，《中国轻工教育》2016 年第 4 期。

邓华彬、方跃钢、傅小勇、陈朗、杨贵辉：《黄石市院士专家工作站发展的现状及对策建议》，《科协论坛》2018 年第 10 期。

白露、金田林、李安安：《我国院士专家工作站模式及其选择》，《科协论坛》2015 年第 12 期。

B.5
陕西探索实施科技项目“揭榜挂帅”制度的实践现状与优化建议*

司林波　宋兆祥**

摘　要：“揭榜挂帅”通过“能者赛马”的竞争机制，而非传统的“伯乐相马”的上岗机制完成科研技术攻关任务。陕西省于2021年正式开始在重大科技项目管理中推行实施“揭榜挂帅”制度，目前已经初步形成了省科技厅明确顶层设计、各级政府探索实践蔚然成风、多元主体联合“揭榜挂帅”协同破题的局面，但在政策体系、应用领域、立项渠道、实践规模、平台模块等方面还面临瓶颈和挑战。具体来说，在政策体系方面，呈现“运动式治理”特征，缺乏实施“揭榜挂帅”长效机制；在应用领域方面，关注支持头部企业组织实践，没有兼顾中小微企业技术需求；在立项渠道方面，“征榜”节奏单一与不确定性并存，缺少实时性的立项渠道；在实践规模方面，“揭榜挂帅”实践范围有限，暂未形成百花齐放的状态；在平台模块方面，秦创原平台功能窗口导航模糊，“揭榜挂帅”信息资源易得性弱。因此，应该进一步完善“揭榜挂帅”制度体系，形成科研管理

* 本文是2022年度陕西省科协决策咨询课题“陕西省探索实施科技项目‘揭榜挂帅’制度的实践模式与优化建议”（批准文号：陕科协发〔2022〕宣字12号）和2023年度陕西省创新能力支撑计划软科学项目"科技赋能黄河流域（陕西）生态保护的创新路径与政策体系研究"（2023-CX-RKX-119）的阶段性成果。

** 司林波，西北大学公共管理学院教授、博士生导师，研究方向为公共行政与公共政策；宋兆祥，西北大学公共管理学院博士研究生，研究方向为科技政策与科技管理。

创新长效机制；创新“揭榜挂帅”制度理念，统筹兼顾中小微企业技术进步；丰富“揭榜挂帅”立项渠道，分级响应社会发榜揭榜需求；拓宽“揭榜挂帅”协作范围，实现跨域协同，推进百花齐放；调整“揭榜挂帅”平台设计，提升目标信息资源的易得性。

关键词： 科技项目　“揭榜挂帅”　陕西省

一　“揭榜挂帅”：一种促竞争、破桎梏、领风气的科研项目管理模式

（一）“揭榜挂帅”的内涵

2016年4月19日，习近平总书记在北京主持召开的网络安全和信息化工作座谈会上首次提出“揭榜挂帅”。为破解当前科技领域的“卡脖子”技术难题，实现科技项目管理制度的创新发展，习近平总书记在多次会议上反复强调“揭榜挂帅”制度，提出要把关键核心技术项目张出榜来，英雄不论出处，谁有本事谁就揭榜。国家发展和改革委员会发布的《“十四五”规划和2035年远景目标纲要中的名词解释》将“揭榜挂帅”解释为从需求导向出发，让有能力、有担当的团队承担关键核心技术攻关等重点任务，以能够解决问题为评价标准的新机制。从制度流程的本质来看，我国的“揭榜挂帅”制度实际上与在国际范围内备受青睐的科技悬赏制度具有一致性，即通过具有开放灵活特点的“能者赛马”竞争机制，而非传统的“伯乐相马”上岗机制完成科研技术攻关任务。

（二）“揭榜挂帅”制度的实践模式与工作流程

自2016年“揭榜挂帅”制度提出以来，虽然由于全国不同地区和应用

领域创新条件和文化的差异，具体到每个具体案例中的实际操作流程可能存在不同，但“揭榜挂帅”在我国现阶段各个科研技术领域与组织主体的实践与探索中不断推广和相互借鉴，目前已经初步形成了包括三大项目类型和十步工作流程的相对成熟高效的模式与工作流程。

三大“揭榜挂帅”项目类型包括政府主导型、政企合作型与企业主导型，其主要是按照关键环节中的行动主体进行划分的，具体来讲，是由“征榜”环节中科研技术需求来源单位的性质，以及“征榜”“发榜”环节中的主要负责单位的性质决定的（见图 1）。十步工作流程分别是征榜、建榜、审榜、发榜、揭榜、选帅、批榜、示榜、监榜和奖榜（见图 2）。

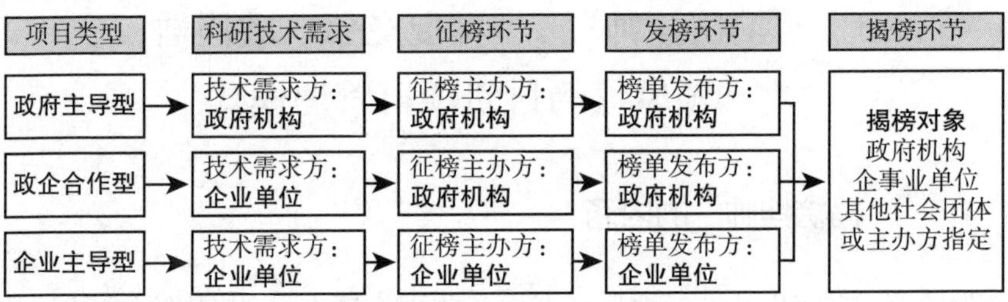

图 1　“揭榜挂帅”三大项目类型

资料来源：根据全国多地区各级政府官方网站公开发布的“揭榜挂帅”相关工作流程方案，归纳总结后由作者自制。

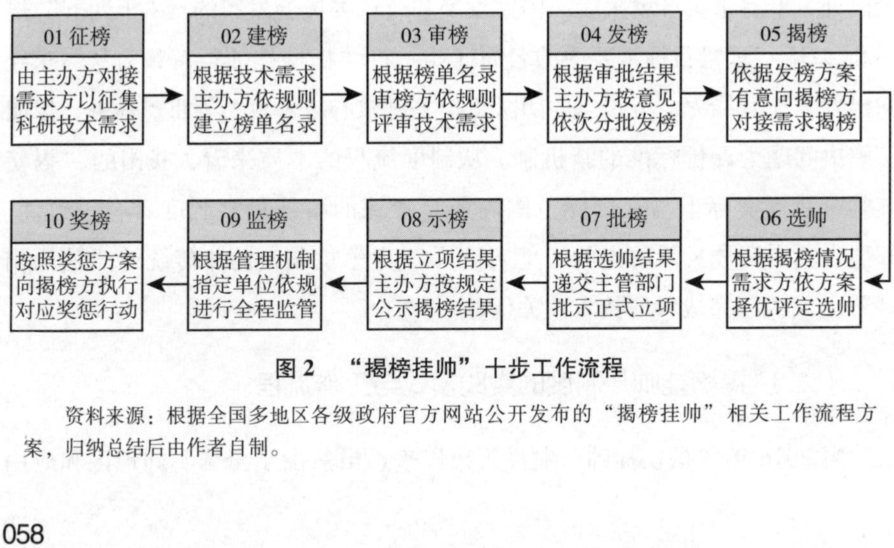

图 2　“揭榜挂帅”十步工作流程

资料来源：根据全国多地区各级政府官方网站公开发布的“揭榜挂帅”相关工作流程方案，归纳总结后由作者自制。

二　陕西省“揭榜挂帅”制度探索实践的现状与特点

2021 年 3 月 11 日发布的《陕西省科学技术厅关于印发〈实施科技项目“揭榜挂帅”工作指引〉的通知》（陕科办发〔2021〕23 号）（以下简称《指引》），标志着陕西省开始在重大科技项目管理中推行实施“揭榜挂帅”制度，以制度调动力量攻克陕西省各领域产业发展突破中所面临的亟待解决的关键核心技术，催化重大科技成果的转化和产业化成效，进而赋能省域高质量发展。以此为里程碑，陕西省“揭榜挂帅”的探索从政策理念的解读和宣传正式进入实施阶段，省域内各级政府、各地区社会组织与团体亦积极响应号召，形成了一股强劲持续的以“揭榜挂帅”制度为核心的科技创新热潮。

为全面了解陕西省“揭榜挂帅”制度探索实践的现状与特点，本研究通过基于互联网 URL 技术的大数据分析方法，收集统计、梳理归纳了来自陕西省各级人民政府官方网站自 2020 年 9 月 1 日起至 2022 年 9 月 15 日止所发布的与“揭榜挂帅”（标题包含或正文包含）相关各类信息资源 888 条，对每条数据的发布日期、发布单位、单位属地、单位级别、内容类型及文档标题等 6 个维度信息进行了统计，本研究后续基于数据分析的各项内容与图表数据均来源于上述信息资源的统计结果。

（一）多元参与，省科技厅构建明确顶层设计

2022 年 5 月 10 日，陕西省科技厅发布《关于修订印发〈实施科技项目“揭榜挂帅”工作指引〉的通知》（陕科发〔2022〕14 号）（以下简称《新指引》），《新指引》对“供需对接”办法和“补贴程序”中的“拨付方式”进行了补充优化。《新指引》明确了陕西省实施“揭榜挂帅”科技项目管理制度的出发点和着眼点，从组织实践的角度规划了详细的标准实施流程。从项目类型来看，《新指引》将省内符合实施“揭榜挂帅”制度的科技项目按需求导向的原则划分为“技术攻关类”与“成果转化类”两个大类，

其中“技术攻关类”需求项目聚焦涉及国家安全的重大应急性科技问题以及制约我国产业、企业发展的核心科研技术问题，该类项目由陕西省科技厅遴选凝练后面向社会具有研究开发能力的创新主体发榜攻关，而“成果转化类”需求项目则主要关注的是能够推进陕西省重点产业发展的各项相对成熟且适合产业化的重大科技成果，由陕西省科技厅面向全社会征集并发榜。

在“揭榜挂帅”组织管理流程上，《新指引》明确了“需求征集”、“论证发榜”、“揭榜定帅”和“绩效评价”四大环节，规定了陕西省“揭榜挂帅”资金支持规则与全流程监督管理方法。“需求征集”环节具体包括榜单征集和建立需求征集库两个关键步骤，与“揭榜挂帅”十步工作流程中的“征榜”和“建榜”步骤相一致。在“论证发榜”环节中，《新指引》规范了“科技查新”、“资质审查”、“同行评议”和“张榜发布”四个核心流程，其中“科技查新”和“资质审查”是通过对标评估的方法明确技术需求的先进性，并对项目需求方的必要资质摸底审查，而“同行评议”则是组织领域专家结合各项情境与实际情况评估技术需求的可行性与必要性，通过审查和评议后的技术需求由陕西省科技厅按照陕西省科技重大项目申报指南的标准流程“成熟一批、发布一批”。

“揭榜定帅”和“绩效评价”是《新指引》四大环节中的后两个关键环节。在“揭榜定帅”环节中，符合条件的主体在规定时间内提交项目可行性方案的行动即视为“揭榜”，而“定帅”步骤中则需要完成对揭榜主体的资质审查、揭榜主体与技术需求主体间的供需对接以及由需求方与揭榜方作为联合承担单位与省科技厅签订省级科技计划项目任务书后进行公示签约三个步骤，此外，《指引》中规定需求方无法确定唯一合作对象时，可商议实施“赛马制”方法外，《新指引》还补充引入在技术目标清晰的高时限性重大应急攻关或关键核心技术攻关项目中，还可按立“军令状制”的办法组织实施“揭榜挂帅”制度。在“绩效评价”环节中，《新指引》指出应在“揭榜挂帅”项目全流程中落实执行阶段性绩效评价，并按照进度节点完成绩效评价报告，不仅如此，在项目实施完成后，还应由需求方和受省科技厅委托的第三方专业机构完成综合性的绩效评价，相关措施以双保险的形式有效保障了陕西省“揭榜挂帅”项目的推进成效。

《新指引》还对陕西省“揭榜挂帅”项目的资金支持与监督管理作出了清晰的规定。资金支持方面的内容主要由经费核定与补贴程序两个要素构成，经费核定规则明确了政府主导型项目科研经费由政府财政全额负担，而政企合作型与企业主导型“揭榜挂帅”项目的资金主要来源于企业自筹或吸引社会资本投入，同时，省科技厅亦根据实际情况按规定给予一定程度的资金补贴。补贴程序方面，《新指引》在原有财政资金可“分两期拨付”和“里程碑拨付”的方式中选择执行的基础上，增加“一次性拨付”的新选项，而财政科技经费的管理原则以“包干制”为准，《新指引》的程序优化大幅提升了“揭榜挂帅”制度在不同情境下的兼容与适切程度。监督管理层面，详细制定了覆盖陕西省“揭榜挂帅”项目全生命周期流程的实施细则，包括绩效评价、知识产权分配和归属、项目实施周期、项目终止条件以及财政信用原则等方面。由此，陕西省“揭榜挂帅”科研项目管理制度的实施流程与各项环节（见图 3）在本质上与当前国内通行的“揭榜挂帅”十步工作流程无异，并在多个细节方面形成了具有陕西特色的优化完善方案。

（二）逐步推进，各级政府探索实践蔚成风气

从内容层面来看，经大数据统计、数据预处理与文本分析后，按照类型学方法，可以将陕西省各级政府公开的信息资源划分为六个类别：“文件转发与要闻转载”“社会动态与本地要闻”“政策法规与通知公告”“政府工作与政务动态”“会议讲话与工作报告”“专题专栏与研究报告”。从统计数据出发，过去两年间陕西省各级政府在转发转载外界的相关经验进行宣传推广与学习借鉴的同时，业已开展了规模相当且卓有成效的管理实践与成功案例，其间各级政府与媒体机构亦对“揭榜挂帅”在省域内的探索发展保持了较高的关注度。此外，陕西省已初步形成了在适切情境下通过实施“揭榜挂帅”制度进行科研项目管理的火热风气，并从制度体系建设到一线实践

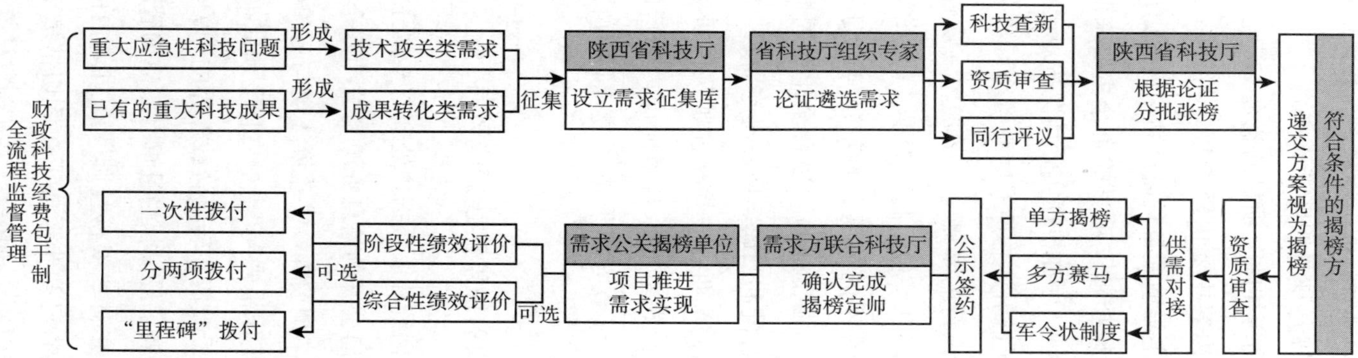

图3　陕西省《实施科技项目“揭榜挂帅”工作指引》规定的“揭榜挂帅”项目流程

资料来源：作者根据陕西省科技厅《关于修订印发〈实施科技项目“揭榜挂帅”工作指引〉的通知》相关内容自制。

层面均有所建树，激发了朝气蓬勃的制度创新能量。虽然“会议讲话与工作报告”和“专题专栏与研究报告”类型的信息资源相对较少，但仍能在一定程度上反映出陕西省各级政府在组织实践中亦没有忽视从理论研究与交流学习的层面推进“揭榜挂帅”制度发展与优化工作的有力实现。

此外，时间序列中类型热度的变化也能够反映陕西省“揭榜挂帅”制度建设和组织实践的成效现状与发展趋势。从类型热度排名的变化可知，2020 年第四季度至 2021 年第二季度，发布的信息资源以文件转发与要闻转载为主，意味着该阶段处于探索实践的萌芽阶段。而自 2021 年 3 月陕西省正式实施“揭榜挂帅”制度后的两个季度中，省内各级政府开启了行动迅速、执行有力的制度建设与管理实践。自 2021 年第三季度至 2022 年第三季度，陕西省经历了制度建设的成果落地期，其间关于“政策法规与通知公告”、“政府工作与政务动态”和“社会动态与本地要闻”的信息资源发布热度持续处于高位。此外，自 2020 年第四季度以来，陕西省持续在“揭榜挂帅”相关政策与制度建设层面倾注了显著的工作量，其间关于“政策法规与通知公告”类的信息资源发布热度始终居于前列，这也代表着陕西省各级各地政府始终坚持制度建设先行的发展原则和治理理念。

具体到制度建设层面，统计的 175 条“政策法规与通知公告”类信息资源中，可以将省内各级政府发布的与“揭榜挂帅”相关的政策法规或通知公告文本分为三大类，分别是需求导向类、助力发展类以及制度建设类（见图 5）。首先，需求导向类政策法规或通知公告主要是为了通过“揭榜挂帅”制度直接解决政府或企业科研技术攻关需求的相关文件，该类项目立项的直接目的是在时限内集中全社会多元参与主体的力量解决在现阶段能够给国家战略和省域产业发展带来显著提升效应的科研技术难题。其次，助力发展类文本是以规划完成国家或区域发展战略与目标为主，并在部分内容中提及或明确可以应用“揭榜挂帅”制度助力组织目标实现的相关文本。最后，制度建设类政策文本主要是关于对“揭榜挂帅”制度体系构建与支撑保障方面相关的政策文本，该类信息资源的内容主要是对“揭榜挂帅”具体到当地实施方案办法的明确。

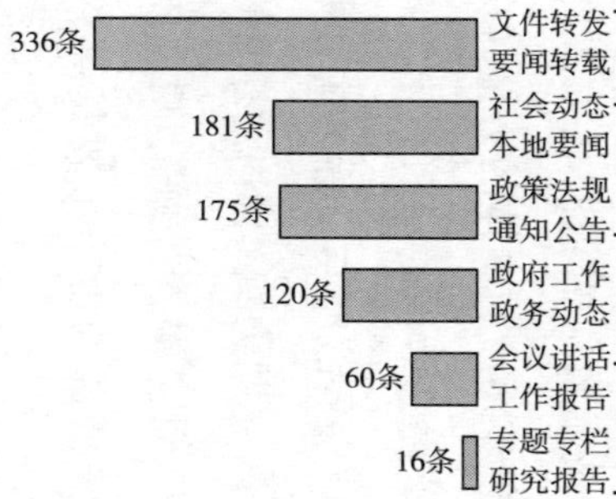

热度排名	2020年第四季度	2021年第一季度	2021年第二季度	2021年第三季度	2021年第四季度	2022年第一季度	2022年第二季度	2022年第三季度
第一位	文件转发 要闻转载	文件转发 要闻转载	文件转发 要闻转载	政策法规 通知公告	政策法规 通知公告	文件转发 要闻转载	政府工作 政务动态	社会动态 本地要闻
第二位	政策法规 通知公告	政策法规 通知公告	政策法规 通知公告	社会动态 本地要闻	文件转发 要闻转载	社会动态 本地要闻	政策法规 通知公告	政策法规 通知公告
第三位	社会动态 本地要闻	社会动态 本地要闻	社会动态 本地要闻	政府工作 政务动态	社会动态 本地要闻	政策法规 通知公告	社会动态 本地要闻	政府工作 政务动态

图4 陕西省全省政府官方网站“揭榜挂帅”信息资源类型热度排名

资料来源：根据陕西省各级政府官方网站公开发布的“揭榜挂帅”相关信息资源，分类统计后由作者自制。

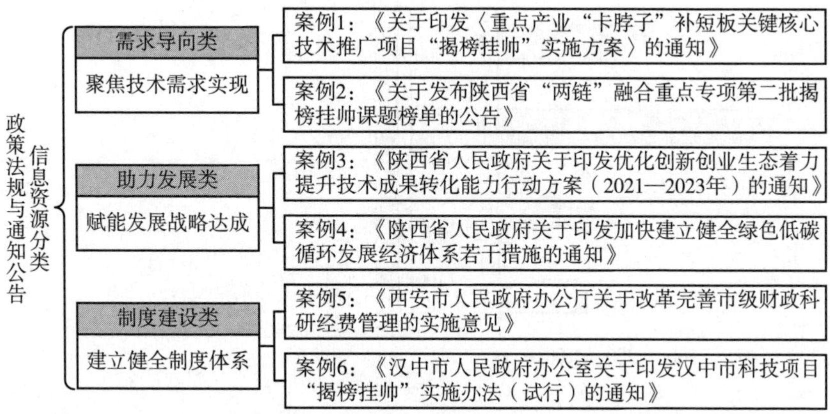

图 5　陕西省各地级政府发布的“政策法规与通知公告”类信息资源类型分析

资料来源：根据陕西省各级政府官方网站公开发布的“揭榜挂帅”相关政策文本，统计后由作者自制。

（三）协同合作，多元主体联合“揭榜挂帅”协同破题

从政府作为“揭榜挂帅”组织实践主管单位与领导主体的角度来看，自 2020 年以来陕西省各级政府发布的与“揭榜挂帅”制度相关的信息资源中，来自市级政府部门与单位的发文量最多，共计 397 条，占比约 44%；排名其后的是省级政府各部门与单位的发布数量，总计 245 条，占比约 28%；而区、县级人民政府在过去两年间的发文量分别是 101 条与 145 条，合计 246 条，占比约 28%。可见，在一定程度上“揭榜挂帅”制度在陕西省的发展现状处于由省向市的推广普及阶段，且暂未进一步达到向陕西省区县及以下单位实现深度普及与应用的程度（见图 6）。

从信息资源发布部门与单位的类别来看，截至 2022 年 9 月 15 日，陕西省“揭榜挂帅”相关主题或内容的信息资源绝大多数来自各级政府及其办公室，数量达 548 条，占比约 62%；还有总计 209 条信息资源来自各级科学技术部门、农业与林业部门、工业和信息化部门、发展与改革部门、资源和建设部门、生态与水利部门和管理委员会等单位，占比约 24%；其余的 131

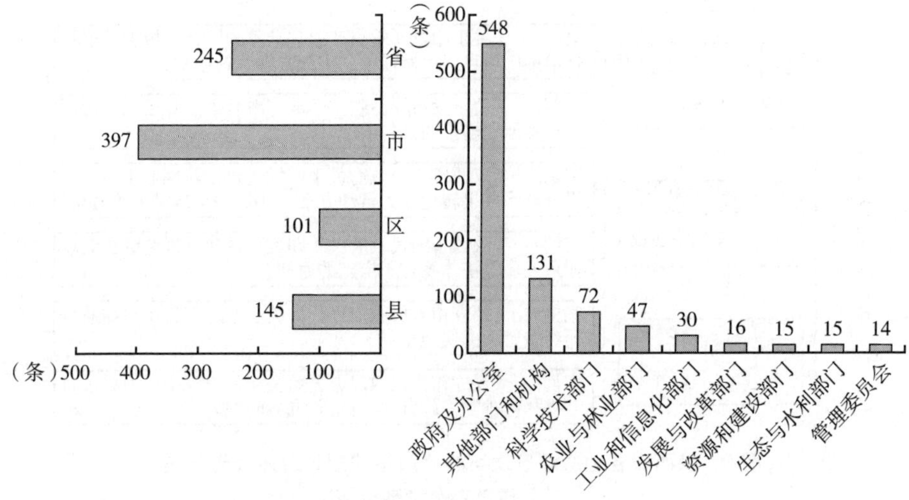

图 6　陕西省各级政府官方网站“揭榜挂帅”信息资源发布来源热度排名

资料来源：根据陕西省各级政府官方网站公开发布的“揭榜挂帅”的来源部门与行政等级，统计后由作者自制。

条信息资源则分别来自其他部门和机构。从部门与单位类型来看，陕西省在当前阶段对“揭榜挂帅”制度的探索实践还主要依赖于当地政府及办公室的牵头实施，而具体到细分领域的各部门各单位暂未形成符合该领域发展与治理要求的常态长效化“揭榜挂帅”机制，同时受政策体系与制度方案还不完善等因素制约，政府各部门独立开展组织实践的频次亦具有进一步提升的空间。

现阶段陕西省由政府机构组织或参与的“揭榜挂帅”项目有政府主导型与政企合作型两种（见图 7）。自 2021 年 3 月陕西省正式实施“揭榜挂帅”制度起已经催化和形成了具有相当规模与数量的成功案例，其中政府主导型“揭榜挂帅”项目主要由主管单位与部门在政府机构官方网站上发布，而政企合作型“揭榜挂帅”项目则多是通过省委省政府于 2021 年 3 月 30 日起开工建设的秦创原创新驱动平台进行榜单发布与项目落地或通过政府官方网站和中国创新挑战赛三个平台组织开展。当前省域内的各项政府主导型与政企合作型“揭榜挂帅”项目筹备与实施均是为了聚焦当前区域产业

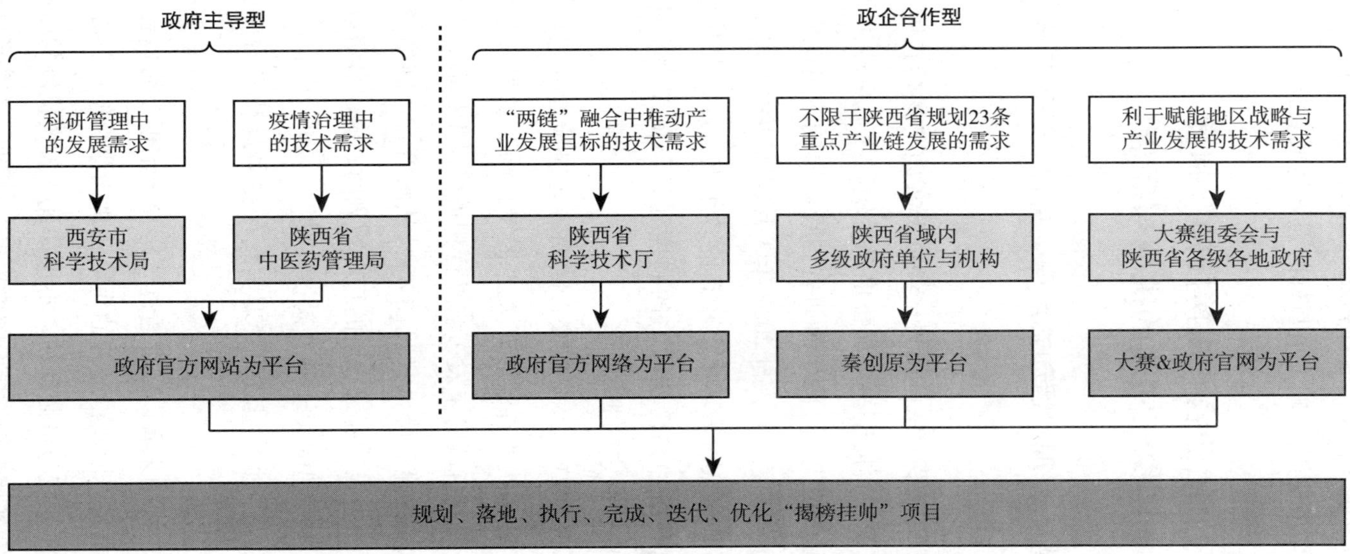

图 7　陕西省现阶段由政府参与的“揭榜挂帅”项目案例

资料来源：根据陕西省各级政府官方网站公开发布的“揭榜挂帅”相关信息资源，统计后由作者自制。

发展所急需的产业薄弱环节、技术瓶颈和发展需求，以整合优势创新资源完成技术攻关的方式助力陕西省战略发展目标的强劲达成。

三 陕西省“揭榜挂帅”制度探索实践的挑战与症结

（一）政策体系：呈现“运动式治理”特征，缺乏实施“揭榜挂帅”长效机制

陕西省各级政府联合多元主体聚集优势资源实施“揭榜挂帅”制度的出发点主要是打破资金与制度壁垒，加快推动关键科技成果转化和产业化，助力支撑全省高质量发展。从近两年陕西省各级政府响应组织实践“揭榜挂帅”制度的热度与稳定度来看，自 2021 年 3 月起陕西省正式实施“揭榜挂帅”制度后全省各地区政府表现出了较高的政策响应度，尤其是 2021 年 5~7 月，省内各级政府在“揭榜挂帅”的制度建设与前期批次的“征榜”“发榜”工作方面取得了一定的成效。

值得指出的是，自 2021 年 9 月以来，陕西省各级地方政府与“揭榜挂帅”制度相关的发文量和陕西省政府有关“揭榜挂帅”的发文量呈现显著的正相关性，尤其是陕西省政府未发布或进行相关建设工作时，全省其他各级政府的工作热度亦随之显著降低（见图 8）。从政府官方网站发布信息资源的具体内容来看，当省级政府缺少新的行动规划时，省内各级政府则亦显著缺少由地区政府自主发起的大规模“揭榜挂帅”行动。因此，可以发现，陕西省现阶段在“揭榜挂帅”领域的管理实践存在“运动式治理”的问题与症结。

从公共管理学理论视角来看，尽管通过“运动式治理”可以在“揭榜挂帅”组织实践与目标推进方面取得显著的短期治理效果，但也存在诸如机会主义、应付风气等负面效应与机制制约，不仅如此，长效机制的缺陷还有可能导致“揭榜挂帅”在实质性操作层面的“失灵”。因此，在当前陕西省各级

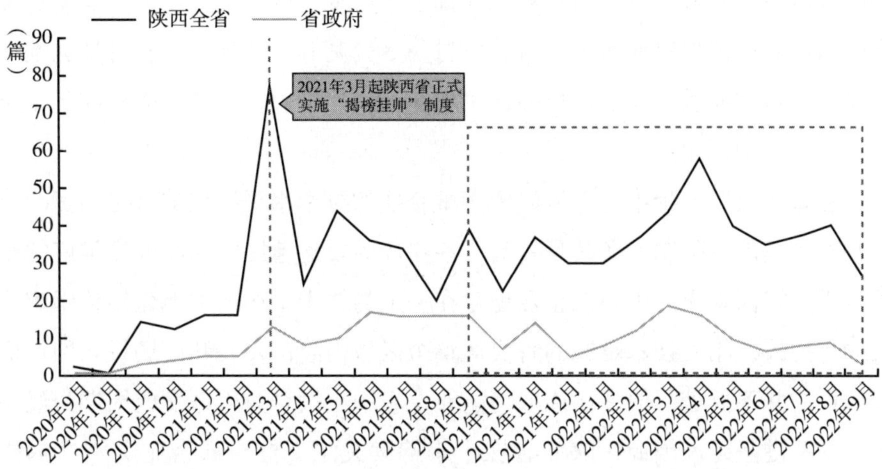

图 8　陕西省政府与省域内各级各地政府发文量趋势

资料来源：根据陕西省各级政府官方网站公开发布的“揭榜挂帅”相关信息资源，统计后由作者自制。

政府探索“揭榜挂帅”组织实践蔚成风气的阶段，相关主管部门应趁热打铁，尽快从制度的顶层设计出发，建立健全可优化迭代的、符合陕西省战略发展需求的“揭榜挂帅”组织管理长效机制，通过强化常规治理以“全天候”可执行的、高效灵活的“揭榜挂帅”治理模式替代当前的“运动式治理”。

（二）应用领域：关注支持头部企业组织实践，没有兼顾中小微企业技术需求

自 2021 年 5 月起，为加快构建现代化产业体系，陕西省通过“揭榜挂帅”制度或定向委托等方式部署实施“两链”（产业链、创新链）融合重点专项，取得了显著的科研技术突破成果，推动催化了一大批省域内产业链上中下游关键企业的发展与成长。与此同时，陕西省域内多地多级相关政府机构所发布的“揭榜挂帅”实施方案中，都将解决技术需求的视角聚焦于地区产业链上的高新技术领域和核心企业。尽管区域内的经济发展离不开当地核心产业链与龙头企业的带动和支撑，但是在我国现阶段国情和经济发展趋

势的情境下，省域内中小微企业仍发挥了不可忽视的重要作用，尤其是在提升区域与农村人口就业水平、带动农村与乡镇基础设施建设、提升地区地域人民生活精神面貌，以及加快地区工农业现代化发展速度等方面都起到了难以替代的关键作用。

在管理实践过程中，省域内中小微企业的技术水平往往被自身的资源条件和经济基础所限制，尤其是针对一些在较为发达地区中已经成熟推广的相关技术，陕西省内的中小微企业还存在一定的技术壁垒或本地化转化困难等问题与挑战，相关技术难题的解决从整个区域内经济发展和市场投入的占比来看可能并不显著，但是往往成为能够左右中小微企业生命发展周期与经营安全的关键阻碍。因此，陕西省在未来持续关注支持头部企业实施“揭榜挂帅”的同时，还应兼顾对中小微企业技术需求的征集与化解，避免由“揭榜挂帅”制度过于聚焦大中型企业而导致中小微企业在市场竞争中受政策因素处于不利地位的负面影响。

（三）立项渠道：“征榜”渠道单一与响应延迟问题并存，缺少实时性的立项渠道

从现阶段各地“揭榜挂帅”制度在一线的实践效果来看，政企合作型的“揭榜挂帅”模式相比其他两种模式来说，逐步体现出适切性强、影响程度广、响应效率高、实施效果好等特点，尤其是以政府牵头组织的重大科技项目“揭榜挂帅”行动与政府搭建“揭榜挂帅”专项平台相结合的方式，更表现出能够兼顾解决对国家和地区战略发展具有重大影响的技术需求以及化解中小微企业在经营发展过程中遇到的实时技术困难的优势。上述渠道多元与响应及时的政企合作型“揭榜挂帅”模式已经在我国东南沿海部分地区有力推动了当地多领域全产业链上的生产效率提升与科技进步。

从当前陕西省组织实施“揭榜挂帅”的实际情况来看，大部分省内多级政府部门与机构发布的“揭榜挂帅”实施方案均属于政企合作型模式，即由政府“征榜”“发榜”，而榜单的具体需求则来自当地科学技术部门推荐或企业自行申报，并已经在解决当前陕西省区域产业发展所急需的核心薄

弱环节、技术瓶颈和发展需求方面，初步形成了相对稳定的立项计划，取得了一定的组织实践成效。然而，在面对一些困扰中小微企业中短期的技术困难以及部分龙头企业相对非核心的技术需求时，陕西省在现阶段还未建立健全有助于解决上述技术困境的“揭榜挂帅”长效机制与申报渠道。因此，尽快构建起面向不同层级技术需求的多元“征榜”渠道与实时响应的平台“发榜”机制，将有利于陕西省“揭榜挂帅”制度组织实践的提质增效。

（四）实践规模:“揭榜挂帅”实践范围有限，暂未形成百花齐放的状态

以陕西省各市级政府“揭榜挂帅”信息资源发文数量为出发点，从陕西省近两年以来的实践规模来看，安康市在“揭榜挂帅”制度相关思想学习、经验积累、制度建设与组织实践等方面的规模水平较高，发文量总计达 184 篇，约是第二名咸阳市发文量的 2.3 倍，并在 2020 年 9 月至 2022 年 9 月有 14 个月处于陕西省各市级政府“揭榜挂帅”信息资源地区热度排名首位。然而陕西省域内其他地区不论从一线实际发生的组织实践案例数量，还是从地区政府官方网站发文数量来看，在实践规模上均处于较低的热度与水平（见图 9）。

此外，陕西省现阶段实施“揭榜挂帅”组织实践范围的有限度不仅体现在行政区划层面，更在多个维度中呈现类似的局限性。一是体现在“揭榜挂帅”实践中多元主体协同的广度上，陕西省当前已经完成或正在推进的各个项目中，基本多是由陕西省人民政府、科学技术厅或地市级主管部门组织实现的，作为需要及时、高效、准确反映地区科研技术需求的各项行动，仍缺少跨部门、跨主体与跨领域的多元主体协同合作。二是体现在“揭榜挂帅”制度实践的理念与思路思维上，省域内主要将技术征集的来源与对象聚焦在能够在中短期内对社会、产业、经济产生关键性影响的对象上，对于区域经济发展同样起到支撑发展作用的相关对象主体（例如中小微企业）的关注度有待持续提升。三是体现在“揭榜挂帅”制度实际执行的领域产业覆盖面上，现阶段陕西省“揭榜挂帅”面向的产业主要是陕西省划定的 24 条重点产业链上的相关产业，缺少对于省域内传统制造业、服

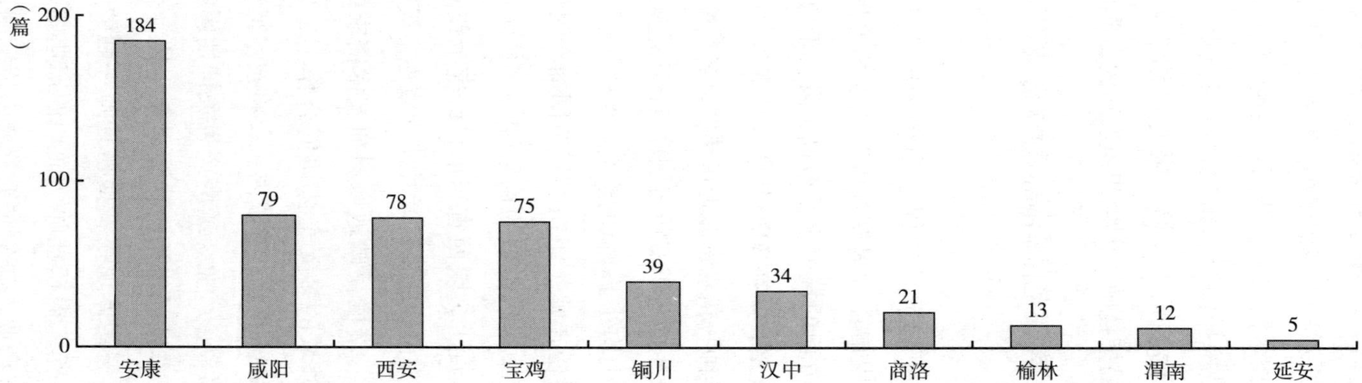

当月地区	2020年				2021年												2022年								
热度排名	9月	10月	11月	12月	1月	2月	3月	4月	5月	6月	7月	8月	9月	10月	11月	12月	1月	2月	3月	4月	5月	6月	7月	8月	9月
第一位	延安	暂无	安康	安康	安康	安康	安康	西安	安康	安康	宝鸡	汉中	安康	咸阳	安康	安康	西安	铜川	安康	安康	咸阳	宝鸡	咸阳	安康	安康
第二位	宝鸡	暂无	宝鸡	宝鸡	宝鸡	宝鸡	宝鸡	安康	西安	榆林	安康	安康	西安	西安	西安	咸阳	安康	安康	西安	西安	西安	咸阳	西安	咸阳	西安
第三位	暂无	暂无	咸阳	咸阳	西安	商洛	西安	汉中	宝鸡	商洛	咸阳	暂无	宝鸡	宝鸡	宝鸡	铜川	铜川	咸阳	咸阳	汉中	安康	铜川	安康	西安	汉中

图9　陕西省各市级政府“揭榜挂帅”信息资源地区热度排名与发文数量统计

资料来源：根据陕西省各级政府官方网站公开发布的“揭榜挂帅”相关信息资源的来源地区，统计后由作者自制。

务业以及基础信息化产业提质增效等方面的聚焦覆盖。四是体现在“揭榜挂帅”的政策体系建设的全面性上，从统计到的政策文本主题与内容来看，现阶段有关“揭榜挂帅”实施方案层面的制度建设已经相对完善，但与“揭榜挂帅”相关的配套、支撑与保障政策还未建立形成或健全完善。从公共政策体系的角度来看，陕西省“揭榜挂帅”政策体系内部的层次性亟待完善，进而为各市级与区、县级政府的制度本地化行动提供宽松有效的宏观制度环境。

（五）平台模块：秦创原平台功能窗口导航模糊，“揭榜挂帅”信息资源易得性弱

2021 年 3 月 30 日，陕西省委、省政府在西咸新区召开了秦创原创新驱动平台建设大会，省内外多家知名科技企业与创投机构均到场参会，以期建立一个能够为全省创新驱动提供良好发展环境、发展机会和发展前景的总平台。该平台建设的出发点和角色定位就是在陕西省创新驱动引领高质量发展过程中，以平台为枢纽，起到陕西科创发展催化剂的作用，突破省域内科技转化“最后一公里”的屏障与堵点，其中对“揭榜挂帅”相关信息资源的对接、发布、宣传、互通就是平台建设的重点功能之一。

但是从产品设计的角度出发，根据自 2022 年 8 月 1 日至 9 月 30 日的实时访问结果，当前秦创原创新驱动发展总平台（域名：https：//www. qinchuangyuan. com）在关于陕西省域内“揭榜挂帅”相关信息资源的可得性、易得性方面存在较为明显的信息获得性障碍，具体来讲主要体现在一/二/三级页面模块缺失、总平台首页搜索栏缺失和缺乏信息资源引导提示三个方面（见图 10）。其中，一/二/三级页面模块缺失的问题主要体现在网站的首页、导航栏链接及其具体内容链接内均没有出现与“揭榜挂帅”或“科技悬赏”相关的功能模块。而总平台首页搜索栏缺失的问题主要体现在进入秦创原首页一级页面时没有任何能够提供信息搜索功能的搜索模块。而总平台首页缺乏信息资源引导提示则主要体现在具有技术提报或有“揭榜”需求的访客，按照网页页面文本中的内容无法访达与“揭榜挂帅”有关的内容。上述问题均与互联网站服务设计的基础原则相悖。

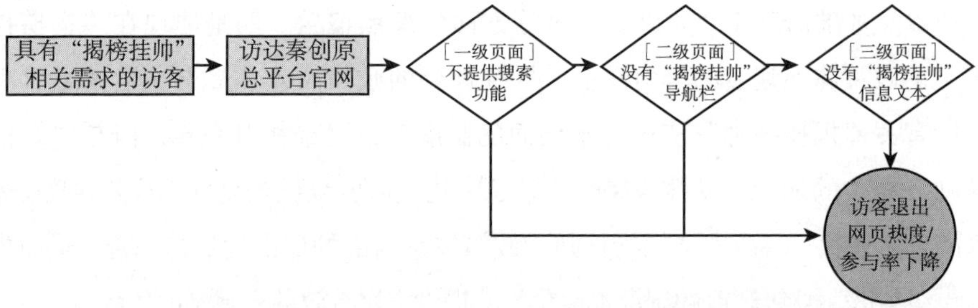

图 10　秦创原平台“揭榜挂帅”项目搜索路径与壁垒

注：2022 年 8 月 1 日至 2022 年 9 月 30 日的 120 次访问中，本研究相关人员仅能够在“政策服务”导航栏中所属三级页面中访达一条名为《关于做好 2021 年第二批关键核心技术产业化“揭榜挂帅”项目揭榜工作的通知》的文件，发布时间为 2021 年 12 月 10 日，所属栏目/类型/板块未标明。

资料来源：根据秦创原总平台内容模块与发布的“揭榜挂帅”相关信息资源，分析后由作者自制。

秦创原创新驱动平台网站（总窗口）的建设成效和品质，能够对秦创原平台“揭榜挂帅”项目落地的效果产生显著影响。对省内外具有使用秦创原平台网站进行“揭榜挂帅”技术需求提报或“揭榜”申请需求的直接目标群体与潜在目标群体来说，能否在有限的时间内以直观简洁的方式在秦创原平台网站中获得陕西省域内各地区各部门依托秦创原平台组织管理的“揭榜挂帅”项目，直接影响到社会面相关主体对陕西省政企合作“揭榜挂帅”项目的参与度，进而影响到陕西省以秦创原创新驱动平台（总窗口）推动实现陕西省创新驱动引领高质量发展目标的最终实现成效。

四　完善陕西省“揭榜挂帅”制度方案和实践模式的优化建议

（一）制度优化：完善“揭榜挂帅”制度体系，形成科研管理创新长效机制

1. 建立“揭榜挂帅”长效绩效考核激励机制

“揭榜挂帅”制度在加速推进陕西省产业结构向绿色高质量转型发展的

“卡脖子”技术攻关与突破方面能够发挥重要作用。为避免陕西省“揭榜挂帅”制度实施中出现过度的“运动式治理”问题与机会主义症结，“揭榜挂帅”制度在陕西省域内的优化与完善应该从建构全面的长效绩效考评机制做起，在当前制度建设的基础上进一步强化绩效导向，从重过程向重结果转变，加强分类绩效评价，根据不同类型的“揭榜挂帅”任务，健全差异化的绩效评价指标体系。首先，对长期“卡脖子”技术和影响产业发展重大核心技术需求相关的“揭榜挂帅”项目，对标国际前沿，进一步强化优化阶段式全流程评价机制，将定量绩效与定性绩效相结合；对应用落地与成果转化类技术相关的“揭榜挂帅”项目，引入包括技术需求方、技术应用方以及技术影响方等在内的多元主体参与评审机制；对以技术开发和产业化为目标的“揭榜挂帅”项目，侧重对市场应用前景和经济效益等方面的评价；还应强化对于绩效评价结果运用，将绩效评价结果作为下一阶段陕西省各级各地政府在“揭榜挂帅”制度优化、实施方案迭代与政策演进的重要依据。

其次，从陕西省“揭榜挂帅”的组织实践现状来看，在现阶段陕西省相关激励机制的基础上，通过进一步完善“揭榜挂帅”探索实践奖惩激励机制，最终推动省域内形成具有陕西省风格特点的“揭榜挂帅”长效机制。明确激励对象的实际需求，从当地开展“揭榜挂帅”的实际工作状态出发，以更好地发掘激励对象的需求倾向，制定选择能最大限度实现激励效用的激励手段与方式，根据省域内各级各地政府的科研技术管理现状，因地制宜地优化加强政策激励手段的针对性，以长期激励和短期激励相结合、精神激励与物质激励相结合的方式开展实施“揭榜挂帅”全流程综合性激励制度。

2. 构建“揭榜挂帅”探索容错的支撑保障机制

“揭榜挂帅”制度在陕西省的演进与完善离不开多元参与主体的积极探索与组织实践，在具有良性循环与合理容错特点的行动环境下，“揭榜挂帅”制度则更容易吸引规模更大、领域更广的多元主体参与其中，亦有利于使有能力、有想法的个人与团队在探索实践具有陕西特色的“揭榜挂帅”制度革新过程中敢于放开手脚、勇于试错，并最终推进“揭榜挂帅”制度体系的优化与完善。根据“揭榜挂帅”科研管理机制的内涵和特点，陕西省“揭榜挂帅”容错机制可以构建筹备期、行动期、结项后三大节点的容错纠偏方案。

首先，筹备期容错机制是指主管部门进行最终“批榜”与“示榜”行动前，相关审查评估单位发现在“征榜”、“建榜”、“审榜”、“发榜”、“揭榜”和“选帅”过程中可能存在诸如需求方未履行承诺、揭榜方弄虚作假或与需求方串通骗取省财政科技资金等高风险信号时勇于叫停上报，并应该在一定程度上允许风险误报的发生。筹备期评估容错机制的建立是为了给项目评审提供一定的试错空间，使各方评估团队在发现高风险因素后及时吹哨，避免经济、人力与其他资源错误因持续投入而产生的损失扩大化。

其次，行动期容错机制更多的是在“示榜”后，相关“揭榜”科研团队在正式科研技术攻关过程中，由团队自身、主管单位、监督小组发现项目可能存在偏离、延期、失败或“揭榜”资金资助方产生资金问题时，对于行动对象所采取的非常规与制度规范外的管理或执行方案，应从制度面给予一定程度上的行动授权。尽管没有经过实践和制度检验的非常规方法或创新行动可能会出现错误，但是只要是在相关法律与根本性制度框架范围内的“揭榜挂帅”管理创新都应一定程度地被认可潜在的合理性。

最后，结项后容错机制的作用是对“揭榜挂帅”制度组织实践未按期完成或遭受重大失败的项目进行风险兜底、积累经验与优化迭代，通过对项目全生命周期中各环节应对措施进行深入、透彻的复盘，并树立为“揭榜挂帅”典型问题案例，为后续的探索实践与组织管理提供具有实践意义的警示与参考。诸如浙江省金华市“揭榜险”等结项后容错机制存在的意义是为了让“揭榜挂帅”行动更具成效，以市场化手段强化保险托底作用，使科研团队没有后顾之忧，积极全力投入“揭榜挂帅”项目中的各项工作。

（二）理念优化：创新“揭榜挂帅”制度理念，统筹兼顾中小微企业技术进步

从现阶段陕西省的省域特点与发展战略来看，将“揭榜挂帅”制度的

应用热点聚焦在“两链”融合以及包括但不限于陕西省规划的24条重点产业链上的相关产业领域上，具有相当的科学性、合理性与可行性，并且符合陕西省当前的技术需求与战略发展需要。但是从长期来看，陕西省城市、城镇和乡村地区中的基础、传统产业在地区国民经济中的规模占比较大，产业结构与域内企业向绿色高质量转型的压力与工作量不容小觑，同时省内中小微企业在经济发展中发挥着关键的作用与影响力，且显著影响着区域内就业、人民生活质量与精神文明质量等民生领域发展水平。因此，在下阶段的“揭榜挂帅”发展行动中，还应从理念创新的角度出发，切实保障陕西省中小微企业亦能够通过“揭榜挂帅”制度激发绿色高质量发展潜力，催化全省全产业链的高效转型。

从现有实践经验的典型案例来看，浙江省以理念创新带动制度创新，构建了“揭榜挂帅”的新形式与新思路。浙江省面临山区县的单位和企业在发展中遇到一些关键技术领域难题，创新“揭榜挂帅”的理念和形式，以“一县一策”推动省域内山区高质量发展。自2022年5月以来，浙江省通过组织劳模工匠“揭榜挂帅”志愿队，进山下乡服务山区，开展了第一批针对山区26个县高质量发展过程中山区中小微企业技术需求的“揭榜挂帅”志愿认领服务，服务企业达78家。通过进企业车间摸情况，在田间地头解难题，浙江省通过创新“揭榜挂帅”实践形式，帮助山区中小微企业解决了面临的技术难题。由此可见，在长期的“揭榜挂帅”组织实践中还应坚持理念优化迭代的思想，通过“揭榜挂帅”制度实施理念方面的提升，开展“揭榜挂帅”制度的形式创新，并最终赋能区域治理目标和发展战略的有效实现。

（三）渠道优化：丰富“揭榜挂帅”立项渠道，分级响应社会“发榜”“揭榜”需求

从陕西省现阶段“揭榜挂帅”立项节奏来看，主要分为按批次“发榜”与不定期“发榜”两个类型，其中，按批次“发榜”的“揭榜挂帅”项目主要面向的是陕西省产业发展亟待解决的关键核心技术，包括技术攻

关类项目与成果转化类项目，该类项目推进主要按照“成熟一批，发布一批”的行动方案，由政府主导“征榜”后组织实施。而不定期“发榜”的“揭榜挂帅”项目主要来自具有极高时限效用、对社会治理有重大影响的科学技术问题，或者来自对于部分技术需求少、难以形成有效规模按期、分批发榜的组织团体，亦由政府“征榜”后组织实施。从科研技术管理的经验来看，现有的按批次“发榜”与不定期“发榜”两个类型的“揭榜挂帅”项目在长期的实践过程中，技术需求提报渠道受政府“征榜”面向领域、方向、产业与层次的限制，难以有效覆盖来自整个社会层面的技术需求。

因此，为有效覆盖并响应全社会的技术攻关需求，可以从渠道优化入手，通过对需求方的技术提报需求进行分流分级，并同时构建分批、不定期与实时响应三种类型的技术需求提报渠道，进而有效推进以“揭榜挂帅”赋能陕西省科学技术创新目标，达成绿色高质量发展战略的又好又快实现。以浙江省为例，从当前政企合作型“揭榜挂帅”组织实践现状来看，对来自大型和龙头企业在重点领域影响重大的关键性技术需求，往往由省、市科学技术部门牵头立项，在长期内技术需求量大的领域，制定长效行动方案分批次推进，在长期内技术需求量较小的领域，按照当期实际需求，制定短期行动方案执行落实；对来自企业和市场的一般性技术需求，则以浙江省揭榜挂帅平台（http：//zjjbgs. kjj. jinhua. gov. cn/pc/index）为渠道，通过注册与浙江省政务平台（浙里办）通用的个人或企业账号，可以一键登录平台进行实时“发榜”或“揭榜”；而对于发展受限、技术滞后的山区小微企业所面临的基础性技术需求，则通过组建“揭榜挂帅”志愿队，主动对接了解、获取当地小微企业在生产经营过程中面对的生产经营问题，构建“榜单”数据库，主动积极免费服务，进行志愿“揭榜”（见图11）。因此，在下一阶段陕西省“揭榜挂帅”的组织实践中，可以借鉴、参考浙江省的分级分渠道实践经验，结合陕西省自身发展需求与地域特点，形成具有陕西省特色的“揭榜挂帅”分级分渠道行动体系。

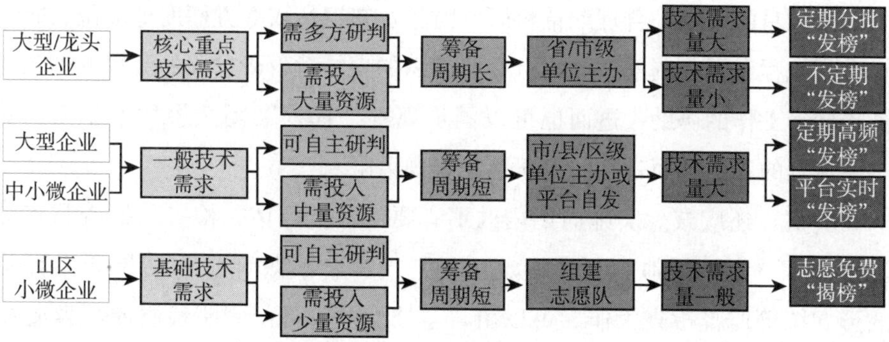

图 11　浙江省“揭榜挂帅”项目实践分级分渠道实践方案经验

资料来源：根据浙江省各级政府官方网站公开发布的“揭榜挂帅”项目政策文本，归纳总结后由作者自制。

（四）行动优化：拓宽“揭榜挂帅”协作范围，实现跨域协同推进百花齐放

1. 明确岗位权责，推进部门“赋权松绑”发挥跨域协同能效

陕西省现阶段“揭榜挂帅”组织实践仍呈现由人民政府与科学技术部门牵头完成绝大多数“揭榜挂帅”项目，其他领域或产业主管部门中缺少推广与实践的特点。因此，在下阶段的行动中，应该进一步明确各地各级主管单位在“揭榜挂帅”制度中的层级职责定位，通过科学的权责计量与授权设计，制定关于鼓励各级主管部门以及相关项目团队和领导者在自身管辖权限进行决策与实践的“揭榜挂帅”执行方案，有机整合多方参与主体的组织特长，以汇聚合力的方式，聚集整体能量优势，最终形成以点带面、赋权松绑、协同实践的“揭榜挂帅”制度长效运行体系。

首先，应该明确在“揭榜挂帅”制度实践中各地各级主管部门的岗位职责，界定“揭榜挂帅”行动发起、管理、监督与执行的责权界限。在进一步优化“揭榜挂帅”支撑保障经费的拨付方式、改进政企合作类“揭榜挂帅”项目资金的管理办法的同时，还应该考虑为项目“揭榜”团队配备专业的政企对接/供需对接事务处理人员，根据“揭榜”团队规模和承担技

术需求项目的大小，合理配备科研、财务及知识产权等方面助理岗位，聘请在合规流程和财务制度方面具有专业知识的人员对科研过程的流程办理和财务报销等工作的协助，进而也可以同步规避“揭榜”团队中技术专家因对有关流程的不熟悉而带来的科研活动合规风险。

其次，还应减少实施周期内的不必要的各类评估、检查、抽查与审计活动，从“揭榜挂帅”制度特点出发，以综合绩效评价和结果导向评估的形式统筹监督检查工作，可以由科学技术主管部门牵头负责专项监督检查统筹工作计划，同时由政企双方的法规、审计与纪委等相关单位将科研项目监督检查计划统一提报，最终由主管职能部门组成联合绩效评价监督检查组，形成统一的检查计划，相对集中时间开展联合评估检查审计等工作，做到一次检查、全面覆盖、互有侧重，避免同一年度同一课题重复检查、多头检查，减少技术需求“揭榜”单位的迎检频次，提升技术攻关效率与品质。

2. 完善多向协调与沟通机制，发挥数字化与智能化协同效用

当前，陕西省推动“揭榜挂帅”科技管理体制机制创新已经成为域内多级主管部门的前进共识，就“揭榜挂帅”的实际成效来看，“揭榜挂帅”项目的顺利实施仅靠科技部门独立推动是难以完成的，而是需要其他相关部门的大力配合。打破部门间制度藩篱，消除制度之间不协调、不配套，这是“揭榜挂帅”制度长期发展需要破解的重难点问题。从现阶段陕西省“揭榜挂帅”的组织实践规模与覆盖范围来看，省域内各地各级部门间往往因缺乏相应的协调机制而导致现行“揭榜挂帅”行动方案效能的发挥受到极大限制。因此，在下阶段的工作推进中，应将数字化、智能化和无缝隙政府治理理念与技术嵌入“揭榜挂帅”组织管理体系当中，进而为陕西省激发科技创新潜力与绿色高质量发展战略的实现赋能。从我国现有相关的实践经验来看，完善省域内多元参与主体间协同与沟通机制并发挥数字化与智能化的协同效用需从以下几方面出发。

首先，应强化补全“揭榜挂帅”总体制度框架和运行体系中的协同规则，消除“揭榜挂帅”项目体系内的协作壁垒。识别、盘活各地各部门各

业务条线的核心数字化治理资产，建立全员认同的“揭榜挂帅”价值主张和远景目标的同时，建立健全“揭榜挂帅”跨域协同体系与行动指引，加强主管部门、分管部门和合作单位的“揭榜挂帅”制度协同，加强财务部门、人事部门、业务部门间的跨域协同，联合推动陕西省“揭榜挂帅”科技创新体制机制发挥实质效能。

其次，应搭建疏通跨域沟通渠道，提高多元参与主体间的协同效率，根据陕西省“揭榜挂帅”实施现状，在打通线上沟通渠道的同时，还应继续增强拓宽线下已有的沟通渠道，并逐步将由传统对接方法开展的项目连线向高效智能便捷渠道升级转移。此外，还应从无到有地建立“揭榜挂帅”组织管理数字化转型协同推进机制，加强统筹谋划，做好顶层设计，坚持试点先行和分层分步实施的方式做好方案设计，优选应用场景，全力推进实施，并同步制定数字化转型相关制度规定、标准规范、评价指标体系，改进信息化“揭榜挂帅”项目建设、运维和资产管理机制。

最后，还应进一步加快完善“揭榜挂帅”组织实践数据共享体系，可以浙江省相关经验为参考，按照“一个平台，多路互通”方向，逐步扩大“揭榜挂帅”的平台内容和有效辐射范围，同时加强数字化治理，建立统一标准，加快推进秦创原创新驱动平台中“揭榜挂帅”模块的建设与应用，打破“揭榜挂帅”信息“孤岛”，筑牢服务的基础，充分发挥“揭榜挂帅”信息要素与数字红利的放大、叠加、倍增作用，助力陕西省“揭榜挂帅”制度的优化与迭代。

（五）平台优化：调整“揭榜挂帅”平台设计，提升目标信息资源的易得性

在陕西省西咸新区建设的秦创原创新驱动总平台承担着统筹线上与线下、虚拟与现实、现在和未来、国内与国际的重要角色，同时也计划建设成为能够带动西安、咸阳等区域科技发展的新引擎。因此，对现阶段发现的网站建设与设计问题进行评估、优化与迭代，是秦创原总平台网站需要考虑的重点之一。互联网站的设计搭建应按照便捷性、引导性与简洁性原则，以最少的

操作步骤访达最终的信息资源目标，其中在主页设置能够涵盖网站服务器所有公开数据库的搜索栏是当前最成熟与常用的办法。而从现阶段来看（2022年9月30日前），秦创原总平台首页（https：//www. qinchuangyuan. com/#/）还未创建搜索栏功能，所有目标为访问站内“揭榜挂帅”信息资源的访客只能通过推测导航栏中不同分类的覆盖领域，以推断信息的可能站内坐标。此外，首页“服务内容”导航栏与置顶导航栏中，只提到“政策服务”、“资本服务”、“创新创业服务”、“企业运营服务”、“科技金融”和“关于我们”六个分类链接，从链接名称和内容简介中，均未出现“揭榜挂帅”相关内容的指引、引导，且从分类名称来看均与“揭榜挂帅”业务没有直接关联。因此，还应该通过调整秦创原总平台导航栏的相关设计与介绍，增加有效的信息传达设计，指引未通过搜索栏访达信息的网站用户高效抵达目标链接。此外，从秦创原总平台的角色与意义出发，还可建立专门的“揭榜挂帅”在线“发榜”与“揭榜”模块，以浙江省“揭榜挂帅”平台（http：//zjjbgs. kjj. jinhua. gov. cn/pc/index）为参考，打通面向陕西省大、中、小、微企业技术需求分级分类的“揭榜挂帅”线上平台（见图12）。

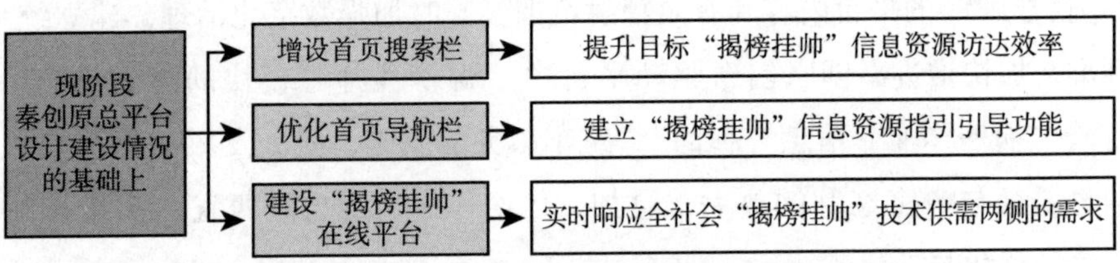

图12　陕西省秦创原总平台“揭榜挂帅”模块功能优化迭代思路

资料来源：根据秦创原平台功能模块与搜索流程，归纳总结后由作者自制。

参考文献

何贤君、郎擎宇：《揭榜挂帅　保险护航　金华开出全国首份“揭榜险”保单》，《浙江在线》2020年6月22日。

司林波、孟吉、张盼：《科技项目揭榜挂帅制度探索创新的基本模式与实践情境——基于国内实践的多案例比较分析》，《中国科技论坛》2022年第7期。

宋兆祥、司林波：《国际科技悬赏的发展历程、实践模式与经验启示——对新世纪以来典型科技悬赏项目的多案例分析》，《科技进步与对策》2022年第7期。

《浙江劳模工匠“揭榜挂帅”志愿服务山区》，《工人日报》2022年7月14日。

B.6
乡村振兴背景下陕西数字乡村建设综合评价研究*

王 刚　张子龙　宋思睿**

摘　要： 党的二十大报告明确指出全面推进乡村振兴，坚持农业农村优先发展，加快建设农业强国。数字乡村作为乡村振兴的重要抓手之一，是未来乡村振兴、农业农村高质量发展的重要方向。科学合理的数字乡村指标体系是考量农业农村现代化建设高质量发展的标尺，也是发现农村数字化改革短板的重要工具。当前，数字乡村建设的发展评价还处于探索阶段，建设成效难以得到及时有效评价，也不利于及时总结数字乡村发展的经验教训，影响数字乡村建设高质量发展。本文在借鉴前人研究的基础上，梳理概括出数字乡村建设发展情况，并根据陕西发展实际构建数字乡村评价指标体系，运用熵权-TOPSIS 综合评价模型测算陕西数字乡村发展水平，总结概括出数字乡村创新发展路径，为进一步因地制宜打造数字乡村提供参考。

关键词： 乡村振兴　数字乡村　陕西

---

* 本文是陕西省科学技术协会决策咨询课题（陕科协发〔2021〕宣字 14 号）、陕西省提升公众科学素质研究计划项目（编号为 2021PSL09）、陕西省社科基金项目（编号为 2020F002）的阶段性成果。

** 王刚，教授，工学博士，西安财经大学信息学院院长，研究方向为大数据、人工智能、数字经济、信任管理等；张子龙，西安财经大学硕士研究生；宋思睿，西安财经大学硕士研究生。

一　数字乡村建设发展概况

党的二十大报告明确指出全面推进乡村振兴，坚持农业农村优先发展，巩固拓展脱贫攻坚成果，加快建设农业强国。自党的十九大以来，乡村振兴战略成为新时代“三农”工作的总抓手，是关系我国全面建设社会主义现代化国家的全局性、历史性任务。回顾我国初期乡村发展历史，城乡二元经济发展结构倡导农村服务城市、农业服务工业，受城镇虹吸效应影响，农村大量劳动力资源、要素、资本等向城市横流，导致农村发展受阻、城乡差距扩大、“城热农冷”等现象。随着新一代信息技术的产生和快速发展，数字乡村建设的新理念也因此应运而生，加快推进农业农村现代化是中国特色社会主义现代化建设的新方略与新目标，成为乡村发展战略重点和优先发展方向。在推动乡村振兴的进程中，数字乡村既是乡村振兴的战略方向，也是建设数字中国的重要内容。通过将新一代信息技术应用于乡村生产生活，实施数字赋农战略促进乡村数字经济发展、统筹数字化监管促进乡村生态保护、加强数字化治理推动现代化治理体系变革、提升惠民服务实现乡村现代化生活，以数字化改革为抓手，破解当前乡村发展困境、提供发力方向和具体实施路径，促进农业全面升级、农村全面进步、农民全面发展，赋能乡村全面振兴。

（一）国外乡村数字化发展

随着全球数字经济的蓬勃发展，以美国、法国、德国、加拿大等为主的部分西方国家自20世纪50年代中期开始，逐步加快城市化、数字化进程，各国政府通过制定相关政策法规，不断推进新型数字技术与服务的应用实践，有针对性地克服乡村转型发展阶段的关键问题，不断推动农业农村发展模式创新。21世纪以来，在世界范围内，以农业物联网、农业大数据、精准农业、智慧农业、人工智能等五大核心模块为代表的数字农业技术，已被广泛应用于农业领域且发展较为迅速。建设数字化乡村，已成为世界各国提升农业从业者综合素养、提高产业经济效益、带动农村创新发展的普遍共识，各国逐步形成多元化特色发展模式，积累起丰富的建设经验，为我国相关领域研究提供了借鉴，从表 1 中可见典型国家农业农村的发展战略。

表 1　典型国家农业农村发展战略

国家	战略	发展类型	阶段
美国	精准农业战略	城乡共生型	已实施
德国	联邦乡村发展计划	循序渐进型	已实施
荷兰	设施农业战略	精简集约型	已实施
英国	农业技术战略	创新技术型	已实施
法国	“一体化”智慧乡村建设	综合发展型	已实施
加拿大	农村协议伙伴计划	伙伴协作型	已实施
澳大利亚	数字农业战略	绿色生态型	已实施

基于信息服务体系的数字乡村建设模式：美国依托发达的经济，在技术和政策支撑下通过运用现代化科学技术和高效率生产技术，以大型农场为载体，实现了农业生产的规模化、自动化和智能化，促进现代化农业的迅猛发展。以实施“精准农业”为抓手，有效改善农村网络服务质量和通信基础设施，并逐步建成三级农业信息网，实现基础信息网络全覆盖；建设涵盖天气、自然灾害、生产原料、农产品价格等多方面数据库，指导农业生产，保障农民生活。

基于特色产业融合的数字乡村建设模式：欧盟长期以来致力于推进区域数字化发展，其中以德国和荷兰的发展模式最为典型。德国联邦和食品农业部推出“联邦乡村发展计划”，基于先进科学技术加速推进农业生产规模化和集约化，在较短时间内实现农业生产机械化；依托农业地理信息系统、全球定位系统和遥感等系统与智能农机设备，实现农业生产自动化。荷兰依托玻璃温室、无土栽培技术，大力发展设施农业、温室农业，在工业领域先进的自动化技术支撑下，探索农业信息化建设，研发投产自动化装备，拥有超过全球 25%的玻璃温室建筑面积，生产体系自动化、机械化水平处于全球领先地位。

基于技术技能培育的数字乡村建设模式：韩国政府为加强农村基础设施建

设，改善农村社会和经济发展萧条窘境，大力开展“新村运动”。通过互联网建立远程教育的模式推广现代农业技术，提高农民现代化生产的素养；通过农业信息系统为农民提供个性化实用技术与农村生活信息，注重信息产品服务。日本实施“战略创新促进计划”（SIP）重视智慧农业的应用和发展，促进数字农业创新技术的应用，加快推动传统农业生产方式向数字化、信息化的方向发展。

（二）国内数字乡村建设

与发达国家相比，我国农业农村数字发展起步较晚，早期发展以政府政策引导和资金支持为主。从1990年科技部提出支持研究“农业智能应用系统”，到新农村建设、四化同步发展，再到乡村振兴战略、数字乡村建设，在乡村数字化改革方面我国已取得重要的阶段性成果。2020年以来，数字乡村试点工作在全国范围内陆续开展，根据《中国数字乡村发展报告（2022年）》数据，2021年全国数字乡村发展水平达到39.1%，乡村数字基础设施建设取得新成效，智慧农业形成新气象，农村数字经济实现新突破，乡村数字治理迈上新台阶，乡村网络文化展现新风貌，数字惠民服务满足新期待，智慧绿色乡村赢得新机遇。

乡村数字基础设施建设加快推进，农村网络基础设施实现全覆盖，农村通信难问题得到历史性解决。乡村数字经济新模式不断涌现，农村寄递物流体系不断完善，农村电商继续保持乡村数字经济“领头羊”地位，乡村新业态蓬勃兴起，农村数字普惠金融服务可得性、便利性不断提升。乡村数字化治理效能持续提升，“互联网+政务服务”加快向乡村延伸覆盖，2021年全国六类涉农政务服务事项综合在线办事率达68.2%，以数据驱动的乡村治理水平不断提高。数字惠民服务扎实推进，“互联网+教育”“互联网+医疗”等服务不断深化，利用信息化手段开展服务的村级综合服务站点共48.3万个，行政村覆盖率达到86.0%。智慧绿色乡村建设迈出坚实步伐，农业绿色生产信息化监管能力全面提升，乡村生态保护监管效能明显提高，农村人居环境整治信息化得到创新应用。数字乡村发展环境持续优化，政策制度体系不断完善，协同推进的体制机制基本形成，标准体系建设加快推进，试点示范效应日益凸显。

（三）陕西数字乡村发展情况

2020年陕西网信办印发《陕西省加快数字乡村发展三年行动计划（2020—2022年）》，文件要求到2022年数字乡村建设取得重要进展。经过三年持续推动，“数字革命”正在陕西农村这片广阔沃土引发一场深刻的社会变革，为全面推进乡村振兴、建设农业强省、加快农业农村现代化持续提供新的动能。截至2022年底，陕西省已如期完成既定目标并取得重要进展，乡村网络基础设施建设成效显著，智慧农业建设快速起步，乡村数字经济新业态新模式快速发展，数字化治理效能持续提升。

乡村基础设施建设大放异彩。陕西省始终坚持将乡村基础设施建设作为发展数字乡村的核心突破点，将农村数字化基建作为破解改革难题的重要抓手，全力确保乡村基础设施建设稳步推进。现已实现全省农业行政村4G网络覆盖率100%，5G等“新基建”向农村延伸；提前完成国家规定的光纤覆盖任务并与城市同网同速；数字乡村基础设施综合水平位居西部第一。

智慧农业建设快速发展。伴随着农业产业数字化进程加快，陕西省数字农业建设持续向好发展，数字育种探索起步，数字化产业园区、现代农业设施稳步推进，智能农机装置研发应用取得重要进展，智慧农场建设多点突破，畜禽养殖数字化与规模化、标准化同步推进，数字技术支撑的多元模式相继投入生产，农业生产信息化率稳步提升。

乡村数字经济新业态新模式创新多样。陕西省现已形成各具特色的数字乡村建设创新发展模式，培育出数字乡村建设优秀成果与典型案例。陕西在杨陵区、咸阳市、安康市、延安市、商洛市、洛南县、米脂县、白河县、子洲县、镇坪县等地因地制宜开展实施数字乡村试点工程，打造乡村信息化示范项目、村集体产权管理平台、数字养殖示范基地、数字经济示范园、数字化综合服务平台、数字电商供应链管理系统、生态护林管理平台、物联网数据检测服务平台，取得了较好的社会反响，并梳理总结出先进的发展模式与经验，打造成典型案例供其他地域参考。

乡村治理及公共服务数字化水平显著提升。陕西省各地先后出台相关政策文件，促进乡村数字化治理效能、农村公共服务数字化水平不断提升。陕西现已构建起以政府部门为主导，“陕西农业信息网”为龙头，省、市、县三级网站为协同的农业咨询配套服务体系，提升农业农村公共服务数字化水平。基层政府一站式政务服务均取得较快发展，全国乡村治理示范村镇名单中，陕西省上榜3个示范镇、31个示范村，乡村公共服务数字化水平及治理效能持续提升。

二　数字乡村评价指标体系构建

（一）评价指标体系构建必要性

新发展阶段，贯彻新发展理念，系统推进乡村振兴战略，必然需要构建乡村数字化改革新格局。通过构建数字乡村建设系统框架（如图1所示），依托科学顶层设计，夯实乡村设施硬件基础；强化数字技术应用，汇聚三产

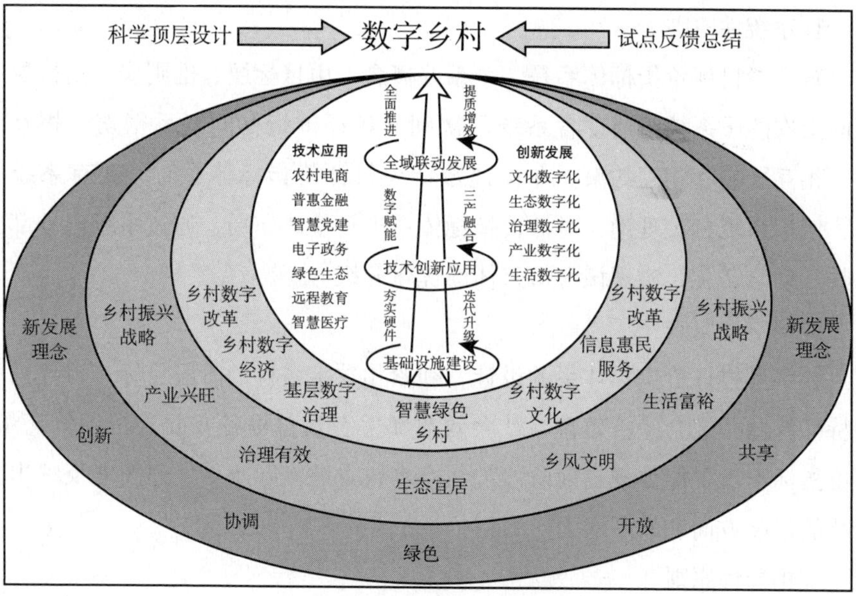

图1　数字乡村建设体系框架

融合发展动能；注重试点总结，促进数字乡村提质增效。然而，数字乡村建设并非一蹴而就的过程，而是一个复杂的系统工程，需要综合考虑各类因素，多方位统筹，设置中长期发展目标和规划并进行评价、衡量和考核。

从宏观层面看，加快推进我国数字乡村建设需要建立一个统一、科学且合理的评价指标体系，原因包括：第一，构建评价指标体系可以明确农业农村现代化、数字乡村建设发展涵盖内容与具体目标；第二，使用构建的指标体系对各个区域的数字乡村发展水平进行测评，有助于学术界和相关决策部门准确把握数字乡村发展进度、存在的问题和发展趋势；第三，评价指标体系具有重要的指引作用，科学合理的评价指标体系能够指引我国各地区数字乡村建设向健康的方向发展。我国已步入新发展阶段，新发展阶段赋予了乡村发展新的内涵，新内涵衍生出新的目标。为顺利推进数字乡村建设，把握发展趋势和方向，有必要建立客观、科学和合理的评价指标体系，用以明确各阶段、各方面的目标任务，把握进度，查缺补漏。

（二）评价指标体系构建原则

1. 系统性原则

数字乡村评价指标体系是一个系统概念，由目标层、准则层、指标层等不同层次的子系统组成，各系统层次间、各评价指标间联系密切、相互依赖、相互影响和相互约束。在构建数字乡村评价指标体系时，要有系统思维，使用系统相关理论，对评价指标体系进行整体布局，通过系统内外部要素的互动与转化，实现该有机整体的优化升级。

2. 科学性原则

数字乡村评价指标体系的设计，须紧扣数字乡村的阶段目标、时代内涵和特征特色，综合经济效益、社会效益和生态效益等各方面进行评价衡量。评价指标不仅要能体现当前阶段的数字乡村发展实际水平，还要能反映出其后续的发展方向和发展潜力。

3. 指导性原则

数字乡村评价指标体系的设计，充分体现了地区农业农村建设的重点和关键点，是现阶段和未来一段时间内发展的突破口和着力点。数字乡村评价指标体系为国家或地区加快数字乡村的发展提供方向性指导，使学术界和相关政府决策部门明确未来的研究重点和工作重心。

4. 协调性原则

数字乡村评价指标体系的设计，要协调好评价指标的全面性和代表性。我国要实现的数字乡村，不是片面的现代化，而是全方位、不留死角的数字化。但数字乡村的评价指标体系又不可能涵盖农业农村的方方面面，只能涉及重点领域、代表性领域，即需要找到全覆盖与代表性之间的均衡点。此外，评价指标体系的设计既需要满足当下，还要蕴含未来。

（三）评价体系指标筛选

构建数字乡村评价指标体系，需要从历史和现实的角度设计，根据时代的发展赋予其新内涵和新特征。数字乡村是乡村振兴战略的主要形式，是“五位一体”总体布局在农业农村方面的具象，不是农业现代化和农村现代化的简单加总。数字乡村发展，须以“优质、高效、绿色、便捷”为目标，加快转变农业农村生产和经营方式，推进农业科技进步和创新，提升农村可持续发展能力；建设数字乡村，须以“富强、民主、文明、和谐、美丽”为目标，加强农村基础设施建设，提升居民生活质量和教育文化水平，构建农村治理体系，提升治理能力，促进农村社会发展。故将“优质、高效、绿色、便捷、富强、民主、文明、和谐、美丽”作为农业农村现代化的总目标，以实施乡村振兴战略为总抓手，以“创新、协调、绿色、开放、共享”新发展理念为总指引，促进农村经济、政治、文化、社会和生态五位一体共同发展。

数字乡村评价指标筛选方面，相关领域专家学者已有较为深入的研究。农业农村部市场与信息化司和信息中心共同发布的《全国县域数字农业农村发展水平评价报告》，从发展环境、基础支撑、生产信息化、经营信息化、乡村治理信息化、服务信息化六大方面构建全国县域数字农业农村发展水平评价体系，反映农业农村数字化进程。北京大学新农村发展研究院和阿里研究院分别从乡村数字基础设施、乡村经济数字化、乡村治理数字化、乡村生活数字化四个方面，在理论层面构建数字乡村指数框架体系。《江苏省数字乡村建设指南》构建了由乡村基础设施、数字乡村支撑中枢、乡村数字经济、智慧绿色乡村、乡村数字生活服务、乡村数字治理、保障体系等七类指标组成的数字乡村参考评估指标体系，客观评估江苏省数字乡村建设发展情况。方迎君等在《浙江省数字乡村评价指标体系构建及应用》研究中以浙江省为研究对象，从科技农业、智慧农民、数字经济、网络政务、智慧环境、现代医疗与福利、数字基础设施七个方面对浙江省数字乡村建设发展情况进行评价，测算得出浙江省乡村现代化进程。李振等在《辽宁省数字乡村发展就绪度评价研究》中基于建设环境、基础设施、科技创新、绿色生产、流通服务、数字效益六个方面构建了数字乡村发展就绪度评价指标体系。朱红根等在《中国数字乡村发展的水平测度、时空演变及推进路径》中从数字资金投入、数字产业发展、数字信息基础和数字服务水平四个维度构建了数字乡村发展指标体系。沈剑波等从农业信息化基础设施、农业信息化人力资源、农业信息化资源与信息技术应用、农业信息化政策与环境以及农业信息化产业五个方面筛选出21项具体指标，构建了农业信息化水平评价指标体系，为农业农村数字化发展进程提供了重要参考。

综上，在相关领域专家研究的基础上，本文拟设定数字乡村为一级指标，把数字基础设施指数、乡村经济数字化指数、乡村治理数字化指数、乡村生活数字化指数、数字农民培育指数设为评价体系的二级指标，再将上述二级指标拆解为20个三级指标，最终形成数字乡村发展水平评价指标体系。

（四）评价指标体系构建

结合指标体系构建原则，为尽可能地保障指标体系系统性、科学性、指导性、协调性，本文在对预选指标库进行综合分析的基础上，对搜集到的指标进行归纳、梳理。基于陕西省农村目前现代化基础设施建设有待完善、数字化应用程度不足、人才广度与专业深度不足、数字建设认识不足等问题，从分析问题、解决问题角度出发，对指标库中指标进行归类。通过对现阶段数字乡村发展进程中取得的成就与现存问题进行总结，结合相关理论方法，对出现频次较高、认可度相对较高、使用较为广泛的指标优先纳入评价指标体系。最终概括归纳出数字乡村发展的五大关键指标，分别是数字基础设施、乡村数字经济、乡村数字治理、数字惠民服务、培育数字农民，并以此作为体系框架，对五大关键指标进行进一步细分，最终形成评价数字乡村发展现状的指标体系，如表2所示。

表2　数字乡村指标评价体系

一级指标	二级指标	具体指标	指标说明	单位
数字乡村建设	B1 数字基础设施	C1 乡村互联网覆盖率	反映乡村宽带建设情况的评价指标	%
		C2 县域数据处理中心数量	反映县域基础网络数据处理能力	个
		C3 县域电商服务站数量	反映农村信息化配套服务发展情况	个
		C4 农业生产传感器数量	反映现代农业基础设施建设情况	个
	B2 乡村数字经济	C5 农业机械总动力	反映农村机械化生产水平的评价指标	万千瓦时
		C6 电商示范村数量	反映农村电子商务发展进程	个
		C7 农村电商销售额	反映农村电子商务发展情况的指标	亿元
		C8 涉及电商业务企业数	反映农村企业电商发展水平	个
		C9 涉农信贷服务覆盖率	反映农村地区数字金融普及程度	%
	B3 乡村数字治理	C10 村务网站公开信息量	反映乡村政府网络政务动态量	条
		C11 线上政务服务注册量	反映电子政务服务受众人数	人
		C12“一网通办”普及度	反映乡村电子政务水平	%
		C13“互联网+党建”普及度	反映智慧党建建设情况	%

续表

一级指标	二级指标	具体指标	指标说明	单位
数字乡村建设	B4 数字惠民服务	C14 学校智慧教室数量	反映教育数字设施水平	个
		C15 每月人均快递件数	反映农村居民网购情况	件
		C16 数字医疗参诊人次	反映农村居民数字医疗参与情况	人次
	B5 培育数字农民	C17 数字技能培训次数	反映居民数字素养水平	次
		C18 农村人均可支配收入	反映农村居民收入情况	元
		C19 信息技术从业者人数	反映农村生产力结构	人
		C20 农村居民受教育年限	反映农村居民教育水平	年

（五）确定权重

在赋权方法方面，现有研究中运用较为广泛的包括主观赋权法、客观赋权法以及综合赋权法。主观赋权法主要根据相关领域专家经验对各指标重要程度进行分析并计算权重，主要包括德尔菲法、层次分析法等，具有较强的实效性，但由于权重的确定缺乏客观依据全凭主观判断，因此会产生一定偏差。客观赋权法是根据原始数据间关系通过一定数学方法来确定权重，判断结果客观、精确度较高，主要包括熵权法、主成分分析法等。综合赋权法是基于主观赋权与客观赋权进行综合集成或修正的组合赋权法，减少主观判断和客观数据之间的偏差。

在信息论中，熵是对不确定性的一种度量。熵权法是一种客观赋权评价方法，运用该方法计算权重的核心思想是熵的特性。根据熵的特性，可以通过计算熵值来判断一个事件的随机性及无序程度，也可以用熵值来判断某个指标的离散程度，指标的离散程度越大，该指标对综合评价的影响越大。通过熵权法计算权重可有效减少主观测量误差，更客观、全面地反映指标信息。

表 3　数字乡村指标评价体系（权重）

一级指标	二级指标	二级权重	三级指标	三级权重	合成权重
数字乡村建设	B1 数字基础设施	0. 3458	C1 乡村互联网覆盖率	0. 3515	0. 1110
			C2 县域数据处理中心数量	0. 1921	0. 0607
			C3 县域电商服务站数量	0. 2123	0. 0670
			C4 农业生产传感器数量	0. 2441	0. 0771
	B2 乡村数字经济	0. 2116	C5 农业机械总动力	0. 2404	0. 0557
			C6 电商示范村数量	0. 1801	0. 0417
			C7 农村电商销售额	0. 3166	0. 0733
			C8 涉及电商业务企业数	0. 1528	0. 0354
			C9 涉农信贷服务覆盖率	0. 1101	0. 0255
	B3 乡村数字治理	0. 2014	C10 村务网站公开信息量	0. 2721	0. 0466
			C11 线上政务服务注册量	0. 2453	0. 0420
			C12“一网通办”普及度	0. 3522	0. 0603
			C13“互联网+党建”普及度	0. 1304	0. 0223
	B4 数字惠民服务	0. 1259	C14 学校智慧教室数量	0. 3558	0. 0490
			C15 每月人均快递件数	0. 3717	0. 0542
			C16 数字医疗参诊人次	0. 2925	0. 0426
	B5 培育数字农民	0. 1153	C17 数字技能培训次数	0. 2623	0. 0355
			C18 农村人均可支配收入	0. 3279	0. 0444
			C19 信息技术从业者人数	0. 2352	0. 0319
			C20 农村居民受教育年限	0. 1746	0. 0237

（六）评价方法确定

发展水平评价方法研究方面，相关领域专家学者对乡村振兴战略、数字乡村建设、农业农村发展水平评价的主要方法可概括为四种：重点参数比较法、多指标综合测度法、BP 神经网络评价法以及模型法。其中，重点参数比较法适用于学习借鉴发达国家和地区先进经验方面，适用于已有标杆的评价对象，但不同地域情况不同易导致评价结果不够科学严谨；多指标综合测度法是通过定量与定性相结合的方式，具有系统、客观、全面、适用范围广等优势，但计算量相对较大，流程与步骤相对烦琐；BP

神经网络评价法是通过模拟神经网络映射关系寻找最优的权值，对原有数据集进行分类，同时具备专家打分法的准确性和客观评价的可靠性；模型法是指根据模型对评价对象进行评价的方法，常见的有 TOTSIS 评价模型和 DEA 评价模型，操作简单、结果客观。例如，张鸿等运用熵权 TOPSIS 法对农村高质量发展进行测度研究；冯朝睿等基于 DEA 模型对电商扶贫效率展开评价研究，分析电商扶贫效率提升的关键要素。

TOPSIS 法是有限方案多目标决策分析的一种常用方法，使用灵活简便，应用广泛，可用于效益评价、综合应用管理等多个领域，其结果能精确地反映各评价方案之间的差距。运用熵权-TOPSIS 法评价陕西省及各市数字乡村发展整体水平，其基本思想是基于标准化矩阵中各指标的最大值和最小值获得正负理想方案，分别计算各评价对象与最优方案和最劣方案间的欧式距离，并由此得出评价对象对正负理想方案的接近程度，以此作为评价优劣的依据。

三　陕西省数字乡村发展测度结果

（一）陕西省数字乡村总体测度情况

党的十九大以来，陕西省高度重视数字乡村建设发展，2020 年 8 月，省委网络安全和信息化委员会印发《陕西省加快数字乡村发展三年行动计划（2020—2022 年）》，加快推进农业农村数字化建设，赋能乡村振兴创新发展；2021 年 12 月，陕西省人民政府办公厅印发《陕西省“十四五”推进农业农村现代化规划》，对“十四五”时期乡村数字化发展作出部署安排。为有效衡量陕西省数字乡村建设发展水平，明确各地级市发展现状以及现存问题，本研究基于数字乡村指标评价体系，结合《中国农村统计年鉴》、《陕西统计年鉴》、各地市国民经济和社会发展公报以及政府部门发布的政务信息公报等数据，对陕西省各地级市数字乡村发展状况进行分析，结果如表 4、图 2 所示。

表 4 陕西省各地区数字乡村发展评价得分

地区	总得分	总排名	数字基础设施	排名	乡村数字经济	排名	乡村数字治理	排名	数字惠民服务	排名	培育数字农民	排名
西安	0. 9587	1	0. 3316	1	0. 2007	1	0. 1982	1	0. 1198	1	0. 1084	1
咸阳	0. 6461	2	0. 2071	2	0. 1673	2	0. 0878	3	0. 0974	2	0. 0865	4
宝鸡	0. 5952	3	0. 1594	4	0. 1547	3	0. 0926	2	0. 0913	3	0. 0972	2
渭南	0. 5531	4	0. 1538	5	0. 1451	5	0. 0728	5	0. 0862	4	0. 0952	3
榆林	0. 5359	5	0. 1763	3	0. 1532	4	0. 0539	8	0. 0817	5	0. 0708	6
延安	0. 4741	6	0. 1476	6	0. 1108	8	0. 0815	4	0. 0599	7	0. 0743	5
汉中	0. 4258	7	0. 1207	8	0. 1184	7	0. 0701	6	0. 0681	6	0. 0485	9
铜川	0. 4104	8	0. 1435	7	0. 1209	6	0. 0463	10	0. 0403	10	0. 0594	7
商洛	0. 3585	9	0. 1062	9	0. 0976	9	0. 0559	7	0. 0451	9	0. 0537	8
安康	0. 3244	10	0. 1007	10	0. 0842	10	0. 0515	9	0. 0464	8	0. 0416	10

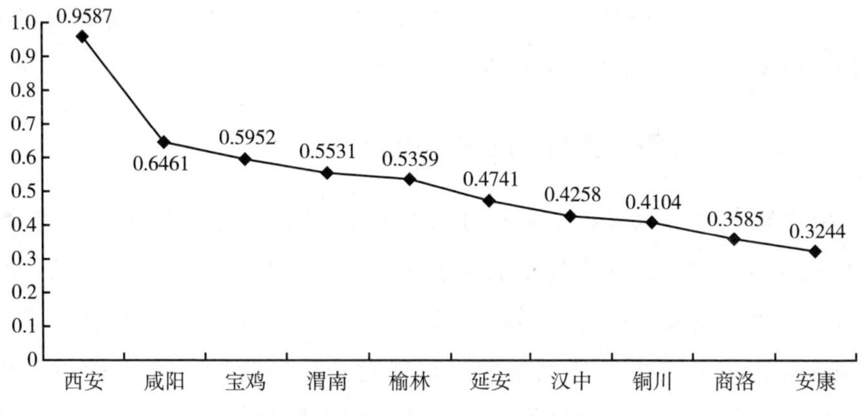

图 2 陕西省各地区数字乡村建设总体情况

从表 4、图 2 可以看出，全省数字乡村建设发展水平存在较为明显的差异。其中，各地区数字乡村发展综合水平最高的为省会西安（0. 9587），最低的为安康（0. 3244）；数字乡村建设发展水平高于全省均值（0. 5282）的地市共有 5 个，分别为西安、咸阳（0. 6461）、宝鸡（0. 5952）、渭南（0. 5531）、榆林（0. 5359），属于全省数字乡村建设发展第一梯队，主要得益于“基地园区”布局的推进，综合云计算中心逐渐形成，不断吸引和培育数字化企业，开展数据采集，引导数字乡村的不断发展；延安、汉中、铜川三地处于陕西数字乡村建设发展中等水平，得分分别为0.4741、0.4258、0.4104，地区间发展差距较小，属于全省发展第二梯队。主要是因为延安在一体化云计算的构成中，作为大数据存储备份的大数据综合实验区，搭上了数字化建设的快车。同时，宝塔区以打造数字经济为契机，大力发展产业数字融合，不断加快数字化集群的发展速度。但与西安、咸阳等第一梯队相比，整体的数字化基础仍然较为薄弱，数字化乡村人才稀缺，相关领域的研究不足；商洛、安康处于全省发展尾部，且通过对比分析可明显看出与发展较快地域间存在较大差距。分地区看，关中平原发展处于领先地位，这与本省市地理位置以及经济发展程度相一致；综合来看，陕北高原与陕南山区发展较为落后，且地市间发展差距较大，将成为“十四五”时期“补短板”的发展重心。陕南山区整体发展水平相对较低，需结合自身资源禀赋，探索发展特色产业；积极对接数字项目，大力发展培育“新农人”，提升农村居民综合数字素养，提高数字乡村发展综合水平。

（二）陕西省数字乡村发展评价分析

结合陕西省各地区数字乡村建设各指标得分情况（见图3），在数字基础设施方面，西安市处于全省领先水平，依托十四运会及国家中心城市建设发展背景，已逐步形成了具备国际标准、富有西安特色的基础设施建设格局，全力打造网络化、智能化、协同化的融合基础设施体系；除西安外其他9个地区间数字基础设施差距较小，主要基于近年来陕西省始终坚持将乡村基础设施建设作为发展数字乡村的核心突破点，促使乡村基础设施建设稳步推进，陕西全省农业行政村4G网络覆盖率达到100%，5G等新基建向农村延伸；农村互联网宽带用户数量持续增加，提前超额完成国家规定的光纤覆盖任务并实现与城市同网同速；物联网建设持续推进，根据陕西省通信管理局发布的数据，截至2023年2月，全省物联网终端用户达5119.8万户；电子商务进农村综合示范项目扎实推进，电子商务公共服务体系功能逐步完善，成果显著；数字农业向好发展，数字化产业园区、现代农业基础设施稳步推进，数字乡村基础设施综合水平位居西部第一。

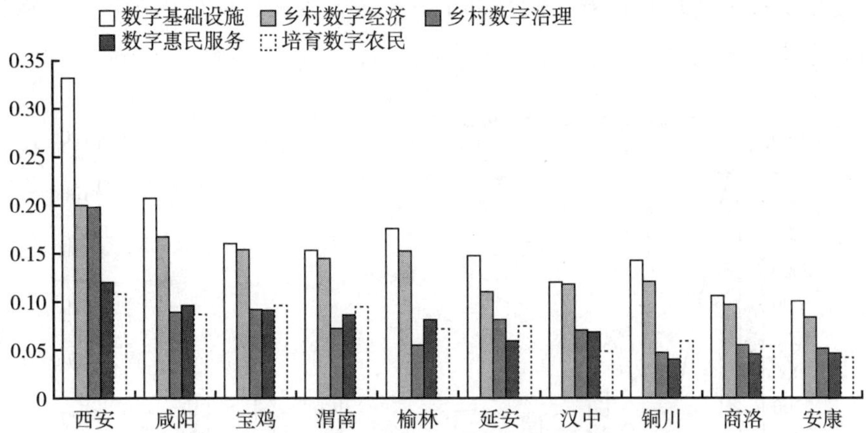

图 3　陕西省各地区数字乡村各建设指标得分情况

乡村数字经济方面，全省 5 个地区高于平均得分（0.1352），分别是西安（0.2007）、咸阳（0.1673）、宝鸡（0.1547）、榆林（0.1532）、渭南（0.1451），这些地区主要集中在关中平原，通过《陕西统计年鉴（2021）》中电子商务销售额与电子商务企业数（见图 4）与农业机械总动力（见图 5）相关数据可以看出，关中平原地域发展水平显著高于陕北高原、陕南山区。以电子商务销售额为例，2020 年西安电子商务销售额 1122 亿元、咸阳 149 亿元、宝鸡 98 亿元、榆林 121 亿元、渭南 66 亿元，其排名与乡村数字经济建设发展排名基本一致，处于全省数字经济发展第一梯队；铜川、汉中、延安属于中部水平，得分依次为 0.1209、0.1184、0.1108，需要进一步优化特色现代化农业产业布局，鼓励创新开发金融模式，加快智慧农业建设进程，建设一大批农作物精准耕田、园艺作物智能化生产等数字农业示范基地，发展优势特色农业产业带，缩小与第一梯队间的差距；商洛、安康处于全省末端，两地位于陕南山区，受地理区位条件限制，发展逊于关中平原与陕北高原，需要牢牢把握数字经济着力点，立足自身资源禀赋和特色产业基础，推动区域特色产业科学布局，提升陕北高原与陕南山区数字化生产水平，统筹乡村生产生活生态空间布局，结合自身优势资源发展休闲农业、文化创意、健康养老等环境友好型绿色低碳产业，依托农村电商推动优质特色农产品与电子商务融合发展，促进产业转型，激发乡村数字经济发展活力。

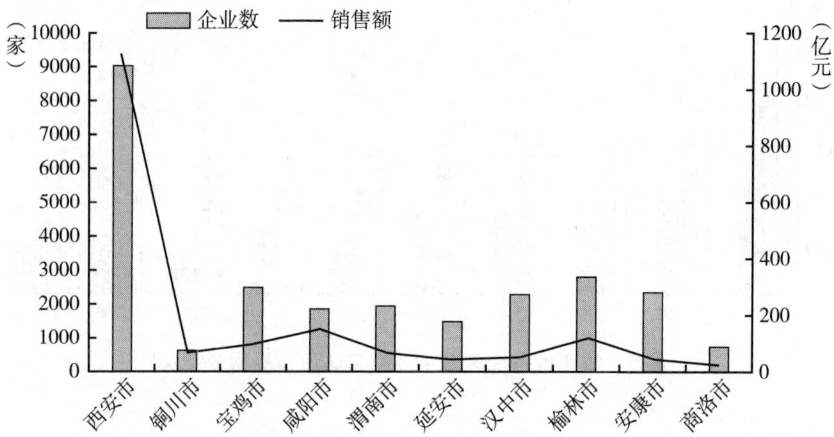

图4　陕西省各地区电子商务发展情况

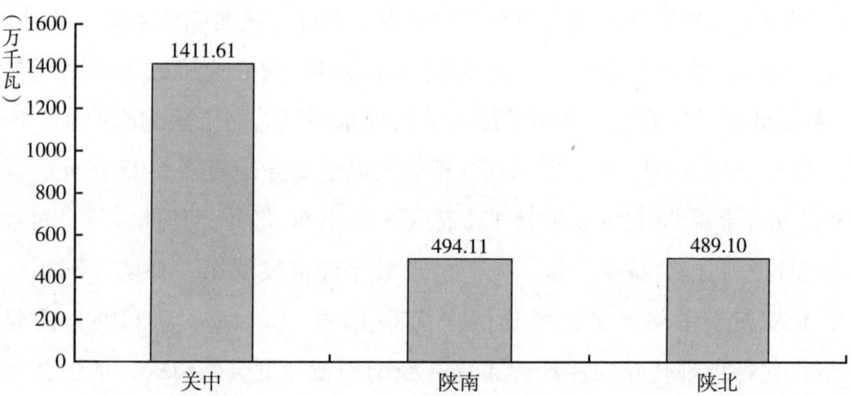

图5　陕西省各区域农业机械总动力

乡村数字治理方面，西安市、宝鸡市、咸阳市、延安市处于全省发展前列，得分分别为0.1982、0.0926、0.0878、0.0815。以宝鸡市、延安市为例，“十三五”期间，宝鸡市新型智慧城市建设达到全省示范水平，民生应用和公共服务数字化加快普及，县级电子政务平台实现与国家和省级互联互通，政务“一朵云”基本形成，政务数据库体系逐步完善，为基层数字治理提供了数据支撑；延安市加快布局移动数字乡村平台，打造集平安乡村、智慧党建、云喇叭、疫情防控、村务治理等于一体的“数字乡村智慧中心”，联合网格化管理机制，形成镇、村、组三级管理网格，实现一屏观全镇、一网管全镇。渭南、汉中两地处于全省乡村数字治理发展第二梯队，在借鉴先进地区发展经验的基础上需继续深入剖析本地“数字乡村”平台特色功能，以满足本地域基层政府个性化信息诉求，加速建立一体式政务云平台，实现政务信息的透明化，提高群众的参与度与获得感。商洛、榆林、安康、铜川位于全省发展第三梯队，基层治理数字化发展水平相对较低，应在主观层面加以重视，多途径宣传推广电子政务“下基层”，推进政务服务向村一级延伸，提升乡村治理数字化水平，进而提高基层政务信息透明度，推动信息共享和“一网通办”，打通乡村数字治理“最后一公里”。

数字惠民服务方面，西安位居全省第一，得分为 0.1198，咸阳位居全省第二，得分为 0.0974，宝鸡（0.0913）排名第三，近年来不断提升农村基本公共服务水平，以提高农村教育质量、加快健康乡村建设、统筹社会保障体系为突破口，成功跻身全省数字惠民发展前列。智慧医疗惠民服务方面，以宝鸡岐山县为例，在扩充基层医疗卫生服务的基础上，建立远程诊断中心、聘请专家为基层患者提供线上智慧诊疗服务、建立互联网医院协作模式，促使优质医疗医院低成本下沉基层，提升智慧医疗便民服务满意度；数字教育惠民服务方面，以咸阳市为例，近年来，咸阳市教育局深入推进中小学智慧校园建设工作，不断提升智慧教室覆盖比例，多途径、多渠道、多举措增加智慧教室数量，让农村学生也可享受到可视化、场景化、沉浸式的智慧课堂，推动教育惠民服务新范式。渭南、榆林、汉中三地发展位于全省发展平均水平，地区差距相差较小，需要依托现有的数据平台，以农村智慧教室、数字医疗、智慧养老、智慧民生服务为基础，进一步满足农村居民基本诉求；延安、安康、商洛、铜川相比发展水平较高地域仍有较大差距，主要原因在于受地区经济发展水平影响，经济预算不足、政策倾斜力度不够，可进一步探索政企协作新模式，统筹规划布局城乡教育、医疗等资源，建立以城带乡、以企带村、整体推进、均衡发展的方法机制，确保农村居民共享数字惠民红利。

培育数字农民方面，西安、宝鸡、渭南、咸阳属于省内发展第一梯队，得分分别为 0.1084、0.0972、0.0952、0.0865；铜川、商洛、汉中、安康四地分别位于全省尾部，通过对比分析发现该得分主要与农村居民数字综合素养、可支配收入两方面因素有关。居民数字综合素养主要体现在受教育年限、参与数字技能相关培训次数两个维度，学历越高思维相对越活跃，对于新兴事物接受度越高，参与数字技能相关培训的主动性、积极性越强。以商洛、汉中、安康数据为例，其大专及以上学历人数占比分别为 9.66%、10.93%、9.76%，与培育数字农民排名一致均处于全省末尾。可支配收入方面（见图 6），相对于传统行业，所处行业数字化程度与从业者收入呈正相关，通过各地域农村居民人均可支配收入差距情况，可以在一定程度上反映出该地域数字农民培育情况。以西安、宝鸡、渭南、咸阳四地为例，根据《陕西统计年鉴（2021）》数据，农村居民人均可支配收入分别为 15749 元、14189 元、13741 元、12879 元，与培育数字农民排名一致，均处于全省头部。因此，培育数字农民应以大力发展农村数字经济、提高农村居民收

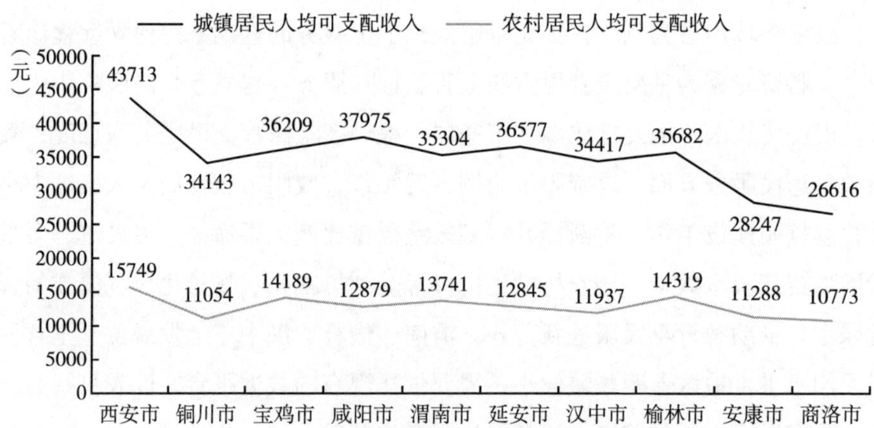

图 6 陕西省各地区城乡居民可支配收入

入为目标，不断健全农民教育培训体系，发挥本省高等院校、科研院所优势，以“菜单式”“分段式”“帮带式”培训方式，基于农业科普、技能培训等活动，培育高素质农民，建设高素质农民队伍，提升农村居民综合数字素养，扩充数字乡村建设中坚力量；将“留人”“留心”相结合，积极构建本土人才回流机制，畅通人才返乡渠道。

（三）数字乡村综合评价研究结论

1. 完善的基础设施是前提

数字经济需要数字产业化和产业数字化的不断融合，相对于城市而言，乡村的数字化基础仍然薄弱。要加大农村基础设施建设，加大相关领域的投资及产出，不断促进农业农村数字化发展。

2. 广泛的应用设施是关键

农村电商、数字娱乐等网络应用的出现，以其简单实用的特点，迅速在农村普及开来。应借鉴其成功经验，结合农村实际，开发更简单、更接地气的数字化应用。

3. 紧密的深度融合是方向

城市和乡村的数字化程度不同，复制城市的经验是不可能实现长远发展的。因此，要想实现深度融合，就必须找到一条适合农村自身的道路。从“互联网+农村”的经验来看，高大上的东西在农村不一定能得到发展。因此，必须注重融合和创新。

4. 高效的改进治理是重点

如何将数字化与农村结合起来，改善环境、民主监督、优化服务等发挥着重要作用，这也应该是数字农村建设探索的重点。近年来，一些地区开始探索农村政务一体化，减少了烦琐的程序，成为提高农民幸福感的重要方式之一。

5. 专业的人才培养是突破

目前，农村的主要制约因素是人才太少、人才流失严重，特别是缺乏早期示范带头人，这已成为数字农村发展的瓶颈。应结合乡村人才振兴规划，对外优化人才回流机制，不断吸引外来人才加入，共同建设数字乡村。对内采用分散集中教学、农忙结合教学，运用“农学结合、工学交替”的方式培养当地农民。

四　陕西数字乡村发展对策建议

全面推进乡村振兴战略与乡村数字化改革，争当数字乡村建设试点先行者，是陕西省跻身农业农村现代化先行省的重要任务。为做好数字乡村建设赋能乡村振兴创新发展，需要深入挖掘本省各地区资源优势、破解试点实践过程中出现的“疑难杂症”，通过以下几点来助力农业农村发展，让乡村居民共享数字化改革成果，为中国特色社会主义乡村振兴和农业农村现代化道路贡献陕西智慧。

（一）推动政策高效落实：构建数字乡村三维建设框架

立足陕西、放眼未来。积极落实国家出台的数字乡村建设系列文件精神，结合本省数字发展环境与实际资源禀赋，针对数字乡村发展工作，构建顶层规划设计、基层创新执行、实践有效反馈的三维系统框架，以期保障数字乡村进程动能充沛。进一步细化数字乡村发展思路，基于省级层面为数字乡村发展提供政策导向，制定适宜陕西省贯彻落实方案与保障机制。乡村基层政府作为数字乡村建设“排头兵”，是决定数字乡村战略政策能否贯彻落实的关键环节。各级政府应充分重视乡镇、村级基层组织建设，提升基层政府工作人员政策执行能力，激发一线人员创新实践动能，引导多元主体参与数字乡村建设进程，营造出精准落实、敢于实践、勇于创新的数字乡村基层建设氛围，倡导“自上而下”中央政策指导与“自下而上”地方创新探索相结合的发展模式，加强部署社会科学领域数字经济、数字乡村理论研究，探索建立数字乡村发展统计监测指标评价体系，总结数字乡村试点经验，反馈实际进展，确保数字乡村建设高效推进。

（二）夯实数字基础配套：改造“硬件”、升级“软件”

数字乡村建设进程中不可缺少数字基础配套保障。乡村数字基础配套内容涵盖数字乡村发展“硬件”基础与数字乡村建设“软件”服务。建设数字乡村，加快数字基础设施投资建设，在现有设施基础之上推动乡村“新基建”与传统基础设施数字化改造，加快部署一体化大数据中心体系建设，推动数字技术应用于生产生活，布局物联网终端设备丰富现代农业基础生产要素；通过乡村智慧水利、智慧物流、智慧交通建设带动传统基础设施数字化变革，实现农村基础设施“硬件”改造。农村居民数字素养培育方面，将外部人才引进与内部人员培训相结合，在引进数字化专业人才的同时积极对农村居民、基层政府工作者、相关产业从业者展开培训，形成以外促内、内外一体的数字乡村人才队伍建设体系，指导村民进行数字生产、参与数字治理、享受数字服务，实现数字基础配套“软件”升级。

（三）鼓励农村土地流转：走合作化经营之路

在乡村振兴战略背景下，合理配置农村农地资源，有机衔接小农户和现代农业，是乡村振兴的重要着力点。针对土地流转过程中存在的种种问题，需通过完善法律法规和流转市场体系、健全社会保障机制、厘清各方权益关系及其行为边界，达到合理提升农地资源配置效能的效果，进而促进乡村振兴。土地资源实现流转，通过数字技术带动现代农业科技应用，布局农业现代化生产设备，增强涉农要素供给，提高涉农科技成果转化率，引导创新要素向农业产业集聚，形成以政府为引导、龙头企业为核心、社会各界多元主体广泛参与的协同发展体系。通过结合本地特色资源融入文化产业元素，基于新一代信息技术在乡村农业、旅游、文化、康养等领域应用，形成休闲农业、乡村旅游、智慧康养等新型产业组织形态，创新乡村产业发展模式并赋能乡村发展新业态。

（四）强化基层数字治理：多元协同推进乡村治理现代化

“十四五”初期，我国数字乡村建设仍处于发展起步阶段，乡村数字化治理被广泛运用于基层智慧党建、“互联网+政务服务”、网上村务管理、基层综合治理信息化、智慧应急管理等方面。基层数字治理应更多聚焦于政务数据资源有效运用，对政务数据共享平台中数据资源进行大数据分析，提升数字化治理和服务能力，部署探索推动政务数据有序开放利用，协助基层政府进行宏观政策调控、基层微观治理并参与政府决策。面对在基层数字治理过程中治理成本高、基层政府工作人员数字化能力不足、村民数字素养欠缺致使数字治理参与积极性不高、相关制度保障不全等问题，政府作为基层数字治理的供给主体，在进一步加大相关财政投入的同时构建政府主导、企业及社会各界广泛参与的多元供给机制，缓解数字治理资金压力；建立健全政策法规保障体系，完善数字治理相关制度保障与法律供给，制定方针、规划边界，确保基层治理政务工作公开透明，推进乡村治理现代化。

（五）注重数字素养提升：加强农村居民内在数字素养培育

农民数字素养水平事关数字乡村各领域实践参与的积极性、主动性和创造性，已然成为驱动数字乡村全面发展的重要能动性因素。通过提升以数字化通用素养、数字化社交素养、数字化创意素养、数字化专门素养和数字化安全素养为表征的农民综合数字素养水平，以低成本、高效率、低风险的参与实践促进数字乡村单一领域的广度和深度发展，进一步以农民数字素养为纽带有效激活乡村“数字基础设施、数字产业、数字生活、数字生态、数字治理”协同发展的互动关联系统，不断优化系统结构和要素配置，生成数字乡村发展新的内生动力，持续提高数字乡村发展质量（见图 7）。因此，对于农村居民数字素养培育，需要在供给侧推进数字乡村建设的同时，还需从需求侧发力，多渠道提高农民数字素养水平，持续增强数字乡村发展的内生动力，健全契合农业农村农民实际需求的数字素养教育培训体系，将学校教育、政府机构与社会组织培训等有机结合，建立激励监督机制，充分调动多方力量，积极发挥不同主体在提升农民数字素养方面的独特作用，积极营造良好的社会氛围。

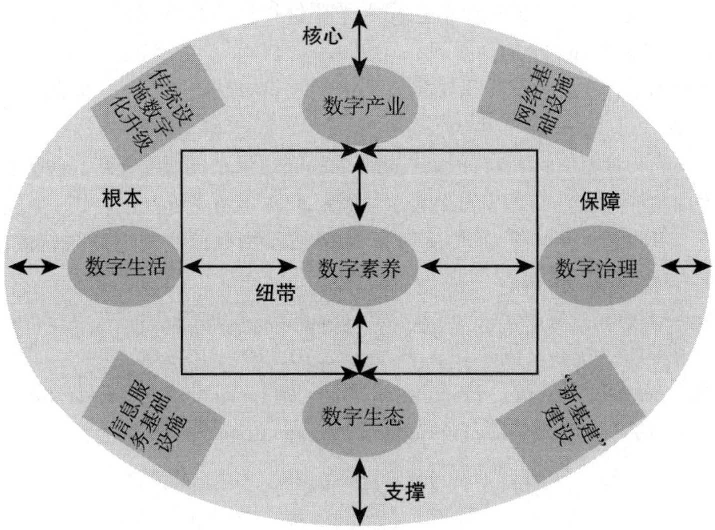

图 7　农民数字素养与数字乡村发展的系统框架

参考文献

梅燕、鹿雨慧、毛丹灵：《典型发达国家数字乡村发展模式总结与比较分析》，《经济社会体制比较》2021 年第 3 期。

李依浓、李洋：《"整合性发展" 框架内的乡村数字化实践——以德国北威州东威斯特法伦利普地区为例》，《国际城市规划》2021 年第 4 期。

钟文晶、罗必良、谢琳：《数字农业发展的国际经验及其启示》，《改革》2021 年第 5 期。

北京大学新农村发展研究院数字乡村项目组：《县域数字乡村指数（2020）》，2022 年 5 月 30 日。

方迎君、张奇琦：《浙江省数字乡村评价指标体系构建及应用》，《乡村科技》2020 年第 11 期。

李振、张瑜：《辽宁省数字乡村发展就绪度评价研究》，《当代农村财经》2022 年第

2 期。

朱红根、陈晖：《中国数字乡村发展的水平测度、时空演变及推进路径》，《农业经济问题》2022 年第 7 期。

沈剑波、王应宽：《中国农业信息化水平评价指标体系研究》，《农业工程学报》2019 年第 24 期。

辛岭、蒋和平：《我国农业现代化发展水平评价方法研究》，《农业现代化研究》2022 年第 5 期。

张鸿、马超、杜凯文：《乡村振兴战略下农村高质量发展测度研究——基于陕西 951 份调研问卷的实证分析》，《西安财经大学学报》2021 年第 4 期。

冯朝睿、尹俊越：《基于 DEA 模型和 Malmquist 指数的我国电商扶贫效率研究》，《兰州学刊》2021 年第 11 期。

Rosedc, Wheelerr, Winterm, et al., "Agriculture 4.0: Making it Work for People, Production, and The Planet", *Land Use Policy*, 2020, 100: 104933.

Maat H., *Science Cultivating Practice: A History of Agricultural Science in The Netherlands and its Colonies* 1863-1986. Wageningen University and Research, 2001.

B.7

陕西“科创中国”区域资源对接创新发展路径研究

李肇娥　朱 炜　赵建文*

摘　要： 科创中国，资源对接，双链融合，增强科技实力。陕西“科创中国”区域资源对接创新的作用机理主要体现在要素融通、运作动力和平台支撑等方面。对接机制创新按照政府政策营造科创环境、“智能制造”区域科技服务团“牵针引线”、秦创原引智添能、科技成果转化增质提效，不断演进。陕西的区域资源对接的实绩逐步呈现，形成了支撑机制做引领、融合机制主关键、共享机制为手段的独具特色的陕西“科创中国”区域资源对接的创新路径。为深入促进区域资源对接创新发力，建议提升中介服务能力、凸显企业创新主体地位、完善高校院所成果转化，推动陕西迈向科技强省。

关键词： 科创中国　区域资源　智能制造　秦创原

在复杂严峻的国际形势下，科学技术的竞争成为世界范围内竞争的关键。科技创新是科技水平与实力增长的渊源。习近平总书记强调，推动科技创新和经济社会发展深度融合，塑造更多依靠创新驱动的引领型发展。中国科协正在实施“科创中国”建设，旨在通过聚集多方力量，加速科技创新

---

* 李肇娥，陕西省科学技术协会常务副主席；朱炜，陕西省科学技术协会学会学术部（国际合作与联络部）部长；赵建文，西安科技大学教授。

成果向现实生产力的转化，促进经济发展。陕西省具有丰富的科技成果资源，探索陕西区域资源与经济的发展对接融合创新路径，促进创新链和产业链的深度融合，具有重要价值。

陕西“科创中国”区域资源对接以政府的支撑机制为引领，以促进产学研金服用协同的融合机制为核心，以打通转化堵点的共享机制为手段；利用陕西“智能制造”区域服务团“牵针引线”，秦创原平台强力驱动；强效促进产学研金服用的多源协同、创新链和产业链的交叉融合；推动陕西省从“科技强省”向“经济强省”迈进。

一　“科创中国”区域资源对接机理分析

（一）区域资源对接机制创新推动科技向生产力转化，推动陕西迈向科技强省

1. 科技创新是加快中国发展的推动力

习近平总书记在二十大报告中强调，必须坚持科技是第一生产力、创新是第一动力，深入实施人才强国战略、创新驱动发展战略，增强国家自主创新能力。科技自主创新体系是科学技术引领现代社会发展、增强中国综合经济国力的决定性因素，对世界经济复苏和国家发展进程具有先导性、全局性的作用。实施“科创中国”建设，深入推动中国科技建设与经济转型的战略融合，加快构建新发展格局，着力推进高质量发展，建设世界科技强国。

2. “科创中国”是科技资源供需对接的驱动力

中国科协于2020年5月30日启动了“科创中国”的建设，资源对接机制是保障“科创中国”实施的重要工作，为技术资源供需方提供精准有效的对接，将人才、技术等创新要素引入企业、创新示范基地，加速科技向现实生产力转化。西咸新区作为陕西省在2021年唯一入选的“科创中国”试点园区，推动促进产学研合作深化和人才供需对接联动，激发着各地方科技创新自主创业活力，为科学决策提供高水平智力支持。

3. 对接机制创新是科技成果转化的保障力

陕西“科创中国”区域资源对接机制创新，有利于激发产学研各方活力，保障技术资源供需的精准有效对接；充分发挥“科创中国”区域科技服务团的作用，促进地区科技经济深度融合，着力解决科技、经济“两张皮”现象，服务西咸新区试点城市及陕西省产业科技创新和产业融合发展需求。依托秦创原创新生态城，以先进制造业为产业发展方向，着力打通产业链的“痛点”和创新链的“堵点”。

（二）区域资源对接机制作用机理

1. 区域资源对接机制的要素沟通

陕西“科创中国”区域资源对接机制的基础是实现来自区域各方领域的各项科技资源要素信息的及时联系与沟通，把技术、人才、企业项目产品、科技资源等汇聚起来，把科技供给与产业需求、科学家与企业家结合起来，实现科技资源的合理配置，促进地区优势技术项目有效转移扩散和有效成果转化，推动区域经济协调发展。

2. 区域资源对接机制的运作动力

陕西“科创中国”区域资源对接机制，依托秦创原创新驱动平台，大力培养高新技术产业，为壮大区域优势特色产业经济提供强力科技支撑，促进知识的生产、积累、创造、应用和科技成果的转化，实现资源的有效对接和资产的积累。

3. 区域资源对接机制的平台支撑

区域资源对接机制对支撑科技经济融合创新是极其重要且极其必要的，区域资源对接工作机制是推动实现全球科技资源跨区域交叉创新交叉合作、带动经济整体转型与升级步伐的重要保障。区域性科技资源的对接交流实践，将有效地促进我国科技进步和生产进步，陕西省采用“科创中国+秦创原”的模式，进一步巩固、完善陕西省区域性科技资源对接机制，加快科技成果转化。

4. 区域资源对接机制的主要功能

区域资源对接机制通过供给需求匹配和供给需求的牵引，实现“科学家+企业家”的高效合作创新模式。企业家可通过科技创业服务类中介机构提供的服务，高效便捷直达技术通道，轻松找到技术科学家；科学家会根据每位企业家具体的产业技术需求，帮助目标企业更加有效、准确地找到关键技术成果，并迅速实现应用转化，促进传统企业快速转型升级。

二 陕西区域资源对接机制演进趋势

2016~2020 年是陕西省科技创新蓬勃发展的时期，在陕西省政府、陕西省科协等多方努力下，陕西省深入实施创新驱动发展战略，壮大科技创新资源基础，重点培育高新技术产业。大力推动陕西省“科创中国”工作，全面建设秦创原创新驱动平台，促进知识的生产、积累、创造、应用和科技成果的转化，实现资源的有效对接和资产的积累。随着陕西省“科创中国”演进，陕西省“科创中国”区域资源对接机制的发展分为四个步骤。

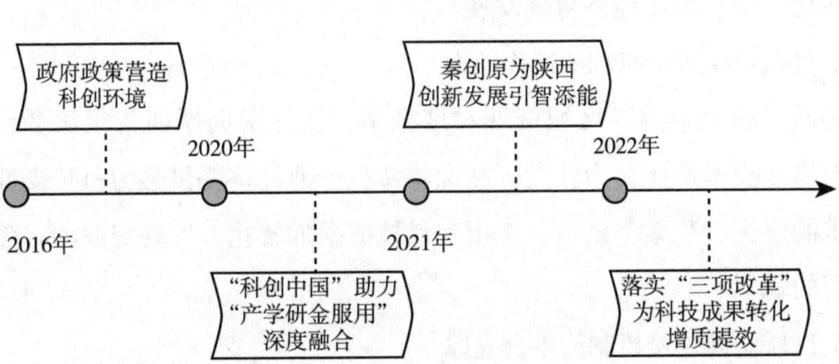

图 1 区域资源对接机制演进趋势

（一）步骤一：政府政策营造科创环境

1. 加强企业创新能力

2016~2020 年为“科创中国”的孵化孕育的铺垫时期，政府在区域创新资源对接中起主导作用，形成政府支撑机制。通过颁布政策和制度，加大高新技术企业培育力度，大力发展先进制造、航空航天、新型材料、人工智能、能源等产业。鼓励和支持企业增加研发投入，带动区域资源对接的技术供需方创新能力的提高，实现以基础资源投入驱动为主向以创新驱动发展为主转变。

2. 挖掘技术供给方潜力

促进高校、科研院所与企业的科技资源对接与转化；服务机制不断完善，促进服务工作的规范化、制度化，确保服务工作落到实处，确保满足服务对象的需求，营造良好的科创环境。在这一时期，创新型省份建设成果丰硕，大飞机“起飞”、“嫦娥”探月、珠峰“测高”体现了陕西科技担当，为后续陕西“科创中国”区域资源对接工作的实施奠定基础。

（二）步骤二：“科创中国”助力“产学研金服用”深度融合

1. 科创组织为各创新要素“牵线搭桥”

2020 年，中国启动了“科创中国”的建设，依托全国学会与地方科协开展科技服务，搭建科技经济融合平台，陕西省科协与各学会积极响应“科创中国”建设，组织“陕西智能制造”区域服务团为创新资源供需方“牵针引线”，融汇企业、学研方、科技中介以及政府四大科技成果转化的关键力量，为技术供需方精准对接。

2. 政府、金融机构和市场为科技成果转化保驾护航

在政府的服务政策引导下“产学研金服用”深度融合，形成多维协同的融合机制。在融合机制中，政府的作用由主导逐渐转变为引导，在政府、金融机构、市场协同支持下，坚持企业主体地位，鼓励高校、科研院所将研发成果同有需求的企业交流分享，实现知识共享、知识协同和知识应用，帮助企业及时发现科技成果转化项目，促进科技成果落地，推动各方协同配合、风险共担、利益共享，加快实现产业链和创新链融合的共同目标①。

① 原长弘、张树满：《陕西省产学研协同创新的现状、问题及对策》，《技术与创新管理》2018 年第 1 期。

（三）步骤三：秦创原为陕西创新发展引智添能

1. 打通转化“堵点”，释放创新潜力

陕西省西咸新区2021年入选“科创中国”试点园区，在陕西省政府与陕西省科协的大力支持下，借鉴“科创中国”平台建设经验，打造了极具陕西特色的秦创原创新驱动平台。通过建设打通转化堵点的共享机制，汇聚国内外创新资源，加强省际交流合作，精准对接技术资源供需方，加快科技成果项目落地，打破科技成果转化的壁垒，进一步释放陕西省创新潜能。

2. “共享机制”紧密结合科技、产业优势

打破创新链与产业链堵点的共享机制主要是一种体现平台建设和平台发挥作用的机制，在科技成果转化过程中，平台在科技资源跨部门、跨地区、跨层级整合与共享，健全科技资源共享的绩效评价体系，提升区域资源共享成效，促进供需对接，打通两链的“堵点”“痛点”方面成效显著。

（四）步骤四：落实“三项改革”为科技成果转化增质提效

1. 稳固陕西省创新发展成效

2022年是陕西省“科创中国”大放光彩的一年，在西咸新区入选“科创中国”试点城市的一年多时间里，“科创中国”“秦创原”有机结合、互促共建，陕西省“科创中国”样板间在2021年65个试点城市中综合排名第一，在资源汇聚和转化对接两个单项评比中位列第二，未来陕西省继续按照支撑、共享、融合三机制的发展进程，保持创新驱动飞速发展的势头。

2. 持续深化落实科技成果转化“三项改革”

在“科创中国”和“秦创原”平台运行稳定的基础上，陕西省政府继续推出“三项改革”政策，解决科技成果转化中“不敢转”“不想转”“缺钱转”三大难题，未来将重点聚焦企业、高校科研院所以及科技中介服务三方，进一步深化落实“三项改革”政策，释放陕西科技创新增长潜力，以创新驱动推动高质量发展。

三　陕西“科创中国”区域资源对接实施绩效

（一）政策保障体系不断完善，金融支撑引导逐步显现

1. 科技成果转化政策相继落地

陕西省提出多项政策改革措施，促进科技成果转化政策保障体系不断完善。近年来，陕西省出台了《陕西省促进科技成果转化若干规定》《陕西省促进科技成果转化条例》等相关政策，保障科技成果转化过程顺利开展；为深入实施创新驱动发展战略，陕西省制定《陕西百项科技成果转化项目行动计划方案》，培育壮大新动能；陕西省深入推进科技成果转化“三项改革”，在强化科技成果高质量供给与转化应用的同时，设立专项重点支持，促进部省协同联动。

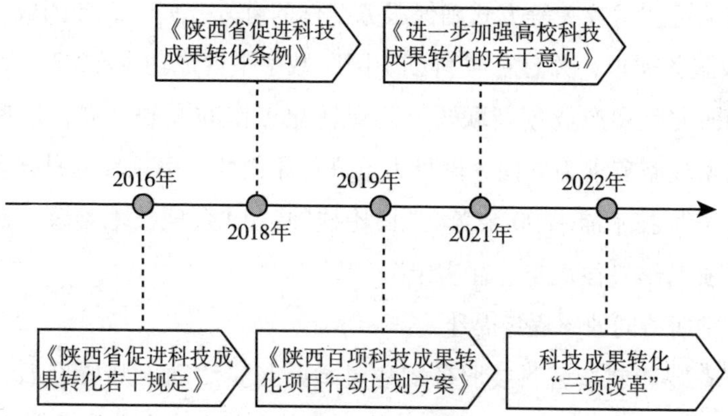

图 2　科技成果转化政策体系

2. 秦创原建设政策包全面建立

2021 年，陕西省发布了《秦创原创新驱动平台建设政策包》，提出了五大类 70 条措施，解决了科技人才、成果转化、企业创新、科研平台、服务体系等方面的问题，集中展示了陕西实施创新驱动战略走在全国前列和迈出

更大步伐的路线图和时间表，进一步完善了陕西全过程创新生态链，对实现科创资源价值最大化、实现科技经济融合具有重要意义。

3. 科技金融支撑能力稳步提升

陕西省创新科技金融政策，引导银行业等金融机构对科技型企业设立了差异化金融产品，营造服务于中小企业创新创业的科技金融环境；建立了陕西省科技成果转化引导基金，子基金认缴规模 44.32 亿元，财政资金放大效应 11.37 倍，被评为“中国最佳政府引导基金TOP50”①；设立了陕西省秦创原科创基金，此基金由 17 只基金组成，总规模达 101 亿元以上，是“科研的服务队，金融的先行军”，为陕西创新驱动高质量发展增添新的动力。

（二）科技服务团组织赋能，服务有效开展，产学研融合成效显著

1. 服务工作稳定有效开展

陕西省智能制造区科技服务团，通过组织企业需求调研、建立长效机制、开展关键技术攻关等方式确保服务工作的有效开展。服务团成功挖掘了 76 项产业服务需求，并且在“科创中国”数字平台成功发布 53 项；建立了技术应用研究院和产业创新联盟，确保转化工作的顺利开展；选择重点产业，以国家战略需求为导向，聚集力量进行原创性、引领性的科技攻关，征集“卡脖子”技术需求 90 余条、“揭榜挂帅”30 余项技术难题，推动科技服务团各项工作“往下走、往实走”。

2. 产学研协同效率逐步提升

陕西省智能制造区科技服务团通过举办路演活动、开展论坛、举办创业大赛等多样的活动形式提高技术资本对接效率，让企业和高校充分展示了科研的核心竞争力，并且吸引投资方实现科技成果转化，为“科学家”和“企业家”创造了加速协同的桥梁。这些对接活动将进一步推进秦创原创新驱动平台建设，统筹各方资源，有效促进基础理论创新与应用技术

① 《我省科技成果转化引导基金显威力》，http：//www.shaanxi.gov.cn/xw /sxyw /201703/t20170314_ 1561936.html，2022-8-22。

研发的有效衔接，把更多更好的科技创新成果转化为经济社会发展的现实动力。

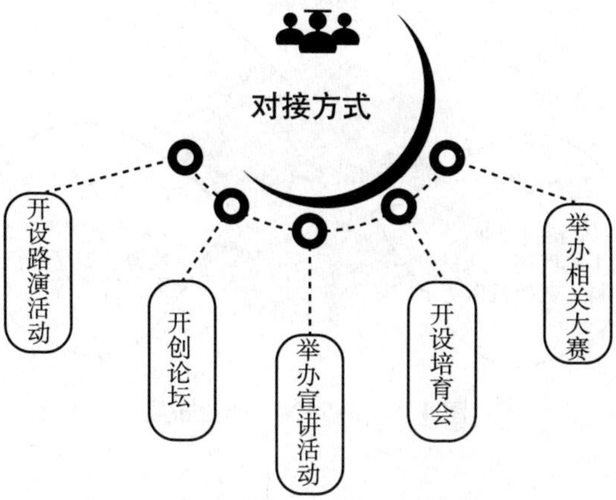

图 3　多样化产学研协同对接方式

（三）秦创原平台释放潜能，资源共享环境持续优化

1. 平台建设稳步推进

秦创原平台围绕陕西省 24 条重点产业链，构建以“1 带+10 园区”为承载的“3+7+N”产业布局，此举措围绕产业链部署创新链，围绕创新链布局产业链，致力于将西咸新区打造为陕西乃至西部的高质量发展先行区；秦创原建立“1+5+N”科创服务体系，自此服务体系投用以来，秦创原平台紧密围绕科技服务目标，扎实落实科技型企业服务工作，进一步提高了秦创原“一站式”全链条服务的工作效率和服务质量，做到为各类科技型企业提供管家式的端到端精准服务，打造特色企业服务品牌。

2. 科技成果转化项目日益增多，平台省际交流合作着力开展

自秦创原创新驱动平台建设以来，陕西省科技成果转化项目日益增多，科技创新多项指标位居全国前列；推介科技成果转化项目 3000 余项，辅导

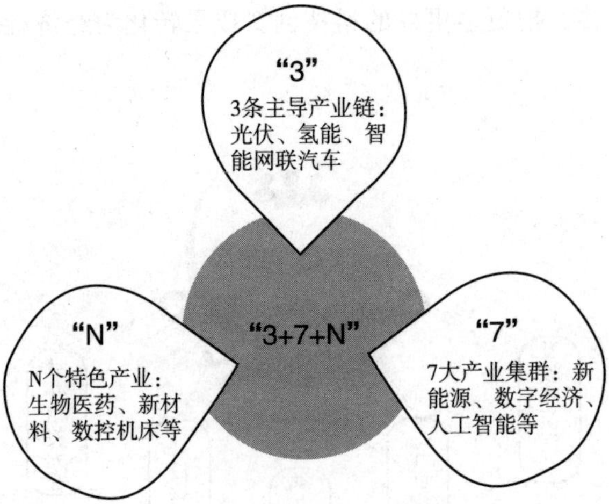

图 4 "3+7+N" 产业布局

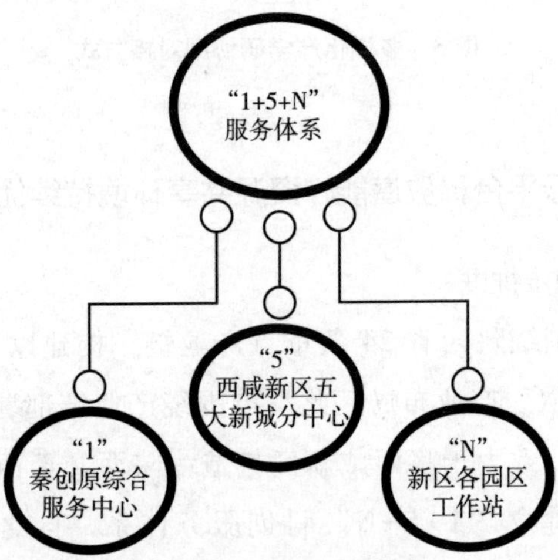

图 5 "1+5+N" 服务体系

路演 680 余项，300 余家投资机构参与，涉及全省 11 个地市，促进了技术型企业的高速发展；秦创原平台开展省际交流合作，与江苏省、四川省等地区协同对接，输出科教资源，导入创新资源，营造两省创新创业氛围，加速创业生态建设，为推进秦创原创新驱动平台建设提供强劲动力，为陕西省秦创原平台实现"一主多翼"打下坚实的基础。

四　陕西“科创中国”区域资源对接的路径创新

陕西“科创中国”区域资源对接体系的路径创新主要是对接机制上的创新，陕西“科创中国”区域资源对接形成了独具特色的政府的支撑机制、促进产学研金用协同的融合机制、打通转化“堵点”的共享机制等三大机制。支撑机制做引领；融合机制主关键；共享机制是手段。

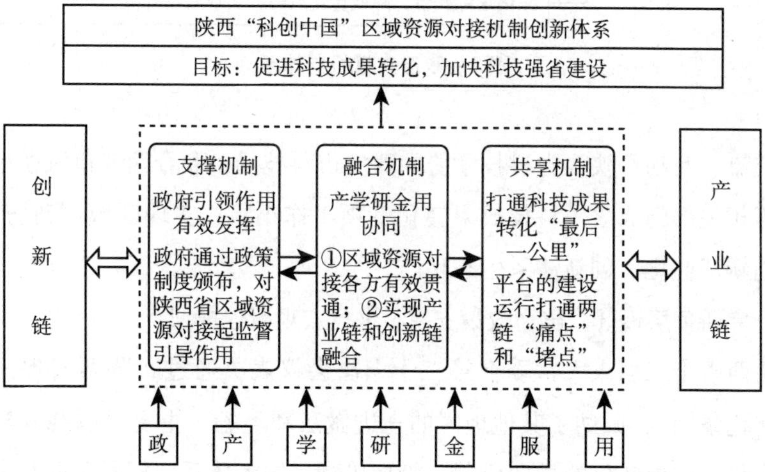

图6　陕西省“科创中国”区域资源对接机制创新体系

（一）路径一：发挥政府导向作用，出台科技新政促转化，形成支撑机制

在市场机制地位逐渐提高的现状下，政府在科技成果转化中的角色也由曾经的政府主导向政府引导转换，其职能从管理向服务转变。支撑机制的形成通过五个方面的具体举措实现。

1. 深化组织领导，发挥协调指引功能，发挥创新引导作用

陕西省科技厅与教育厅签订“共同加强科研院所与高等学校对接互动，促进科技成果就地转化合作框架协议”，促进科研院所与各类高等院校对

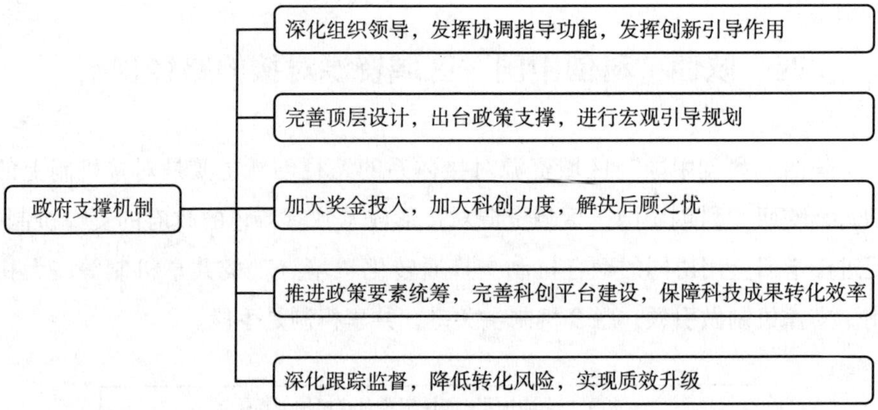

图 7　政府支撑机制体系

接、交流、互动；陕西省科技厅协同西安市科技局，联合西安市灞桥区、碑林区等相关部门成立了科技成果转化专项工作小组；实现区域创新协同化、科技创新产业化、创新体系生态化。

2. 完善顶层设计，出台政策支撑，进行宏观引导规划

陕西省十二届人大常委会第三十七次会议表决通过《陕西省促进科技成果转化条例》，归纳了其他地区的先进做法和经验，主要是围绕其建立和完善了科技成果转化的导向机制、管理机制、服务体系、权益分配与激励机制、支持保障机制等。

3. 加大资金投入，加大科创力度，解决后顾之忧

西咸新区采用创新券的奖励机制，发布《秦创原创新驱动平台建设三年行动计划》，促进企业创新发展，促使更多科技成果走向产业化；《高新技术企业认定管理办法》《陕西省税收优惠政策 2022》通过各类减税免税的税收优惠政策推动精尖企业与各类高校、科研院所、产业链上下游企业联合组建产业技术创新平台和创新联合体。

4. 推进政策要素统筹，完善科创平台建设，保障科技成果转化效率

陕西省建立市场导向科技成果定价机制、建立“人才池”“专利池”等九条“硬措施”，提高科技人员职务科技成果转化收益比例；同时启动了百

项科技成果转化项目专项行动，采取“政府引导+机构服务+市场配置”的模式，深入实施创新驱动发展战略，探索并实现科技成果转移转化的新模式。

5. 深化跟踪监督，降低转化风险，实现质效升级

陕西省教育厅和陕西省科技厅在进一步加强高校科技成果转化意见中提出，高校不仅要将科技成果转化绩效作为科研人员职称评聘、职务晋升、考核奖励等方面的重要参考内容，还应该坚持分类评价的模式，对于应用研究和技术创新，需要重点评价创新成果的实际贡献和效果，鼓励引入技术同行、用户等第三方评价的方式进行综合评价，释放科技成果转化潜力。

（二）路径二：贯通各方力量，全面加速推进两链融合，形成融合机制

要提高企业自身创新能力、快速建设创新型城市，就要不断加强建立产学研金服用协同创新体系。为了进一步推动陕西省由科技大省迈向科技强省，以创新驱动助力高质量发展，陕西省委、省政府不断强化创新驱动发展战略，构建以企业为主体、以学研方为主力、市场主导、政府主推的协同创新体系。

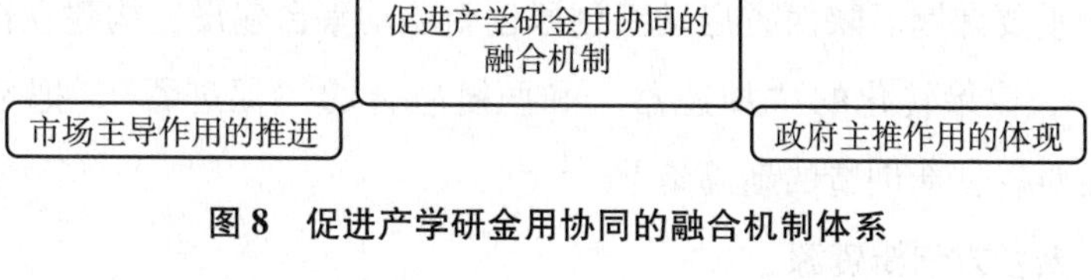

图 8　促进产学研金用协同的融合机制体系

1. 企业主体作用的发挥

陕西省国有资产监督管理委员会牵头，组建“秦创原国企创新中心”平台，主要作用是推动企业发挥更大作用实现更大发展，以企业为主体促进“两链融合”。

2. 学研方主力作用的激发

陕西省科协和西咸新区沣东新城联合了西北大学等多所省内外高校共同发起成立了新型科技社团联盟和公益性创新创业平台，并且推动陕西省创新驱动共同体的建立。在进一步发挥和提升陕西科教大省的专业优势的基础上，扩充人才团队，发挥科技服务团的智力优势，整合政府、高校、企业等资源。

3. 市场主导作用的推进

秦川集团联合西安交大团队建立高档数控机床共性技术研发平台，打造了校企研发合作新模式，着力解决产业发展难点堵点问题。

4. 政府主推作用的体现

陕西省政府相关机构组织举办多场技术成果转化活动，如第六届丝博会秦创原发展论坛、苏陕协作推进会暨秦创原推介活动等，促进高等学校、科研单位优秀科技成果在陕西省转化，有力发挥陕西比较优势、深化经贸合作、促进联动发展。

（三）路径三：打通转化堵点，科技成果转化促进经济高质量发展，形成共享机制

陕西省是科教资源大省，打破创新链与产业链的转化“堵点”，让科技优势更多地转化为经济优势，一直是陕西省提高创新能力、推进新旧发展动能转换的重要课题。陕西省启动秦创原创新驱动平台建设，构建立体联动的“孵化器”、成果转化的“加速器”和两链融合的“促进器”，把秦创原建设成为陕西省创新创造的新高地①。

1. 汇聚各方创新资源

秦创原科创大厦在研发场地、共性设备采购等方面为高新技术企业落地提供了全方位支持；西部科技创新港通过西安交通大学等985名校效应，吸

① 李丰：《打造“科创中国”样板间　推动秦创原总窗口高质量发展》，《新西部》2022年第6期。

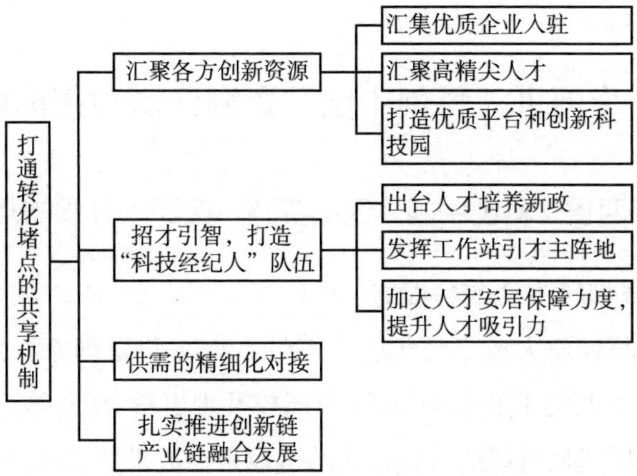

图 9　打通转化堵点的共享机制体系

引了众多科研机构、智库和高精尖科研人才入驻；西咸集团与启迪控股股份有限公司战略合作签约，打造辐射带动西部地区乃至全国和共建“一带一路”高质量发展的市场化、共享式、开放型、综合性科技创新标杆园区。

2. 招才引智，打造“科技经纪人”队伍

陕西省出台实施意见从 10 个方面明晰了加强人才工作、推进秦创原创新驱动平台建设的具体路径；同时在商洛市柳树湾村建立乡村振兴博士工作站，“站点聚才”积极发挥站点的阵地作用；西咸新区通过发布高层次人才新政吸引人才安家落户。

3. 供需的精细化对接

陕西省颁布《秦创原高校成果转化企业股权运营平台试点方案》简化高校成果转化流程；西咸新区注册成立成果转化运营公司，加快推动高校所持成果转化企业股权所有权与经营权分离，着力破除制约高校科技成果转化的机制障碍。

4. 扎实推进创新链产业链融合

围绕陕西省的重点产业链，部署实施两链融合重点专项；建立分产业、分行业的科技成果转化项目培育库，开展省级技术转移示范机构认定工作，聚焦两链融合，开展集中攻关，着力打通产业链的“痛点”和创新链的“堵点”。

五 进一步促进“科创中国”资源区域对接的政策建议

（一）陕西省“科创中国”区域资源对接深入开展的几个问题

1. 科技中介服务能力有待提高

秦创原科技经纪人成果转化能力不足。2021 年秦创原科技经纪人对接西安交通大学、西北工业大学等 14 所高校及中电科 39 所等 7 家科研院所，梳理出 800 余项优质科研成果，而签约落地科技成果转化项目并注册企业只有 120 个。科技中介的服务能力满足不了极具增长的科技需求；科技成果转化服务平台的服务功能及效率需要进一步提升。

科技经纪人队伍力量薄弱。科技经纪人是产业链和创新链融合的媒介和催化剂、科技成果落地转化中不可或缺的力量。按照欧洲科技经纪人的比例，每 100 个科研工作者中，就有 4 个科技经纪人。陕西有 1500 多家科研机构 200 多万名专业技术人才，而目前陕西省的秦创原创新促进中心只有 107 名科技经纪人。科技经纪人队伍力量还很薄弱，人才缺口非常大。[①]

2. 企业技术创新主体地位有待加强

陕西省内企业的 R&D 经费投入不均衡。2021 年西安市共投入 R&D 经费 553.67 亿元，占全省的 79%，R&D 经费投入强度为 5.08%，较上一年提高 0.13 个百分点。但是，陕西省 R&D 经费投入明显不均匀，西安市以外其他地区均未超过全省 R&D 经费投入强度和全国 R&D 经费投入强度，如，杨凌示范区 R&D 经费为 4.08 亿元，R&D 经费投入强度为 2.69%。[②]

企业自主创新能力不强。2021 年陕西省区域创新能力综合排名第 10，但是，2021 年陕西省企业创新能力综合指标排名居全国第 16 位，二级指标中：企业研究开发投入居第 21 位、技术提升能力居第 15 位。从企业研究开

① 数据来源于陕西省人民政府网 http://www.shaanxi.gov.cn/xw/ldx/ds/202211/t2022 1107_2263152.html。

② 数据来源于《2021 年陕西省研发经费投入情况概览》。

发投入指标来看，陕西规上工业企业研发人员数、R&D 经费支出分别居全国第 18、第 17 位，企业 R&D 经费占销售收入的比例居全国第 16 位，有研发机构的企业占比居全国第 23 位。在后续的发展中，各主力企业需要不断提高自主创新能力。①

3. 高校/科研院所技术转移机制有待改进

科研人员存在“科研立命”导向。高校/科研院所科技人员分类评价体制机制还在进一步落实中，学术型人才对于科技成果转化的积极性不高，高校/科研院所科技成果“求新不求用”的情况仍然存在，科技成果多为实验室阶段成果，大多不能“即时转化”。

契合市场需求的高质量科技成果的数量较少。目前，企业与其他高校/科研院所进行的业务合作还是以开展技术政策咨询、技术智力引进、委托课题开发服务等传统形式交流为主，技术人才入股、风险分散投资、利润合理分成形式等多种新方式的紧密业务合作为数不多，企业技术人员与相关高校/科研院所专家之间形成的创新利益资源共享、风险共担机制仍正逐步处于积极探索阶段，产学研合作效率仍有提升空间。

（二）深化陕西省“科创中国”区域资源对接实施的建议

1. 借鉴他山之石，提高科技中介服务能力

建设技术经纪人“科技驿站”。陕西省可以通过建设技术经纪人“科技驿站”助力承接陕西各市区的科技成果转化。“科技驿站”的优势在于实行一站式管理和服务，通过驿站的集中管道，联系陕西以及合作省份的院所企业专家资源，依托秦创原创新驱动平台，助力当地更好地承接来自各地区的科技成果转化。

定期开展国家技术转移专业人员能力等级培训。陕西省在之后的科技创新工作中可以定期开设国家技术转移专业人员能力等级培训课程，通过强化

---

① 数据来源于陕西科技情报 2021 陕西省创新能力分析——基于《中国区域创新能力评价报告 2021》。

建设专业化技术转化队伍，解决科技服务中介专业化不足的问题。打造专业化技术经纪人队伍，加速服务产业升级转型，激活科技作为第一生产力所蕴藏的巨大潜能①。

2. 凸显企业创新主体地位

鼓励“小升高”入库培育。高新技术企业是产业转型升级和自主创新能力提升的主力军，为加强陕西省创新型企业集群建设，需要培育和发展一批核心技术自主、持续创新能力强、发展势头强的高新技术企业。陕西省要系统推进“小升高”入库培育，促进小微企业快速成长，推动科技创新。

培育国家级企业研发机构。陕西省可以创新开展国家级企业研发机构培育工作，招纳吸引高水平科研人员，配置先进高科技设备，以此提升企业自主创新研发能力、突出企业创新主体地位，实现重大科技成果转化，全面推进陕西省企业研发机构工作②。

探索市场化引才机制。陕西省应以企业需求为导向，建立“人才+资本+项目”的市场化引才机制，推动人才计划的市场化评价机制改革。探索市场化引才机制，可以激发企业活力和人才活力，可以更好地服务企业的市场需求，强化企业在市场创新中主体地位。

3. 多维度完善高校/科研院所科技成果转化

探索共建区域型科技成果转化板。为促进高校/科研院所科技成果转化，陕西省可以构建区域型科技成果转化板。高校/科研院所是科技成果转化的源头供给，建立区域型科技成果转化板来促进科学研究部门和产业部门的跨部门联合研究③。

开展职务科技成果分配改革试点。陕西省尝试开展职务科技成果分配改革试点工作，以解决科技成果多为实验室阶段成果、大多不能“即时转化”的难题，激发科研人员创新积极性、转化积极性，促进科技成果高效转化，

① 马玉平、叶辉：《安徽省科技成果转化现状与对策》，《安徽科技》2020年第11期。

② 梁正华：《山西省科技成果转化应用现状与对策》，《科技创新与生产力》2020年第6期。

③ 陈明、郑旭、时晓辉、杜萍：《辽宁省科技成果转化的现状与对策》，《高等农业教育》2014年第9期。

打通高校、科研院所科技成果转化堵点。

面向党的二十大擘画的复兴新蓝图，在全面建设社会主义现代化国家的新征程上，坚持创新在全局中的核心地位，提升创新体系整体效能，深化陕西科创，为国家高水平科技自立自强贡献陕西力量。

B.8

陕西光子产业创新全生态体系建设研究

西安市中科硬科技创新研究院、陕西追光光子产业先导创新中心*

摘　要： 本文根据光子产业创新全生态体系建设的战略需要，广泛参阅和梳理国内外关于光子产业的期刊文献、信息动态、行研报告等，从宏观层面洞悉国内外光子发展前沿趋势、阶段、格局等情况，首先对光子产业进行了具体介绍，通过对光子产业现状趋势的分析，包括全球、国内、陕西省三个层面。依托陕西省光子产业创新联合体、陕西省光子产业联盟，开展省内重点研发机构、创新企业、平台载体走访调研，提出陕西省光子产业面临的严峻形势，具体包括陕西省面临推动光子产业快速发展的紧迫形势，面临巩固先发优势、抑制光子企业“外流”态势的严峻形势，面临光子企业快速壮大催生的新需求与当前创新要素支撑不足的现实困境，针对具体的形势进行分析，指出陕西省光子产业现阶段的突出问题。以此为基础在产业链建设、共性技术平台搭建、金融支撑、产业聚集等方面提出产业链提升的具体解决方案。

关键词： 光子产业　全生态体系　陕西

党的二十大报告指出“坚持创新在我国现代化建设全局中的核心地位”“健全新型举国体制，强化国家战略科技力量”“提升国家创新体系整

---

* 指导：米磊，西安中科创星科技孵化器有限公司创始合伙人、西安市中科硬科技创新研究院院长、陕西追光光子产业先导创新中心院长，研究员。执笔：赵瑞瑞，西安市中科硬科技创新研究院副院长，高级经济师；武慧童，陕西追光光子产业先导创新中心产业经理。

体效能”“形成具有全球竞争力的开放创新生态”。光子产业是21世纪最具革命性、基础性、先导性的战略高技术产业，是未来全球必争之域。全球将掀起光电子产业的技术革命，类似于从电子工业的晶体管迈入集成电路时代的技术革命。目前，光子技术与产业正处在类似于大规模集成电路发展初期的关键节点，处于创新红利的初始期，各国基本处于同一起跑线，我国与全球光电领先国之间差距仅为5~10年，是我国半导体领域60年一遇的“换道超车”的重要机遇期，也是大力布局和发展光子产业的最佳时机。2022年6月28日，习近平总书记在武汉视察时指出：“光电子信息产业是应用广泛的战略高技术产业，也是我国有条件率先实现突破的高技术产业。”

陕西省光子产业基础雄厚，先发优势明显，有条件率先在全国范围内突破。研究陕西省光子产业发展面临的形势，梳理发展重点，推进实施生态体系建设工作，对于提升陕西省在国家创新格局中的地位、保障国家产业安全具有重要的战略意义。

一　光子产业发展概况

（一）产业介绍

1. 光子学是与电子学平行的科学

科学家普遍认为，光子可以像电子一样作为信息载体来生成、处理、传输信息。荷兰科学家最早提出“以光子作为信息载体和能量载体的科学”。中国科学院西安光机所首任所长龚祖同院士（学部委员）在1978年9月召开的第二届全国高速摄影会议的发言中提到，激光问世以后，与其联系着的光子学逐步成长。1979年，钱学森教授在《中国激光》上著文，首次提出“光子学、光子技术和光子工业”的构想，并认为以集成光路为核心的光子计算机的运算能力可以超过电子计算机百倍、千倍乃至万倍。

2. 光子技术是电子技术的非对称性技术

光子技术是通过光子激发电子或者电子跃迁产生光子，实现光能与电能转换的技术。与电子相比，光子作为信息载体具有先天的优势。一是在传输信息时光子具有极短的响应时间。光子脉冲可以达到 fs 量级（飞秒量级），信息速率可以达到几十个 Tb/s，性能能够提升数百倍。二是光子具有极高的信息容量，比电子高 3~4 个量级。三是光子具有极强的存储和计算能力，能以光速进行超低能耗运算。四是光子具有极强的并行和互连能力。光子是玻色子，不同波长的光可用于多路同时通信。五是光子具有超低的能耗表现，1bit 信息的能耗，光子器件比电子器件低 3 个数量级，仅为电子器件的千分之一。电子技术中最关键、最底层技术是集成电路，光子技术中最关键、最底层技术则是集成光路。类比集成电路技术“器件系统—小型化—微型化—中小规模集成化—大规模集成化—芯片系统”的演进过程，现在集成光路技术的整体发展正处于类似于 20 世纪 60 年代初集成电路的大规模集成阶段。

3. 光子产业像电子产业一样，将催生万亿级“消费光子”产业

从发展路线来看，电是从电学开始到电子学，再到电子回路、电子集成、电子系统、电子工程，最后到电子产业。光是从光学开始到光子学、光子回路、光子集成、光子系统、光子工程，最后到光子产业。从首个电子管被制造出来，到晶体管诞生，半导体技术不断发展。直到集成电路被发明出来，电子芯片成为现代信息技术的基石，推动人类社会进入微电子科技时代。电子芯片诞生以来，经过六七十年的发展，围绕它已形成一个成熟、庞大的产业体系，带动了信息产业、软件行业和消费电子产业的高速发展，催生了 CPU、操作系统、PC、手机、笔记本电脑等十万亿美元的“消费电子”产值以及带动下游互联网应用领域几十万亿美元的产值。根据底层的科学逻辑可以判断，人类一定会进入微光子学时代，产生万亿美元的集成光路产业，催生十万亿美元规模的“消费光子”产业，带动数十万亿美元的人工智能下游应用产业。除此之外，光子产业在精密制造、生命科学、国防军工、新能源等诸多领域，还将催生众多新的应用场景和市场。

4. 光子产业链上下游基本构成

光子产业链由上游材料与芯片、中游器件与模组、下游设备与系统构成。其中，材料和器件制备两大工艺复杂程度高，利润占到整个产品利润总和的 70%，已成为光子产业发展的瓶颈（见图 1）。

上游材料与芯片：材料主要包括半导体材料和光学材料。半导体材料主要有硅衬底、氮化硅衬底等硅光工艺使用的硅基系列材料，以及磷化铟、砷化镓、铌酸锂等化合物半导体材料。光学材料主要有光学玻璃、光学晶体、波导材料等。芯片主要是根据用途通过设计、制造、封测生产的包含能量、传感探测、光电转换、信息处理等一系列功能的光子芯片。

中游器件与模组：主要是基于光学材料生产制造的镜片、光机电、光开关、光束整形与控制等光学元器件，再结合各种功能的光子芯片，通过设计整合制造出各种用途的光子模组，如片上集成光源、CO_2激光器、光纤激光器、固态激光器等能量模组，调制、存储、探测、计算等信息模组，及开关、通信、光机电、相位调制等传输模组。

下游设备与系统：主要是结合其他产业形成的各种设备与系统，主要有测量传感、生物传感、雷达等探测感知设备，数据通信、多媒体、个人消费等传输互联设备，增材制造、减材制造、等材制造等加工制造设备，及光子计算、光子存储、显示、基准等信息处理设备，被广泛应用于各种场景。

（二）产业发展现状

1. 全球光子产业整体情况

光子技术水平和产业能力已经成为衡量一个国家综合实力和国际竞争力的重要标志。美国、欧洲、日本等国家和地区从国家战略高度布局光子产业，英特尔、IBM、思科等国际巨头更是投入大量资源进行研发。以美国为例，其将光子学列为 20 项关键技术之一，并且为确保其在全球光子技术与产业的领先地位，从国家战略高度部署光子产业；1991 年就成立了“美国光电子产业振兴会”（OIDA）；2014 年，成立“国家光子计划”产业联盟。2015 年，美国国防部牵头成立集成光子制造创新研究所（AIM Photonics），集结了 124 家

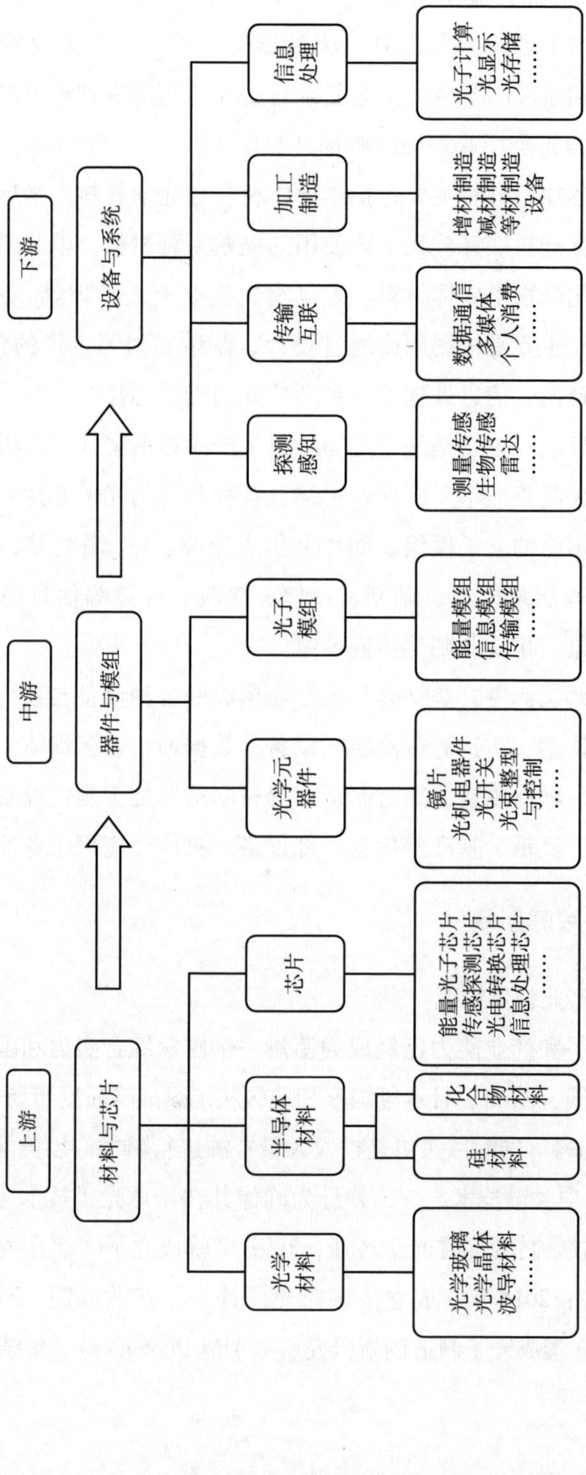
上游
材料与芯片
光学材料
半导体材料
芯片
光学玻璃
光学晶体
波导材料
……
硅材料
化合物材料
能量光子芯片
传感探测芯片
光电转换芯片
信息处理芯片
……
中游
器件与模组
光学元器件
光子模组
镜片
光机电器件
光开关
光束整型与控制
……
能量模组
信息模组
传输模组
……
下游
设备与系统
探测感知
传输互联
加工制造
信息处理
测量传感
生物传感
雷达
……
数据通信
多媒体
个人消费
……
增材制造
减材制造
等材制造设备
光子计算
光显示
光存储
……

图 1　光子产业链结构

企业、非营利机构和高校院所，投入数十亿美元攻关光子技术。2021 年，美国国会牵头成立国家光学与光子学核心小组。

根据国际光学与光子学学会发布的《光学与光子学行业报告 2020》，2020 年全球光子产业总规模已经达到 5898.2 亿美元，预计到 2026 年将超过 1 万亿美元，达到 10197.7 亿美元，2021~2026 年的市场规模复合增长率将超过 7%。而国际光学与光子学学会发布的《光学与光子学行业报告 2022》数据显示，全球光学和光子学产品与服务估值已经上升至 7 万亿~10 万亿美元，占据世界经济总量的 11%。全球光子产业正在以超乎想象和可预测的速度快速增长变化。当前，光子产业市场主要由北美、欧洲和亚太地区组成，其中北美地区包括美国和加拿大，欧洲包括德国、英国、法国和俄罗斯，亚太地区包括日本、中国（含中国台湾）、韩国等国家，另外大洋洲和非洲有少量光子产业集聚。

同时光子产业是基础性、引领性产业，是现代产业体系的“关键少数”，光子技术是未来产业的“根技术”。正如位于底层的集成电路支撑起数万亿美元市场规模的硬件产业，带动数十万亿美元市场规模的互联网和大数据产业，未来，光子技术作为革命性的“根技术”，将催生数万亿美元市场规模的“树干”产业，带动数十万亿美元市场规模的“叶”经济，成为未来全球经济增长的新动力和主战场。

2. 国内光子产业发展情况

国际光学与光子学学会发布的《光学与光子学行业报告 2020》显示，2018 年中国的光子产业营收为 338 亿美元，约合人民币 2141 亿元，约占全球光子产业总营收的 12%左右，市场规模庞大。从增长速度来看，2005~2011 年为中国光子产业爆发期，复合增长率高达 22%，随后开始趋于平稳发展，2011~2015 年为 12.4%，2015~2019 年为 13%，连续 14 年保持中高增速。中国制造的光子产品在全球市场的份额从 2005 年的 10%增加到 2011 年的 21%和 2019 年的 30%，14 年增长了 20 个百分点。Photonics21 在 2020 年度报告中提出“很明显，中国现在已经成为国际光子产业发展的领导者，其规模和产量已领先于欧洲、北美、日本、韩国和中国台湾”。

我国一直高度重视光子产业。自2015年以来，国务院发布的《国家信息化发展战略纲要》《“十三五”国家科技创新规划》《“十三五”国家战略性新兴产业发展规划》《“十三五”国家信息化规划》等国家战略规划中，均将光电子技术作为重要方向进行布局。2017年，科技部发布的《“十三五”材料领域科技创新专项规划》明确提出，重点发展高端光电子与微电子材料、新型纳米光电器件及集成技术。2018年，工信部发布《中国光电子器件产业技术发展路线图（2018-2022年）》，聚焦光通信器件、通信光纤光缆、特种光纤、光传感器件四大方向提出发展思路和政策建议。2019年，科技部《国家重点研发计划》启动“光电子与微电子器件及集成”专项，按照硅基光子集成技术、混合光子集成技术等6个创新链（技术方向）进行部署。2022年6月28日，习近平总书记在武汉视察时指出，“光电子信息产业是应用广泛的战略高技术产业，也是我国有条件率先实现突破的高技术产业”，推动光子技术与产业上升到国家战略的高度。

目前，北京、上海、武汉、无锡、苏州、南昌等地先后开足马力，迎头追赶，力争率先实现突破，大力发展光子产业。

3. 陕西省光子产业发展情况

陕西省光子产业与北、上、广、深及武汉、成都等城市基本处于同一起跑线，且具有先发优势，与全球基本同步，特别是在特定关键核心技术等方面拥有部分领先优势。

（1）科研基础雄厚，顶尖人才会聚

陕西省光学科研基础设施链条完备，拥有正在建设的全球一流阿秒光源大学科装置；中科院西安光机所、西安电子科技大学、西安交通大学、西北工业大学、西安理工大学、西北大学、陕西科技大学、西安邮电大学、西部超算中心等一批光子学科健全、特色鲜明的高校院所；新型半导体材料与器件重点实验室、陕西省光电测试与仪器技术重点实验室、陕西光电功能材料与器件重点实验室等10余家国家级、省市级重点实验室；以及光电信息功能材料工程技术研究中心、新型辐射探测与材料器件工程技术研究中心等10余个工程技术中心，汇聚了以刘兴胜、张欣刚、程东、龚平等为代表的数十个全球光子技术领域领军人才，为光子技术产业后续发力提供人才支撑。

（2）技术积累完备，竞争实力一流

陕西省在光子产业领域积累了一批填补国内空白、解决国家“卡脖子”问题、具有实力参与全球竞争的重大关键核心技术。西安光机所的“大规模光子集成芯片”战略科技先导 B 专项，开发出集成器件为 15408 个的大规模光子集成芯片，集成规模世界领先，奠定了陕西省在全球集成光路领域的技术优势。炬光科技高功率半导体激光器，实现了高端激光光源整形和耦合-系统集成技术突破。源杰半导体 25G DFB 激光器，实现了高速半导体激光器芯片领域突破，填补了国内高功率激光器芯片空白，技术实力位居国内第一、全球第三。莱特光电 OLED 终端材料 Red Prime，打破国外专利垄断实现 OLED 终端材料国产化，新材料性能和光子工艺等技术指标达到国际领先水平。奇芯光电 VCSEL 外延片制调式取代外调式激光器，填补了我国外调制激光器的空白。中科微精超快激光加工装备，解决航空发动机叶片气膜孔激光精细加工难题。唐晶量子 VCSEL 外延片制造，解决大尺寸 GaAs 外延依赖进口的难题。赛富乐斯是全球首家可以量产工业级半极性氮化镓材料的硬科技企业，开发的像素尺寸为 2 微米的全彩 MicroLED 阵列，成为业界唯一批量在售的量子点 MicroLED 芯片，在全球率先实现这一技术从实验室成功走向商业化。

（3）产业先发优势明显，集群初步形成

截至 2022 年底，陕西省已经孵化培育了近 200 家光子技术企业，材料与芯片方面规模约 50 亿元，器件与模组方面规模约 60 亿元，设备与系统方面规模约 50 亿元，培育了一批以炬光科技、莱特光电、源杰半导体、奇芯光电、中科微精、赛富乐斯、中科微光、唐晶量子、卓镭激光、飞芯电子等为代表的行业头部企业，初步形成完整的光子产业链。2021 年，炬光科技、莱特光电相继登陆科创板，在全省各产业链中排名前列；2022 年 12 月，源杰半导体也成功登陆科创板。陕西省光子产业业已成为陕西秦创原创新驱动平台创新动能最强劲、成果产出最丰富、未来潜力巨大的产业领域。

二　陕西省光子产业发展面临的形势及突出的问题分析

（一）面临的形势

当前阶段，国家高度重视光子产业，后续国家围绕光子产业发展必将投入巨大资源和资金，为陕西省光子产业发展带来战略性机遇，同时陕西省也将光子产业链作为全省重点发展的24条产业链之一，取得了不小的进展，但同时也应意识到，陕西省光子产业发展也面临较大的挑战和压力。陕西省面临巩固先发优势、抑制光子企业“外流”态势的严峻挑战。总体而言，陕西省光子产业发展机遇与挑战相互交织、并存和转化。

1. 推动光子产业快速发展的形势紧迫

一方面，从全球光子产业发展形势来看，各国正在集中力量和资源抢占全球光子产业制高点，英特尔、IBM、思科等产业龙头也投入巨大资源开展研发，全球光子产业“窗口期”机遇稍纵即逝。可以说，全球光子产业已经进入竞争的“关键阶段”，能够在该领域引领全球未来数十年的发展，决胜就在这五年。

目前，陕西省产业链各环节规模小，产业技术强但规模不大，2022年产值近200亿元，大部分企业在千万元产值体量，产值过亿元的仅有炬光科技、莱特光电、源杰半导体、中科微精等不到20家企业，同时双链协同有待加强。高校/科研院所与企业、企业与企业之间，在技术创新、产品生产等方面，横向、纵向合作较少，各环节缺乏协同，未能形成协同发展的合力，亟待通过有效的引导支持，将技术储备转化为产业优势。

2. 巩固先发优势、抑制光子企业“外流”的态势严峻

在习近平总书记2022年6月28日发表光子产业重要论述推动下，北京、上海、武汉、无锡、绍兴、苏州、南昌等地先后开足马力，迎头追赶，力争率先实现突破。如北京市将光子产业列入“十四五”规划，拟投入数十亿元发展光子产业；上海市大力布局硅光芯片领域，《上海市战略性新兴

产业和先导产业发展“十四五”规划》将光子芯片与器件列为“面向未来的先导产业”之首；武汉光谷将设立100亿元激光产业发展基金，用于支持光谷激光企业开展并购、增资扩股、技术创新、成果转化、应用示范、创新载体建设等方面的投资；2022年7月，无锡宣布打造“光子芯谷”，投入百亿元资金打造全球光子芯片设计研发及产业集聚区。8月，苏州更是举全市之力启动太湖光子中心建设，打造国内“高光之地”，发布“高光20条”，投入巨大资源支持光子大科学装置、关键共性技术平台、重大创新载体等建设，特别是对于引进落地的光子企业，给予相当大的鼓励政策。在各区域热火朝天的发展浪潮和强大的政策虹吸作用下，陕西省光子企业存在外流风险。

3. 光子企业快速壮大催生的新需求与当前创新要素支撑不足的现实困境

过去几年，在省市区大力部署和支持下，陕西省构建了一套支撑光子产业孕育发展的创新部署和资源要素，推动光子产业规模由小变大，光子企业从初创期进入快速发展期。在此背景下，光子产业规模的壮大和光子企业发展阶段的变化，催生了新的需求。例如，在关键共性技术平台方面，随着陕西省光子产业快速发展，现有平台已经难以满足众多光子企业研发及生产需要。在研发平台方面，由于投入不足，现有设备已经难以满足企业日益新增的研发需求，在保持对共性技术研发与小试平台、化合物半导体中试平台需求的基础上，对于硅光量产平台的需求也在增加。在金融需求方面，在保持对早期基金需求的基础上，对于更大体量的产业基金以及银行金融等资金需求在增加。创新载体、人才需求、政策匹配等方面也面临着同样的需求变化，陕西省亟须根据光子企业发展阶段变化，进一步完善光子产业创新要素、创新生态和政策支持体系。

（二）突出问题分析

当前陕西省光子产业发展存在的主要问题体现在以下几个方面。

1. 对光子产业的战略重视程度要持续

光子产业作为新一轮科技革命的变革性技术，对于一个区域乃至一个国家的发展，产生基石性、长远性、决定性影响。目前，北上广苏等多个区域，将光子产业上升到战略高度。2021 年，陕西省委省政府实施“追光计划”，以西安高新区为主要承载地，在省委省政府、西安市、高新区等三级联动支持下，陕西省光子产业形成集聚发展格局，迈入发展“快车道”，但光子产业仍需持续关注，需要在全省层面顶层设计、系统布局光子产业。

2. 光子产业链补链、强链任务艰巨

目前陕西省已经孵化培育了近 200 家光子技术企业，拥有以炬光科技、中科微精、奇芯光电、陕西源杰、唐晶量子、赛富乐斯、中科微光、卓镭激光、飞芯电子等为代表的一批领先企业，初步形成了光子产业链，但在一些产业链的关键环节仍然存在短板，未能保证产业链的上下游顺利衔接，同时部分重点环节缺乏龙头企业，尚未形成共融共生的优势产业集群，因此，陕西省光子产业链补链、强链的任务还很艰巨。

3. 关键共性技术平台前瞻性部署不够

过去几年，陕西省依托先导院共性技术平台独特优势，满足了光子初创企业研发、小试、中试等需求，吸引了一大批光子初创企业落户西安，“筑巢引凤”作用凸显。而当前，随着陕西省光子产业快速发展和壮大，众多光子企业量产化需求催生的平台建设已经滞后于产业发展速度和需求。此外，全国光子企业正处在流动调整期，而量产平台是决定光子企业“花落何地”的最关键因素，前瞻性部署关键共性技术平台，不仅能够抑制其他区域强大政策虹吸下陕西省企业外流的态势，还有望反向吸引更多一流光子企业落地陕西。

4. 光子金融链条有待进一步完善

截至 2022 年底，在陕西省市区联合推动下，面向光子产业的早期金融资本规模逐渐壮大。但是，随着陕西省众多企业进入快速发展期，以及进入上市前夕，亟须紧跟企业成长，成立更大规模的光子基金，助推企业快速成长，推动企业顺利实现上市。目前，陕西省市区政府投资平台已经开始参与陕西省光子产业发展。面向一个变革性的产业，陕西省整合、积极引导产业龙头力量，同时政府投入百亿元级财政资金，加速陕西省光子产业快速发展和壮大势在必行。

5. 光子产业人才培育供给难以满足光子产业需要

光子产业是新兴产业，全国范围内普遍面临该产业人才缺失。陕西省多家企业反映，光子人才招聘难，人才争夺造成用人成本明显提升。在此背景下，需要陕西省前瞻性地部署光子人才培育，加大对光子产业人才引育的倾斜力度，同时鼓励高校院所加强对光电子、光学、信息技术、激光医学等学科建设，培育专业性技术人才，面向未来提前储备充足人才，迎接即将爆发的产业需求。

6. 光子产业专项政策体系缺失

武汉、苏州、上海等地出台了光子产业发展的专项政策。如武汉市发布《武汉市推动光通信产业创新发展的若干政策》，苏州发布“高光20条”，上海发布《关于新时期促进上海市集成电路产业和软件产业高质量发展的若干政策》，在加速光子产业发展方面取得了很好的效果。陕西省光子产业相关政策，仍旧嵌入集成电路政策体系下，光子企业在享受相关政策过程中处于弱势地位，需要继续打造一套独立的光子产业政策支持体系。

三　陕西省光子产业发展解决方案

（一）产业链提升思路

基于光子产业广阔的发展前景、重大的战略意义，全国光子产业发展态势，以及陕西省光子产业优势特点，按照“围绕产业链部署创新链，围绕创新链布局产业链”总体要求，进一步提升陕西省光子产业战略高度。把握全球半导体由“电”到“光”转化“窗口期”战略机遇，提高光子产业在陕西省整体发展战略中的地位，进一步强化顶层设计和系统布局，将陕西省光子产业发展深深嵌入国家光子产业发展中，率先实现突破，在全球半导体领域开辟一条新赛道、新领域，形成国际竞争新优势。集中优势力量和资源投入，以秦创原为总依托，组织更广泛力量参与光子产业发展，鼓励陕西省国有投资平台和产业龙头积极参与。集中资源，统筹协调百亿元级资金，投入光子产业重大平台、基金和集群建设中。

2021年陕西省依托“追光计划”，设立陕西追光光子产业先导创新中心，从顶层对全省光子产业进行谋划，发起光子产业创新联合体及产业联盟，实现产业链与创新链的无缝融合。省内光子产业集群借助秦创原创新驱动平台，加快培育壮大龙头企业，带动光子产业全产业链集聚发展。

下一步陕西省应以全面夯实产业链发展基础为目标，依托陕西光子技术与人才优势，聚焦先进激光与光子制造、光子材料与芯片、光子传感三大重点领域，推动创新研发及代工平台建设，加快培育并引进优质光子企业，积极推动光子产业园区建设，构架陕西省光子技术与产业创新1~9级全要素雨林生态体系，提供全方位的资金、研发中试、工艺代工和园区承载等服务，着力打造光子产业全生态体系，营造创新研究院规划引领，投资基金、服务平台、空间承载、专项政策共同支撑的产业发展环境，做大做强产业规模，提升陕西光子品牌效应，带动光子全产业链集聚发展，形成陕西光子产业发展生态体系。

（二）聚焦发展三大领域

1. 先进激光与光子制造

重点支持CO_2激光器、半导体激光器、光纤激光器、固体激光器等各种类型激光器及设备整机的制造和应用。支持高端光源创新研发和应用场景打造，加快突破准分子激光器、EUV光源等特种光源领域“卡脖子”技术。推动光子技术与设备在曝光、退火、打标、打孔、切割、焊接、3D打印、清洗、熔覆等工业领域的应用，推动传统制造产业升级。

本地企业包括从事高功率半导体激光器研发生产的西安炬光科技股份有限公司、从事激光表面处理成套设备研发生产的西安必盛激光科技有限公司、从事大功率半导体激光器生产的西安卓镭激光技术有限公司、从事激光加工设备研发生产的西安中科微精光子制造科技有限公司以及其他快速成长的企业如中科华芯、艾德三维、蓝极医疗等；外地创新企业包括武汉翔明激光、苏州图森激光、杭州中科极光、四川思创优光等。

2. 光子材料与芯片

抢抓电芯片集成电路技术发展瓶颈期机遇，面向新一代高速光通信、光计算、光传感需求，聚焦光子材料与光子芯片研发制造，抢占新兴战略产业技术制高点。光子材料领域，重点支持半导体衬底材料（硅基、碳基、化合物基）、外延片、特种光学晶体、光学玻璃、发光材料研发创新，保障产业源头自主可控。光子芯片领域，重点发展硅光子芯片及新一代化合物半导体芯片，以先进硅光平台为引领，聚集各类芯片设计、工艺研发团队及企业，打造能量光子芯片、传感探测芯片、信息处理芯片、光计算芯片、光显示器件等各类光子产业底层芯片集聚发展的产业生态。

本地企业包括从事光通讯芯片研发生产的陕西源杰半导体技术有限公司、西安奇芯光电科技有限公司，从事化合物半导体外延研发生产的西安唐晶量子科技有限公司、西安赛富乐斯半导体科技有限公司，从事红外光学窗口材料研发生产的西安全谱红外技术有限公司等；外地创新企业包括上海橙科微电子、厦门全磊光电、苏州度亘激光、湖南汇思光电、广东致能等。从事领先硅光芯片技术研发的企业包括北京摩尔芯光科技有限公司、上海曦智科技有限公司、杭州洛微科技有限公司等。

3. 光子传感

重点围绕激光雷达、雷达、激光诱导荧光、量热法、闪烁检测、光谱学、生物荧光检测、太阳能和风能、自动驾驶汽车、机器视觉、光网络、医疗诊断和自动化制造等领域需求，加快发展光子传感领域。聚焦消费光子领域的可穿戴设备和工业领域的3D传感两大应用场景，推动光子传感技术创新。

本地企业包括从事荧光光纤传感系统的西安和其光电科技股份有限公司、从事红外成像的西安中科立德红外科技有限公司、从事3D扫描的西安知象光电科技有限公司等；外地创新企业包括苏州原位芯片、武汉新耐视、深圳瑞识科技、合肥微纳传感等。

（三）产业提升解决方案

1. 继续推行完善陕西省光子产业“链长制”工作机制

作为全省重点发展的 24 条产业链，陕西省光子产业“链长制”工作机制已经形成，开展对光子产业的顶层设计、统一规划和整体部署。建议下一步建立“链长制”决策咨询体系和“链长制”议事协调体系，由链长牵头组织，定期召开光子产业链工作推进会议，协调解决产业链发展中的共性和关键问题，推动光子产业高速发展。

2. 出台一套光子产业专项政策

立足现有产业政策体系，针对光子产业特点与发展需求，制定出台光子产业发展专项政策，建立政策评估和定期更新机制。建立光子产业专项政策体系，围绕创新平台、研发投入、企业引培、标准制定、产品推广、人才引进、知识产权、中介服务、产业生态等方面，加快研究制定光子产业专项促进政策，推动光子产业快速发展。建立政策常态化考核评估机制，对政策实施效果进行实时跟踪和评估分析，结合评估结果定期调整更新，确保政策的实时性、延续性以及政策间的协同性。

3. 实施光子产业链企业补链、强链计划

推动企业上市，打造行业龙头。抢抓科创板、创业板实施注册制等资本市场改革机遇，发掘和筛选一批符合国家产业政策、持续经营能力强、具有发展潜力的重点企业，建立拟上市企业库和企业上市梯队，推动各类股权投资、创业投资、风险投资机构参与企业股份制改造，指导帮助企业与中介机构衔接，进行上市辅导，集中力量扶持一批光子优质企业上市，提高企业对接资本市场的能力，加快培育壮大龙头企业，带动光子产业全产业链集聚发展。

围绕发展重点培育优质企业。建立动态光子企业培育库，优选一批具有发展潜力、成长性好的企业，加大培育和扶持力度，实行一对一包抓，积极帮助协调解决发展难题，鼓励重点企业通过兼并重组、资本运作等方式整合资源、扩大生产规模、增强核心竞争力，努力培育一批具有自主知识产权、

产品附加值高、有核心竞争力的专精特新“小巨人”和制造业单项冠军企业。

聚焦关键环节强化招商引资。面向深圳、武汉、苏州、成都等光子产业聚集区，加大招商引资力度，积极开展组团招商、驻点招商、小分队招商等活动，充分利用各种重大活动，谋划策划专题会、高层会见、展位展示、互动洽谈等活动，增强行业影响力，努力打造省内光子企业和机构品牌示范效应，吸引外地上下游配套企业及具有关键核心技术企业落户，实现以商引商。

4. 建设共性技术平台吸引产业聚集

建议按照“三步走”建立起覆盖“工艺包+关键共性技术平台+化合物半导体中试平台+硅光 Fab 量产工厂”的平台集群，筑造陕西光子产业发展的核心竞争力和创新生态。第一阶段，依托陕西光电子先导院现有硬件平台，打造先进光子器件创新平台，支撑 GaN、GaAs、InP 等化合物半导体外延研发中试和发光芯片、探测芯片、射频芯片、功率芯片等第三代半导体芯片研发中试，为吸引企业聚集落户及后续产业发展提供有力支撑。第二阶段，通过并购国内现有 8 英寸 fab，快速建成 8 英寸硅光平台，服务陕西发展。第三阶段，对标 IMEC，争取建设一条国内先进的 12 寸硅光平台（Fab 工厂），为全球光子企业提供流片和代工服务，吸引光子产业链上下游企业集聚。“三步走”部署完成之后，陕西将有望成为全球硅光平台资源最集中、最丰富的区域。届时，将为全球光芯片公司提供代工服务，吸引全国光芯片企业汇聚陕西，有望带动产值超过 1000 亿元。

5. 设立陕西光子产业基金群

完善陕西省光子基金链条，构建“光子产业并购基金+光子产业‘强链’基金+光子产业‘补链’基金”的 100 亿元光子产业基金群，用金融活水催化光子企业各阶段快速发展，以金融优势整合引育全国顶尖光子企业落地陕西，进一步壮大陕西省光子产业规模。具体建议在陕西省 5 亿光子“补链”基金和 10 亿元光子先导基金的基础上，顺势而上，组建 30 亿元规模光子产业强链基金和50亿元规模的光子产业并购基金。按照“政府引导、社会参与、市场运作”的原则，由省市区政府出资引导，充分撬动社会资本广泛参与，瞄准陕西光子产业研发与代工平台支撑不足，聚焦先进激光与光子制造、光子材料与芯片、光子传感三大光子产业链短板与弱项，用于投资建设III~V化合物半导体工艺平台和国内先进硅光平台，重点投资光电领域具有科创板上市潜力的创投企业。

6. 建设一流光子产业聚集区

面向千亿级光子产业集群空间承载需求，分阶段搭建聚焦三大光子产业领域，涵盖苗圃区、孵化区、加速区、产业化区和生活配套区的全链条光子产业聚集区，推动由“筑巢引凤”向“固巢留凤”升级。在西安高新区大力支持下，在现有西科控股已建成的光子芯片产业聚集区、光子制造产业聚集区两个专业化光子产业集聚区的基础上，以扶持陕西省光子产业企业科创板上市为目标，继续打造光子传感产业聚集区，打造国内首个硬科技“腾飞器”，形成陕西省光子产业IPO的集聚地。打造国家级高层次硬科技创业深度孵化平台，形成创新链共享、产业链上下游协作的融通发展生态，使陕西省光子产业集群成为全国最具吸引力的光子产业集群，虹吸更多光子企业落地陕西。

参考文献

米磊：《光子芯片能否让中国“换道超车”》，《瞭望》2022年第2期。

邱元武：《21世纪是光子时代》，《激光与光电子科学进展》2000年第1期。

李劲松：《21世纪的光电子产业》，《科学时报》2001年2月19日。

米磊：《光电子信息产业有条件率先突破》，《瞭望》2022年第30期。

王华：《光电技术的发展及应用》，《电子技术与软件工程》2017年第12期。

张育川：《我国激光产业十年》，《激光与红外》2000年第3期。

李珣：《光电信息技术的应用及发展前景分析》，《无限互联科技》2017年第16期。

B.9

陕西知识产权证券化实施路径研究*

贺骁勇　马新明**

摘　要： 知识产权证券化源于资产证券化，是对资产证券化的发展和创新。知识产权证券化在我国处于创新成果初步探索和巩固阶段，本文从知识产权证券化的理论基础、国内外知识产权证券化现状、知识产权证券化基础资产构建模式、知识产权证券化方案设计、陕西省知识产权证券化现状及存在的问题与不足以及陕西省知识产权证券化的路径选择等方面开展研究，提出加强知识产权证券化工作顶层设计、选择优质项目开展知识产权证券化创新试点、建立科学的知识产权证券化操作机制的建议，对陕西探索开展知识产权证券化工作具有一定的指导作用。

关键词： 知识产权　证券化　陕西

一　引言

知识产权证券化，是以产业链或产业集群高价值专利组合为基础，将具有可预期收入的知识产权资产或者权益作为基础资产，通过结构化设计进行信用增级并在此基础上发行证券产品以获得融资的过程。党的二十大报告提

* 本文是2021年陕西省科学技术协会决策咨询重大课题“知识产权证券化模式探索及陕西实施路径”（项目编号：SXKX-202107）、2021年陕西省知识产权决策咨询研究项目“知识产权证券化及陕西实施路径研究”（项目编号：YJ-202108）的主要研究成果。

** 贺骁勇，工程师，研究方向为知识产权运营；马新明，高级经济师、资产评估师，研究方向为无形资产评估与知识产权证券化。

出，必须坚持科技是第一生产力、人才是第一资源、创新是第一动力，深入实施科教兴国战略、人才强国战略、创新驱动发展战略，开辟发展新领域新赛道，不断塑造发展新动能新优势。这将对做好未来一个时期的知识产权工作提供根本遵循和行动指南。充分发挥知识产权对内激励创新、对外促进开放的重要作用，助力经济平稳健康发展，服务国家发展大局具有十分重要的现实意义。

推进知识产权证券化，有利于进一步挖掘创新主体知识产权价值，使“知产”变“资产”，引导资本要素向科技创新领域集聚。2018 年 12 月，全国首只知识产权证券化产品在深交所获批，实现了知识产权证券化零的突破。此后，深交所与地方政府、知识产权监管部门及市场机构深入合作，基于知识产权衍生债权，论证推出可推广复制的小额贷款模式、融资租赁模式和应收账款模式，实现了商标、专利、版权全覆盖。截至 2022 年 12 月 31 日，全国已累计发行知识产权证券化产品 101 单，融资规模为 246.68 亿元，发行了数字经济、人工智能、智能制造、5G、专精特新、生物医药、疫情防控等多个专场主题产品，为缓解民营科技企业“融资难、融资贵”问题再辟新径。

目前，陕西省知识产权证券化仍处于探索起步阶段，面对融入新发展格局的大势所趋和新旧动能转换的现实需求，必须紧紧围绕创新驱动发展和高水平科技自立自强谋划开展知识产权工作，破解知识产权转移转化的体制机制瓶颈，推动完善知识产权金融服务，锚定知识产权强省建设目标任务，聚焦陕西省重点产业链和“专精特新”中小企业精准对接服务，不断提高知识产权金融服务的普及度、惠益面和便捷性、安全性，以知识产权高质量发展助推陕西经济社会高质量发展。

二　知识产权证券化的理论基础

（一）产权交易理论

从产权角度来看，随着市场经济的飞速发展、金融制度以及金融工具品种的日益完善，产权交易更多地转化为证券化的价值形态产权方式被加以体现，价值型产权交易方式逐渐替代了实物型产权交易方式，且交易量的比重相对实物型产权交易呈现逐年增加的态势。相较于传统证券化产品，知识产权证券化最大的特点在于基础资产不再是实物资产，而是无形的知识产权。

（二）资产重组原理

资产重组原理就是选择特定的能够产生未来现金流的资产进行重新配置与组合，形成资产池；西方国家产权交易证券化的程度相对较高，由于其证券市场相对开放成熟，很多资产重组和资源配置基本上都是通过证券市场完成的。因此，证券化已经逐渐成为市场经济发展的重要力量。我国产权交易市场不断发育，也为更多的资产并购和重组提供了重要平台。

（三）风险隔离原理

风险隔离是资产证券化的根本前提，在资产证券化中，风险隔离的核心是通过隔离基础资产和其他资产（主要是原始权益人的其他资产），提高资本运营效率，给证券化参与各方带来收益。主要以“真实销售”或“信托”方式实现。基础资产在证券化活动的初始阶段便被“真实销售”给特殊目的载体（SPV），其所有权从原始权益人变为 SPV，通过这种制度设计和安排，基础资产与原始权益人就实现了资产隔离。

（四）信用增级原理

信用增级原理就是从信用的角度考察现金流，即通过信用增级来保证和提高整个证券资产的信用级别。为了吸引更多的投资者并降低发行成本，SPV 必须对整个资产证券化交易进行信用增级。信用增级一般可以分为外部信用增级和内部信用增级。外部信用增级主要由第三方金融机构提供担保等信用支持，内部信用增级包括发行多级债券、超额抵押、储备金制度以及出售者追索权等，资产隔离也是内部信用增级方式之一。

表 1 知识产权证券化与一般资产证券化的比较

因素	以知识产权为基础资产的 ABS（资产证券化项目）	一般的企业资产支持证券
发起人（原始权益人）	初创型、科技型企业或知识产权运营机构	未明确规定，目前实践中主要是非金融企业、小额贷款公司、金融租赁公司等
基础资产	知识产权证券化的基础资产包括专利、商标和版权，以这些知识产权未来经营现金流为偿债基础形成的应收债权等	能够产生可预期的稳定现金流的资产，主要是企业债权、融资融券债权、商业房地产抵押贷款、小额贷款、信托受益权、应收账款、租赁租金等
还款来源	由基础资产产生的现金流	由基础资产产生的现金流
基础资产的处置风险	处置风险较大，相比较以不动产为基础资产的 ABS 项目，无形资产处置变现的难度远大于不动产，主要是受到无形资产转让交易渠道有限等的限制	流动性相对较好，处置风险较小

三 国内外知识产权证券化现状

（一）国外现状

国外知识产权证券化的一些成功做法，为我国知识产权证券化业务发展提供了可供借鉴的宝贵经验。

1. 美国

知识产权证券化最早诞生于美国，美国知识产权证券化主要类型包括版税证券化、特许加盟费证券化、商标许可费证券化、专利许可费证券化等。“鲍伊债券”开创了美国知识产权证券化交易的先河。1997 年，美国摇滚歌星大卫·鲍伊（David Bowie）通过美国金融市场，以自己的音乐版权进行抵押，公开发行了为期 10 年利率为 7.9% 的音乐作品版权债券，换取了

5500万美元的现金。在未来的十年内每年支付利息和一部分本金，而这一切是以鲍伊自己之前拥有的音乐版权带来的版税收入作为抵押。此后，知识产权ABS逐步传播到欧洲、日本等国家和地区，呈现快速发展态势。

2. 日本

日本是亚洲最早开展知识产权证券化的国家。2003年，日本通过光学专利发行证券化实现融资2亿日元scalar案例实现了首例真正意义上的专利证券化。与美国大型企业和跨国企业进行证券化不同，日本更多的是为创新型企业开辟了新的融资渠道。2000年，日本修订了《资产证券化法》，为开展知识产权证券化奠定了坚实的法律基础。2003年底，日本公平贸易委员会修改了《信托业法》，也逐渐放宽了对信托的管制。

（二）国内现状

1. 我国知识产权证券化业务快速发展

我国知识产权证券化起步较晚，但发展迅速。2015年以来，党中央、国务院以及陕西省相继出台了一系列政策措施，有力地推动了国内知识产权证券化业务持续发展壮大，大大加快了知识产权的资本价值转化速度，标志着我国知识产权运营水平迈上了一个新台阶（见表2）。

表2　知识产权证券化相关政策

发布时间	发布机构	文件名称	主要内容
2015年3月13日	中共中央国务院	《中共中央、国务院关于深化体制机制改革加快实施创新驱动发展战略的若干意见》	探索开展知识产权证券化业务
2015年3月30日	国家知识产权局	《关于进一步推动知识产权金融服务工作的意见》	鼓励金融机构开展知识产权资产证券化，发行企业知识产权集合债券，探索专利许可收益权质押融资模式等
2015年12月18日	国务院	《关于新形势下加强知识产权强国建设的若干意见》	创新知识产权投融资产品，探索知识产权证券化，完善知识产权信用担保机制，推动发展投贷联动、投保联动、投债联动等新模式

续表

发布时间	发布机构	文件名称	主要内容
2016 年 12 月 30 日	国务院	《"十三五"国家知识产权保护和运用规划》	探索开展知识产权证券化和信托业务，支持以知识产权出资入股，在依法合规的前提下开展互联网知识产权金融服务
2017 年 9 月 15 日	国务院	《国家技术转移体系建设方案》	开展知识产权证券化融资试点，鼓励商业银行开展知识产权质押贷款业务
2018 年 4 月 11 日	中共中央 国务院	《关于支持海南全面深化改革开放的指导意见》	鼓励探索知识产权证券化，完善知识产权信用担保机制
2019 年 1 月 24 日	中共中央 国务院	《关于支持河北雄安新区全面深化改革和扩大开放的指导意见》	鼓励开展知识产权证券化融资和知识产权质押融资，建立健全知识产权质押融资风险分担机制
2019 年 8 月 9 日	中共中央 国务院	《关于支持深圳建设中国特色社会主义先行示范区的意见》	探索知识产权证券化，规范有序建设知识产权和科技成果交易中心
2020 年 4 月 30 日	财政部办公厅 国家知识产权局办公室	《关于做好 2020 年知识产权运营服务体系建设工作的通知》	依法依规推进知识产权证券化。以产业链条或产业集群高价值专利组合为基础，支持构建底层知识产权资产；完善知识产权证券化配套扶持政策，有效降低企业融资成本
2020 年 7 月 7 日	国务院	《关于做好自由贸易试验区第六批改革试点经验复制推广工作的通知》	依托上海、深圳证券交易所构建知识产权证券化交易体系。根据知识产权数量、公司资产规模、利润水平、行业领先度等因素选取标的企业。对基础资产现金流的质量、稳定性、权属状况严格把关，试行将知识产权相关债权资产实现真实出售
2022 年 4 月 8 日	国务院	《关于推进自由贸易试验区贸易投资便利化改革创新的若干措施》	以产业链条或产业集群高价值专利组合为基础，构建底层知识产权资产，在知识产权已确权并能产生稳定现金流的前提下，在符合条件的自贸试验区规范探索知识产权证券化模式

续表

发布时间	发布机构	文件名称	主要内容
2021 年 9 月 2 日	陕西省知识产权局	《陕西省"十四五"知识产权发展规划》	支持在陕西自贸试验区试点知识产权金融服务创新，探索推进知识产权证券化
2022 年 5 月 18 日	陕西省 人民政府	《推进陕西自由贸易试验区贸易投资便利化改革创新若干措施》	针对知识产权证券化需具备的政策环境、运行的体制机制、面临的风险进行探索研究，挖掘、遴选知识产权证券化培育对象，筛选专利作为基础资产标的，推动开发知识产权证券化产品，为知识产权证券化产品发行做好准备

2. 国内典型案例

2020~2022 年，国内知识产权证券化业务方兴未艾，产生了一批具有一定示范效应的知识产权证券化产品。截至 2022 年 12 月 31 日，全国已累计发行知识产权证券化产品 101 单，融资规模为 246.68 亿元。在证券化项目实施过程中，各方通过应收账款保理、知识产权融资租赁、知识产权二次许可、知识产权质押贷款等交易，将所形成的稳定、可预期的现金流进行打包并开展知识产权证券化，进一步拓宽了具有高价值专利技术的科技企业的融资渠道。目前，知识产权证券化已在北京、广州、深圳、上海、佛山、苏州、烟台、温州、南京、合肥、杭州、台州、天津、宿迁、东莞、珠海等城市成功落地。

（1）北京

北京是国内探索知识产权证券化较早的地区。2018 年 12 月 14 日，在国家知识产权局、中国证券监督管理委员会、北京市委宣传部、北京市国有文化资产监督管理办公室、北京市知识产权局和北京市文化投资发展集团有限责任公司等部门的指导下，我国首只知识产权证券化标准化产品"第一创业-文科租赁一期资产支持专项计划"在深圳证券交易所成功获批。该产品以北京市文化科技融资租赁股份有限公司为原始权益人，底层资产租赁标的物全部为专利权、著作权等知识产权，总规模达 7.33 亿元，该产品的获批实现了我国知识产权证券化零的突破，进一步激发了企业创新活力。

（2）广州

广州探索知识产权证券化试点成效显著。2019 年 9 月，全国首单以纯专利许可为底层资产的知识产权证券化项目——“兴业圆融-广州开发区专利许可资产支持专项计划”在深圳证券交易所成功发行，本次“广州专利许可专项计划”发行规模为 3.01 亿元，优先级利率为 4%，基础资产为原始权益人所享有的广州开发区内 11 家科技型中小企业专利许可合同债权，底层专利类型包含发明专利与实用新型专利，具体模式为专利权人以独占许可专利的方式，将其持有的特定专利授权予原始权益人后反授权给专利权人，专利权人一次性获得专利许可使用费实现融资。该知识产权证券化产品的成功发行，有助于有效满足轻资产运营科技企业融资需求，促进企业知识产权的交易及运用，打通知识产权创造过程中的“融资、交易、运营”业务链条。

（3）深圳

深圳是全国发行知识产权证券化产品单数和规模最多的区域。根据北京中金浩资产评估有限公司统计数据，截至 2022 年 12 月 31 日，深圳共有 55 单知识产权证券化产品成功发行，发行规模 125.46 亿元，仅在 2022 年，深圳市就推动 18 单知识产权证券化产品成功发行。深圳知识产权证券化，立法先行。2019 年 8 月，《中共中央 国务院关于支持深圳建设中国特色社会主义先行示范区的意见》提出“支持深圳探索知识产权证券化，规范有序建设知识产权和科技成果产权交易中心”之后，深圳积极响应，全面筹划推动知识产权证券化试点改革。2019 年 8 月，深圳市市场监管局印发《深圳市知识产权运营服务体系建设专项资金操作规程》，设立推进知识产权证券化项目，开展知识产权证券化试点。2019 年以来，深圳市推出了多项知识产权运营服务体系建设专项资金政策，扶持深圳市从事知识产权运营服务、知识产权数据分析评议的知识产权服务机构，广泛开展知识产权证券化试点工作。同时，深圳创新研发以知识产权质押小贷债权为底层资产，由国有企业小贷公司作为原始权益人、国企融资担保公司提供增信，通过资产支持专项计划发行的模式，搭建企业知识产权和资本有效对接平台。

（4）上海

以浦东科创 1 期、2 期为代表的知识产权证券化项目以较低的融资成本助力高新技术企业发展，突破中小企业传统的融资渠道和方式，为这类企业铺建了一条可复制易推广的融资新道路。2020 年 8 月 14 日，在国家知识产权局和上海证券交易所的大力支持下，华泰联合证券作为财务顾问，南方资本作为计划管理人的浦东科创 2 期知识产权资产支持专项计划完成发行，优先级发行利率为 3.49%，规模 0.67 亿元。本项目是继浦东科创 1 期后的又一单知识产权证券化项目，是全国首个在知识产权 ABS 储架模式下连发两期的产品，合计发行金额 1.05 亿元，涉及 102 个已授权专利，共支持 17 家中小型高新技术企业获得低成本融资。2 期项目入池的基础资产基于 8 家高新技术企业合计 42 个授权专利，其中 35 个为发明专利、7 个为实用新型专利。这些高新技术企业覆盖了生物医药、环保设备、信息系统集成服务、集成电路、节能技术、医学研究和电子科技等行业，在行业中均拥有领先地位和突出优势。

四　知识产权证券化基本业务模式

根据基础资产类型与业务模式的不同，我国知识产权证券化基本业务模式主要包括供应链金融模式、融资租赁模式、二次许可模式、质押贷款模式以及其他创新模式等五种模式。

（一）供应链金融模式

供应链金融模式以知识产权转让形成的应收账款为基础资产，该模式起源于奇艺世纪项目。但由于大规模的知识产权转让批量交易难以实现，该模式目前仅限于版权交易领域。代表项目为“奇艺世纪知识产权供应链金融资产支持专项计划”。

（二）融资租赁模式

融资租赁模式以知识产权融资租赁售后回租形成的应收租金为基础资

产，该模式起源于文科租赁项目。但由于以无形资产为融资租赁物的政策限制，目前全国范围内未大规模开展该模式。代表项目为“第一创业-文科租赁一期资产支持专项计划”。

（三）二次许可模式

二次许可模式以知识产权构造二次许可关系形成的第二次许可应收许可费为基础资产，该模式起源于广州开发区。该模式由于其所具备的灵活和创新属性，目前在全国范围内复制较广。代表项目为“兴业圆融——广州开发区专利许可资产支持计划”。

（四）质押贷款模式

质押贷款模式以知识产权质押贷款形成的应收本息为基础资产，该模式起源于深圳高新投项目。该模式具有简便易操作的特点，因此在深圳本地已经达到批量复制状态。代表项目为“平安证券-高新投知识产权 1 号资产支持专项计划”。

（五）其他创新模式

除上述四种模式，知识产权证券化项目基础资产构建模式还有广阔的创新空间，比如，知识产权许可费应收账款、知识产权作价入股许可费、知识产权许可费收益权、特许加盟费等。

五　知识产权证券化方案设计

知识产权证券化是融资方式的重要创新，除了要完善相关法律制度外，还要进一步完善和细化知识产权证券化工作体制机制。

（一）支持政策

推动知识产权证券化工作，应结合本区域财政资金运用情况，制定合理的支持政策，具体包括以下方面。

1. 建立知识产权证券化推进协调联动机制

建立知识产权证券化推进协调联动机制涉及的部门具体包括知识产权、科技、工信、财政、国资、发改以及金融监管部门等。2022 年 1 月，杭州市人民政府印发《杭州市国家营商环境创新试点实施方案》提出，协同建设长三角知识产权信息公共服务和交易服务平台，实现跨区域、跨部门、跨层级知识产权数据共享和业务协同。实施面向中小企业的知识产权转化专项计划。健全政府引导的知识产权质押融资风险分担和补偿机制，综合运用担保风险补偿等方式降低信贷风险。开展知识产权质押融资“入园惠企”行动，强化“政企银服”联动。开展知识产权证券化试点，探索知识产权资本化新模式。

2. 引入知识产权证券化项目管理人

规划任务细则和任务目标，充分发挥知识产权金融专业服务机构的能力，拓展知识产权和金融跨领域协调能力。2019 年 12 月，广州市黄埔区知识产权局发布的《关于征集知识产权证券化项目发行人的公告》对合作方应具备的资格提出了多个方面的严格要求。其中要求：合作单位或其母公司有承接并运作有关科技金融、融资租赁、股权投资、基金管理、资产证券化产品发行、融资服务的管理、服务工作条件及相关业务经验；合作单位能够推出知识产权资产证券化产品明确的计划及方案，包括发行规模清晰，项目投放、底层资产构建、资产封包、中介服务机构入场、尽职调查、申报材料定稿、申报协会注册、路演及簿记发行等各项工作能够按期完成；合作单位与合作的中介服务机构能够及时沟通，及时处理产品发行、挂牌、承销、交易等技术环节和流程产生的问题；合作单位的主体信用评级能够达到交易场所审核要求，合作单位的母公司或相应合作担保主体能够提供强担保措施，有效防控金融风险，能够使产品在资本市场获得认可，发行产品债项评级能够达标等。2021 年 10 月，天津市东丽区市场监管局发布的《关于公开遴选东丽区知识产权证券化项目管理人的通知》要求申报单位为注册地址在东丽区，具有独立法人资格的知识产权服务机构，需具备以下条件：一是申报单位及团队熟悉知识产权质押融资和证券化业务，具有完成知识产权证券化项目所必需的专业能力、人才资源、数据信息资源；二是申报单位及团队熟悉东丽区产业发展现状，具有金融产品创新开发能力，有一定的资源整合能力，能汇聚知识产权证券化相关的服务资源；三是申报单位或其集团公司承接过知识产权证券化研究相关项目，或承接过知识产权证券化项目管理人类项目，并能提供证明材料。

3. 制定并实施知识产权证券化有关奖补政策

在项目发行费用、底层企业贴息等方面对知识产权证券化参与者进行奖补和支持。比如，2020 年 5 月，广州开发区知识产权局发布的《广州市黄埔区、广州开发区、广州高新区进一步加强知识产权运用和保护促进办法》提出，推动知识产权证券化，对具有创新性且形成一定示范效应的知识产权证券化产品，按其实际发行金额的 2%给予发行主体奖励，单个发行主体每年最高 600 万元。发行主体所获奖励金额的 10%用于奖励其高级管理人员和相关专业人员。对通过知识产权证券化产品实现融资的企业，按其实际融资金额 3%的年利率给予补贴，每笔融资补贴期限最长 3 年，单个企业每年可申请 1 笔补贴，每年最高 200 万元。2020 年 8 月，深圳市龙岗区政府扶持资金管理联席会议通过的知识产权证券化扶持政策对完成知识产权资产证券化融资的民营企业，按照实际融资成本给予补贴。实际融资金额 1000 万元以上的，按照实际综合融资成本的 50%给予补贴，最高不超过融资总规模的 3.2%，单家企业单个项目最高总额不超过 200 万元；实际融资金额 1000 万元以下（含）的，按照实际综合融资成本的 60%给予补贴，最高不超过融资总规模的 3.75%，单家企业单个项目最高总额不超过 30 万元。2021 年 10 月，太原市政府办公室印发《太原市促进知识产权创新发展若干支持政策（2020-2023 年）》，对以知识产权为基础资产公开发行资产证券化产品的发行主体，按其实际发行金额的 2%给予一次性奖励，最高 500 万元。发行主体所获奖励金额的 10%应当用于奖励其高级管理人员和相关专业人员。对通过知识产权证券化产品实现融资的企业，按其实际融资金额 3%的年利率给予补贴，每笔融资补贴期限最长 2 年，单家企业每年可申请 1 笔补贴，每年最高 100 万元。

（二）参与主体

表 3　知识产权证券化项目主要参与主体

序号	参与方	职责
1	政府有关部门	建立协调联动机制、引入项目管理人、制定并实施奖补政策
2	项目管理人	开展前期调研、筛选和协调各类机构、组织宣讲培训
3	原始权益人（资产服务机构）	作为发起通道，可从本地筛选，也可从外部引进
4	增信机构	为底层资产提供增信，可从本地筛选，也可从外部引进，但最好与原始权益人关联，应具备 AA+以上评级
5	底层企业	在本区域内筛选拥有专利等知识产权的优质企业
6	担保机构	如有必要，需引入担保机构对底层企业进行担保
7	知识产权评估机构	对底层企业提供的知识产权资产进行评估并出具评估报告
8	计划管理人	设立 SPV，与原始权益人签署交易文件，完成专项计划发行
9	承销机构	负责资产支持证券的发行承销工作
10	律师事务所	审核相关交易文件并出具法律意见书
11	评级机构	对专项计划进行初始评级和跟踪评级
12	现金流预测机构	对专项计划进行现金流预测
13	会计师事务所	对专项计划进行验资和审计
14	托管银行/监管银行	对专项计划现金转付等进行托管、监管
15	发行场所	对资产支持证券进行注册、挂牌（深交所、上交所等）
16	登记机构	对资产支持证券进行登记（中证登、中债登等）
17	投资者	购买资产支持证券的机构投资者

（三）交易结构

知识产权证券化是一项重要的金融创新，是无形“知产”向有形“资产”转化的重要途径。目前比较常见的基础资产构建模式包括知识产权二次许可模式和知识产权质押贷款模式两种。

（四）基础资产

从基础资产构建的角度看，针对专利、商标、著作权等不同类型的知识

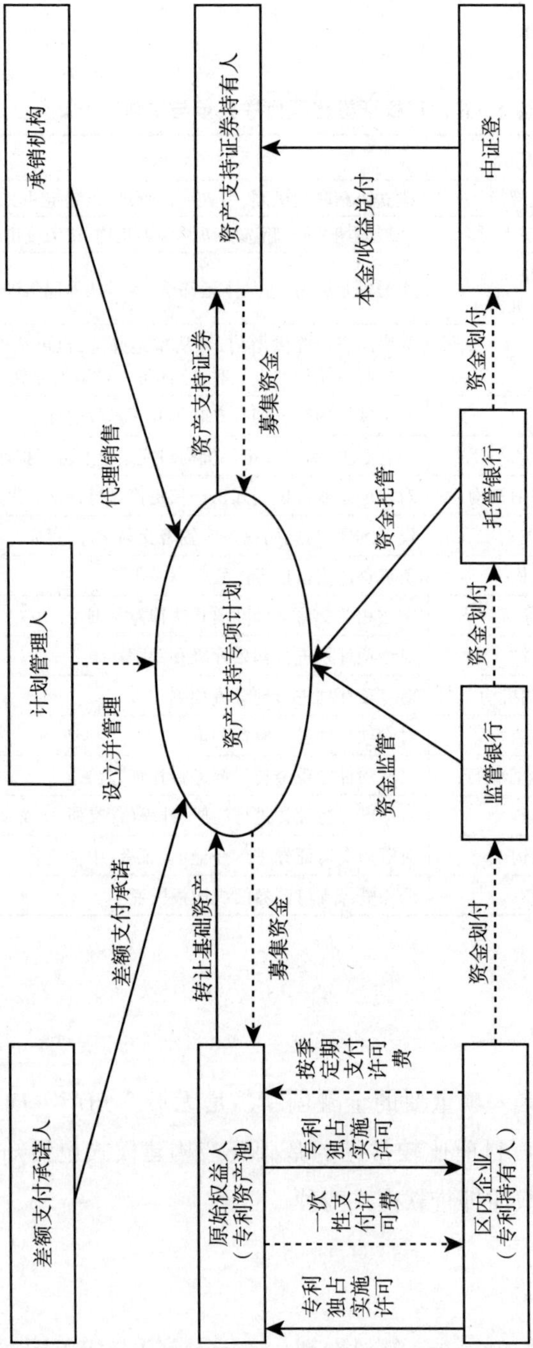

图 1　知识产权二次许可模式交易结构

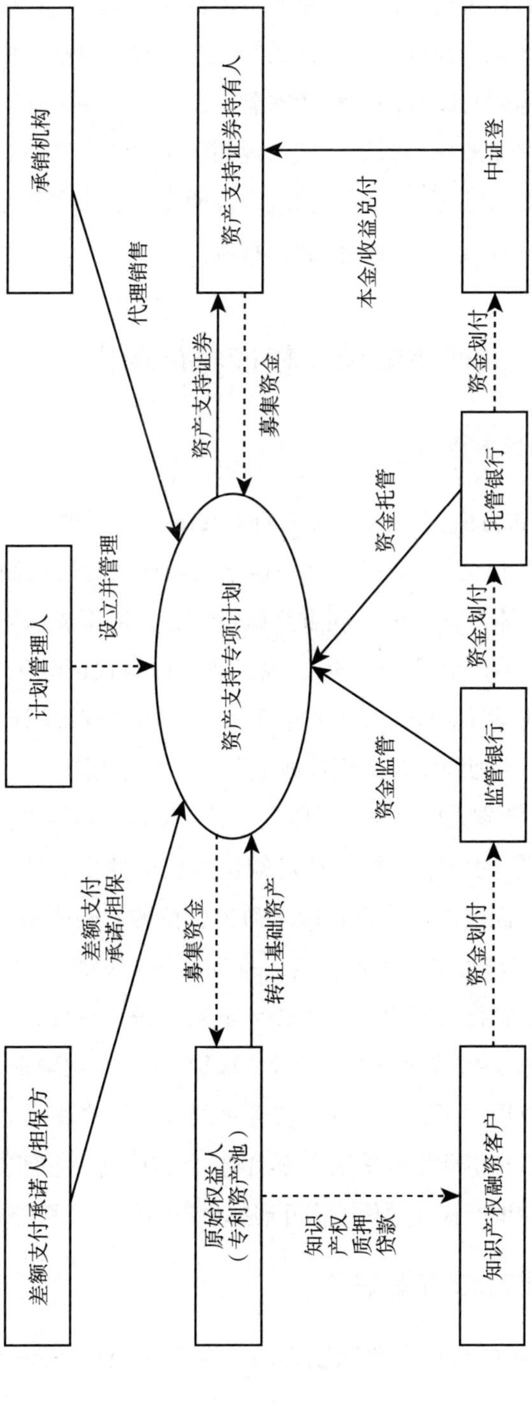

图 2　知识产权质押贷款模式交易结构

产权，主要从以下几方面进行考虑：①企业资质良好，无不良信用记录，具备偿付能力；②用于知识产权证券化的标的知识产权权属清晰，依法不存在办理质押、许可等的障碍；③标的知识产权剩余法律保护年限在一定年限以上；④标的知识产权是企业核心知识产权，运用于企业核心产品或服务，盈利能力和发展前景良好；⑤标的知识产权应为发明专利、实用新型专利，或已具备一定知名度的商标或计算机软件著作权等。

六　陕西省知识产权证券化现状

（一）政府部门高度重视

2019 年 4 月，陕西自由贸易试验区在西安交通大学举办了“知识产权证券化试点探索交流研讨会”。会议认为，探索知识产权运行机制是《中国（陕西）自贸试验区总体方案》的一项重要试点任务，应率先探索建立知识产权证券化交易平台，结合陕西省文化资源优势，以版权证券化先试先行，并逐步扩大到知识产权其他领域。2021 年 9 月，《陕西省知识产权“十四五”发展规划》提出，“加快发展知识产权金融”，“探索推进知识产权证券化”。2022 年 5 月，陕西省人民政府关于印发《推进陕西自由贸易试验区贸易投资便利化改革创新若干措施》，提出针对知识产权证券化需具备的政策环境、运行的体制机制、面临的风险进行探索研究，挖掘、遴选知识产权证券化培育对象，筛选专利作为基础资产标的，推动开发知识产权证券化产品，为知识产权证券化产品发行做好准备。2021 年，省知识产权局、省财政厅设立专项经费，专门用于支持陕西省开展企业知识产权证券化融资培育工作。目前，陕西省知识产权局、西安市市场监督管理局（知识产权局）等部门正在研究制定《知识产权证券化融资奖励实施细则》，相信这一系列支持政策的出台，必将为陕西省知识产权证券化工作开展提供有力的政策和资金支持。

（二）金融机构支持政策较好

2021 年 6 月，由陕西省地方金融监管局联合人民银行西安分行、陕西银保监局、陕西证监局、西咸新区管委会共同主办的金融机构走进“秦创原”暨金融支持西咸新区科技创新发展大会在西咸新区举办。省地方金融监管局、人民银行西安分行、陕西银保监局、陕西证监局等相关职能部门及61家银行、保险、证券、期货、信托以及基金机构负责同志参加此次活动。2021年9月，陕西省八部门联合印发《关于金融支持秦创原创新驱动平台建设的若干措施》提出，要强化国有金融要素保障，鼓励国有控股金融机构、地方金融组织加大向秦创原的政策倾斜和资源投入。可以预见，在不久的将来，众多轻资产的科技型中小微企业有望通过知识产权证券化这一模式进一步打通融资渠道、降低融资成本、激发企业创新创造动力。

（三）知识产权量质齐升

近年来，陕西省认真贯彻落实党中央、国务院关于知识产权工作的战略部署，推进实施《知识产权强国建设纲要（2021-2035年）》、《“十四五”国家知识产权保护和运用规划》以及《陕西省知识产权强省建设纲要（2021-2035年）》，按照高质量发展的要求，全面提升知识产权创造质量、保护效果、运用效益、管理水平和服务能力，知识产权量质齐升。截至2022年12月底，全省有效发明专利总量和每万人口发明专利拥有量分别达到76938件和20.762件，PCT专利申请量542件；全省高价值发明专利拥有量30253件，每万人口高价值发明专利拥有量7.653件；全省商标有效注册量714827件；有效地理标志商标154件，同比增长15.2%；全省累计获批地理标志保护产品86个，核准使用专用标志企业620家（地理标志保护产品用标企业328家，地理标志商标用标企业292家）。发明专利申请量、授权量，有效发明专利总量及每万人口高价值发明专利拥有量等相关数据的增长反映出陕西省加快推进知识产权强省建设、持续优化营商环境取得的新成效，也标志着全省市场主体创新能力不断提升，为推进知识产权证券化提供了有力的保障。

七　存在的问题与不足

知识产权证券化业务取得了积极进展，但也面临和存在一定制约因素。

作为新生事物，知识产权证券化尚未获得企业、投资者、金融机构的普遍认可。

（一）市场主体运用知识产权证券化融资的意识不强

虽然有部分市场主体对知识产权证券化兴趣较大，但由于知识产权证券化属于新生事物，目前大部分科技型企业、金融机构等发起主体对知识产权证券化的各种复杂操作均处于观望状态，持谨慎态度。

（二）激励和配套证券化的扶持政策不够完善

知识产权证券化需要构建一套较为复杂的体系，如果缺乏针对发起主体、服务主体、底层企业等各类主体的激励政策，则难以激活各类主体的积极性。虽然经过一定的初步探索，但目前陕西省尚未形成较为适当的知识产权证券化激励政策，致使有关发起主体及企业对知识产权证券化认识不足、积极性不高。

（三）底层资产类型不多

现有知识产权证券化产品的底层资产多为专利权、著作权（包括影视版权）、商标权，但其他知识产权很少，没有覆盖到地理标志、集成电路布图设计权、植物新品种权、数据库等更广阔的知识产权类型，限制了知识产权证券化产品的服务范围。

（四）风险管控机制缺失

知识产权证券化产品的信用风险包括知识产权固有风险和交易结构风险两部分。由于知识产权具有价值不稳定、权属不稳定等特点，实施难度相对较大。与此同时，我国现有的知识产权 ABS 的期限多为 1～2 年，很少有超过 5 年的长期限产品。而国外知识产权 ABS 产品期限可以长达 10 年以上，较好地为企业提供了长期稳定资金。我国知识产权 ABS

产品期限偏短与我国知识产权未来现金流不稳定、投资者不愿承担长期风险有关。

八　路径选择

（一）加强知识产权证券化工作的顶层设计

1. 培育知识产权证券化意识

培育高价值专利，鼓励“专精特新”中小企业和“小巨人”企业通过知识产权证券化方式开展融资。提升企业知识产权运用意识，以园区和特定产业企业为单位开展知识产权运用促进，加强知识产权与产业发展融合。

2. 建立知识产权证券化项目管理人制度

形成协同机制，打通政府部门、金融机构、企业和中介机构之间的闭环，引入知识产权与金融跨领域专业机构作为项目管理人，在政府部门指导下，协同调动金融机构与知识产权企业的积极性，建立金融机构与知识产权企业之间的沟通桥梁。

3. 完善知识产权评估及交易体系

构建市场各方能广泛认可的资产价值评估体系，建立知识产权评估和运用跟踪机制，充分运用打包组合理念，以当前知识产权和未来知识产权构建组合滚动资产池。

4. 建立合理适当的补贴激励政策

逐步推动知识产权证券化工作市场化开展。研究制定知识产权证券化项目前期调研、项目推动、证券发行、企业利息等方面的补贴激励措施，探索资金循环滚动机制，激活市场力量。

（二）选择优质项目开展知识产权证券化创新试点

1. 开展企业知识产权证券化融资培育工作

遵循“企业自愿、政府引导、市场主导”的方针，以高新技术企业、

“专精特新”中小企业、“小巨人”企业以及“瞪羚企业”等科技型企业为主要培育对象，建立全省知识产权证券化融资企业培育库，强化知识产权运用，促进技术要素与资本要素紧密融合，按照“培育一批、成熟一批、发行一批”的原则，为入库企业提供知识产权价值评估、担保增信、上市辅导等全流程市场化服务。

2. 在自贸试验区及产业园区率先开展知识产权证券化试点

贯彻落实国务院印发的《关于推进自由贸易试验区贸易投资便利化改革创新若干措施的通知》《陕西省人民政府关于印发推进陕西自由贸易试验区贸易投资便利化改革创新若干措施的通知》文件精神，率先在中国（陕西）自由贸易试验区（涵盖三个片区，中心片区包括西安高新区、西安经开区和西咸新区沣东新城、秦汉新城、空港新城，西安国际港务区片区包括西安国际港务区和西安浐灞生态区，杨凌示范区片区）、秦创原创新驱动平台等区域内有条件的科创企业合规开展知识产权证券化试点工作。

3. 明确项目管理人和原始权益人，设计证券化交易结构

由项目管理人确定原始权益人、计划管理人、承销机构、托管机构、资产服务机构以及评估机构、律师事务所、现金流预测机构、会计师事务所、评级机构等服务机构，明确相关主体的职责要求，逐步形成明确的交易架构和操作模式。

4. 选择合适的基础资产

对拟入池基础资产、项目选择、结构安排、产品设计及法律关系等进行可行性论证，以产业链条或产业集群高价值专利组合为基础，构建底层基础资产，进行首期知识产权证券化项目试点，逐步探索形成适合陕西省发展实际且可复制推广的知识产权证券化发展模式。

5. 建立完善的后续管理和跟踪机制

首期项目发行成功后，积极筛选储备资产，在更大范围内试点知识产权证券化创新成果，孵化知识产权证券化优质底层资产，结合其他知识产权管理、运用工作逐步形成区域知识产权证券化循环发展机制，建立贯穿科技企

业发展全生命周期的知识产权金融资金供应链。

6. 总结推广典型经验做法

聘请专业知识产权证券化项目管理人担任牵头及运营方，跟踪全国知识产权证券化发展形势，固化区域知识产权证券化经验，定期组织企业宣讲活动，推动知识产权证券化普遍开展。

（三）建立科学的知识产权证券化操作机制

1. 建立知识产权现金流合理划分机制

在现有供应链金融模式、融资租赁模式、二次许可模式、质押贷款模式的基础上，逐步创新知识产权许可费应收账款、知识产权作价入股许可费、知识产权许可费收益权、特许加盟费等模式，合理形成知识产权资产现金流。

2. 设立瑕疵资产赎回机制

在知识产权法律状态监控的基础上，完善信息披露体系，建立无效专利、淘汰技术等价值降低因素导致知识产权资产贬值的现金赎回或有效、更新知识产权资产替换机制。

3. 建立提前终止机制

设立更严密的风险触发体系，如发生影响知识产权证券化偿付的重大风险事件，使风险信息有序、快速传导至投资者，并触发专项计划提前终止机制，避免风险扩大化。

4. 设立后备服务机构

在原始权益人或相关机构承担资产服务机构功能的基础上，设立后备服务机构或知识产权资产专职管理机构，负责对底层知识产权资产进行监控和维护，监控资产法律风险，推动知识产权价值提升。

参考文献

《国务院印发〈关于推进自由贸易试验区贸易投资便利化改革创新若干措施的通

知〉》(国发〔2021〕12号),中华人民共和国国务院,2021年8月2日。

《关于做好2020年知识产权运营服务体系建设工作的通知》(财办建〔2020〕40号),2021年4月30日。

《陕西省人民政府关于印发推进陕西自由贸易试验区贸易投资便利化改革创新若干措施的通知》(陕政发〔2022〕10号),陕西省政府办公厅,2022年5月18日。

《陕西省"十四五"知识产权发展规划》(陕知发〔2021〕43号),陕西省知识产权局、陕西省发展和改革委员会,2021年9月8日。

廖伟吉、谢恒、丁坚、马新明、刘凯达、池艳秋:《广东知识产权证券化蓝皮书》,广东省市场监督管理局(知识产权局),2020。

《我国首支知识产权证券化产品"文科一期ABS"在深交所成功获批》,碳排放交易网,2018年12月16日,http://www.tanpaifang.com/tanguwen/2018/1216/62621.html。

《广州市全力打造知识产权强市新高地》,中国发展网,2020年4月27日,http://www.chinadeve lopment.com.cn/news/zj/2020/04/1639437.shtml。

《浦东科创2期知识产权资产证券化项目成功发行》,中国经济网,2020年8月15日,网址,http://finance.ce.cn/stock/gsgdbd/202008/15/t20200815_ 35531328.shtml。

《11单知识产权证券化产品发行规模逾20亿元》,《中国质量报》2021年4月30日。

《全国知识产权证券化项目发行情况分析报告(2022)》,北京智慧财富知识产权金融研究院、北京中金浩资产评估有限责任公司,2023年1月18日。

科技自立自强篇

Sci-tech Self-reliance and Self-strengthening Reports

B.10
石油科技自立自强与发展研究

西安石油大学课题组*

摘　要： 本文通过梳理国际国内石油能源科技发展现状，陕西石油能源科技领域存在的科技研发投入不足、产学研用结合不够、行业高层次人才紧缺等突出问题，分析陕西石油能源产业所肩负的重大战略任务，提出加大技术研发力度、增强自主创新能力、深化体制机制改革、激发科技创新活力、健全人才引培机制、提升科技新动能等解决石油能源科技高质量发展中存在的各种复杂问题的方案及路径，为加快实现陕西石油能源科技自立自强与建设能源强省建言献策。

* 课题组组长：赛云秀，工学博士，西安石油大学党委书记、教授、博士生导师，研究方向为项目管理、能源工程管理和产业发展战略。主要成员：张荣军，工学博士，西安石油大学副校长、教授、博士生导师，研究方向为油气田开发工程中物理化学渗流、油藏工程以及提高采收率理论与技术；张益，工学博士，西安石油大学科技处处长、期刊中心主任、教授，研究方向为油气田开发理论与方法、油气藏渗流理论与数值模拟技术、煤层气数值模拟；杜永峰，博士研究生，西安石油大学科技处科长、讲师，研究方向为高等教育与科研项目管理；丁昌峰，硕士，西安石油大学科技处副处长、工程师，研究方向为高等教育与科研项目管理。

关键词： 科技创新 石油能源 石油企业 陕西

一 引言

习近平总书记在党的二十大报告中强调，要加快实施创新驱动发展战略，加快实现高水平科技自立自强。在“双碳”目标下，我国石油能源在保障国家能源安全方面面临资源分布不均、油气增储上产难度大、工程技术创新挑战大的难题，应对经济社会低碳转型、油气清洁生产与利用以及经济高效开发面临诸多新的重大挑战，在助力新能源加速发展、油气能源与新能源的多能互补等方面面临科技创新不足和专业人才紧缺的双重挑战。

习近平总书记指出，石油能源建设对我们国家意义重大，中国作为制造业大国，要发展实体经济，能源的饭碗必须牢牢端在自己手里。陕西省被列为国家综合能源基地，煤、石油和天然气的产量均居全国前列；而作为全国第一油气大省，油气经济则是陕西省国民经济的“压舱石”，油气产值占全省工业产值的20%。[①] 陕西有着较为丰富的油气资源，但其地质条件复杂，具有低渗、低压、低丰度的“三低”特点，生产中具有高投入、高技术、高风险的“三高”特征，油气藏高效开发面临诸多技术难题，比如，非常规油气藏增产与提高采收率技术、复杂储层识别与改造技术等领域的“卡脖子”技术。因此，如何通过科技自立自强确保陕西石油能源产业高质量发展已成为事关陕西经济社会发展的全局性、战略性和迫切性问题。

二 石油能源科技发展现状

（一）石油能源的重要价值与战略地位

石油作为“工业的血液”，促进了世界能源革命以及现代化工的巨大变

① 《陕西统计年鉴（2022）》。

革，是国家经济的命脉，其衍生出地缘、政治、商品和金融四大属性，已成为世界各国追逐的重要战略物资。同时，油气产业作为技术密集型产业，从油气勘探到交易整个产业链中涉及的领域宽、专业多、一体化程度高，其发展史本身就是一部波澜壮阔的科技创新史。

1. 石油和天然气在能源消费中具有重要地位

根据《BP 世界能源统计年鉴》（2021 年版）数据[①]，2021 年石油在全球一次能源消费中的比例约为 31.2%，美国、日本等发达国家和地区的比例都在 37%以上，作为清洁能源的天然气预计在 2040 年前后达到消费峰值。据估计，油气作为世界主导性能源的战略地位还将持续 80 年以上，且在未来相当长一段时期内油气资源作为世界主导性能源的战略地位不会动摇。

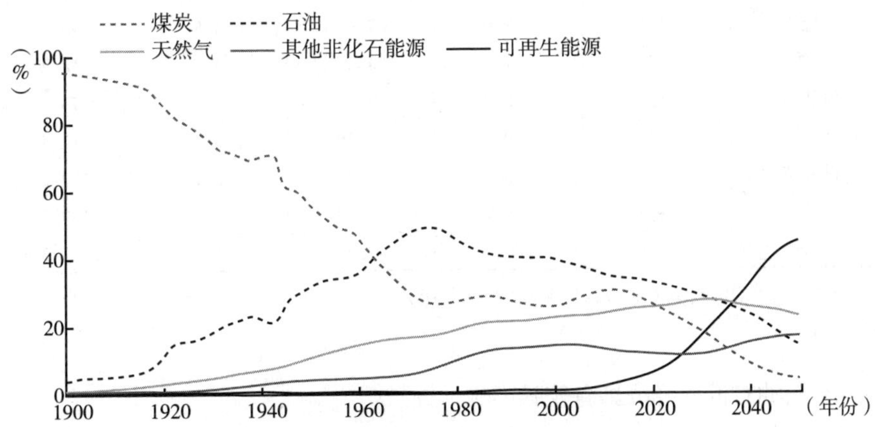

图 1　BP 快速转型情景中各能源消费占比

资料来源：《BP 世界能源统计年鉴》（2021 年版）。

2. 石油在世界格局中具有鲜明的地缘和政治属性

世界石油资源分布极不平衡（见表 1），中东地区占世界石油可采储量的 68%，其次为美洲、非洲、俄罗斯和亚太地区，分别占 14%、7%、4.8% 和 4.27%。从 2020 年世界主要产油国或地区产量来看，美国产量占比

① 《BP 世界能源统计年鉴》（2021 年版），https：//www.bp.com.cn/zh_cn/china/home/news/reports/statistical-review-2021.html。

17.1%，居首位；中国以产量占比4.7%居第6位。美国依托一系列核心关键技术创新，通过“页岩气革命”实现了国内油气自给，并转变为出口国，再通过资金支持和创新能力的进一步加持，其油气产量大增，与俄罗斯和欧佩克三分天下，形成了三足鼎立之势。

表1　2020年石油主要产油国或地区储量、产量情况

单位：亿吨，%

产油国或地区	储量	储量占比	产量	产量占比	储产比
美国	82	3.4	7.13	17.1	11.4
俄罗斯	148	6.1	5.24	12.6	45.3
沙特阿拉伯	409	16.7	5.20	12.5	73.6
加拿大	271	11.1	2.52	6.1	89.4
伊拉克	196	8.0	2.02	4.8	96.3
中国	35	1.4	1.95	4.7	18.2
阿联酋	130	5.3	1.66	4.0	73.1
巴西	17	0.7	1.60	3.8	10.8
科威特	140	5.7	1.30	3.1	103.2
伊朗	217	8.9	1.43	3.4	139.8
全球	2444	100	41.65	1	53.5

资料来源：《BP世界能源统计年鉴》（2021年版）。

3. 石油对世界经济具有较强影响

据世界经合组织推算，全球经济增长率将随国际石油价格每上涨10美元而下降0.5%，而世界平均通货膨胀率则将上升0.5%~0.8%，发展中国家的经济增长率更是将下降0.75%，原油价格和全球GDP增速基本呈反向变动关系。同时，油气产业的技术创新，必将带来社会生产或消费领域的改变，如油气制氢技术的快速发展必将为低碳生活提供切实可行方案。

4. 石油产品跨区贸易的金融属性日益凸显

石油是促进世界金融创新的重要影响因素。2022年2月，国际油价再度逼近100美元/桶大关，与2008年、2011~2014年的两次高油价相比，本轮石油价格波动对世界金融市场特别是美元的霸主地位产生重大影响。通过技术创新提升石油产量对推动人民币国际化及国际油气金融交易机制完善具有积极作用。

（二）我国石油能源发展现状总体分析

伴随经济的快速发展，我国油气对外依存度逐年攀升。2021 年，我国石油对外依存度为 72.2%，天然气对外依存度为 46%，能源安全形势十分严峻[①]。然而，相较于北美、俄罗斯、中东等国家和地区，我国常规油气资源仅占 25%，且大多已进入开发中后期，增储上产后劲乏力。

1. 能源消费快速增长，绿色低碳转型深入推进

2021 年，全国能源消费量快速增长，增速达 5.2%。煤炭消费占一次能源消费量比例降至 56.0%；石油占 18.5%，天然气占 8.9%，水电、核电、风电等非化石能源占 16.6%。总体来看，我国能源结构在持续优化，能源绿色低碳转型正深入推进，但化石能源的主体地位短期内难以改变。2021 年，我国原油产量达到 1.99 亿吨，同比增长 2.1%，连续 3 年产量回升，国内消费量 7.2 亿吨，同比增长 4.1%，对外依存度仍然偏高；我国天然气产量达到 2075 亿立方米，同比增长 7.8%，首次突破 2000 亿立方米，连续 5 年增产超过 100 亿立方米；国内消费量 3690 亿立方米，增量 410 亿立方米，同比增长 12.5%[②]。在“双碳”目标推动能源转型以及“减煤、稳油、增气”的相关政策驱动下，石油和天然气消费高速增长，供需矛盾仍然突出，石油和天然气进口增速持续攀升，需长期坚持并贯彻“四个革命、一个合作”能源安全新战略，从容应对国际能源大变局，切实维护国家能源安全。

2. 油气增储上产难度日益增加，亟须加大关键核心技术攻关

不同于中东和美洲等区域的海相沉积“生油”现状，我国很多油田都是陆相沉积“生油”特征且油气资源禀赋差异大，增储上产难度大。随着技术的不断创新和体制机制的深化与企业管理水平的提升，国内油气产量双

① 中国石油集团经济技术研究院：《2021 年国内外油气行业发展报告》。

② 国家能源局石油天然气司、国务院发展研究中心资源与环境政策研究所、自然资源部油气资源战略研究中心：《中国天然气发展报告（2022）》，石油工业出版社，2022。

增，新增探明油气地质储量双创历史新高（2021 年新增石油 16.4 亿吨、天然气 1.63 亿立方米）。国内油气上游投资回升，非常规油气勘探开发理论和技术取得突破，页岩油实现经济规模生产，我国首个自营超深水大气田——“深海一号”全面投产。

3. 石油炼制产能提高，石油化工高端产品不足

我国炼油行业结构加速优化调整，炼油能力不断提高，截至 2021 年底，已达 $9.1\times10^8 t/a$。油品质量升级加快，产业集中度不断提高，规模化和大型化态势显著，但炼厂开工率低于全球平均水平，2021 年不足 78%，同时炼油整体毛利下滑；石化产品中大宗产品占比较大，乙烯、丙烯、对二甲苯等产能不断增长，2021 年分别达到 $4370\times10^4 t/a$、$5000\times10^4 t/a$、$2910\times10^4 t/a$，自给率再创新高，分别达到 66%、95%和 62%，但高端和高附加值化工产品占比较低，化工新材料、高端精细化学品等仍需进口，例如，高端聚乙烯自给率仅为 42%①。未来，炼油化工一体化将进一步加快，向数字化、智能化纵深发展。

4. 国家骨干管网保障格局基本形成，零售终端支线仍需完善

2019 年 12 月，国家统筹中石油、中石化、中海油、中化集团等多家大型国有企业油气管道资产成立国家管网集团，基本形成了“横跨西东，纵贯南北，覆盖全国，联通海外”的油气管网格局，总里程为 9.64 万公里，基本实现了国内大中城市的全覆盖。但是，对于中小城市覆盖仍不到位，特别是冬季供暖季“气荒”问题突出，管网运行安全事件偶有发生，主干（在役）管线老化现象逐渐凸显。陕西作为全国天然气第一产气大省，为保障全国用气安全考虑，迫切需要加大页岩气、煤层气等非常规天然气开发力度。

（三）陕西石油能源发展现状分析

1. 陕西油气资源丰富

陕西省累计探明石油储量 60 余亿吨、天然气约 3 万亿立方米。新增碳

① 中国石油集团经济技术研究院：《2021 年国内外油气行业发展报告》。

酸盐岩探明天然气地质储量2000多亿立方米，可采储量1600多亿立方米。截至2021年底，全省石油剩余探明技术可采储量3.75亿吨，天然气剩余探明技术可采储量1.16万亿立方米，煤层气剩余探明技术可采储量210.55亿立方米，总数居全国第三位。全省天然气产量294.13亿立方米，同比增长7%；原油产量2552.76万吨，同比增长0.9%①。

2. 油气生产能力稳步提升

陕西坐拥中国石油长庆油田分公司和陕西延长石油（集团）有限责任公司两大油田总部以及中国石化华北油气分公司部分作业单位，此外还拥有中石油测井、中石油管研院、中石油宝石机械、中石油宝鸡钢管等研究院所或工程服务公司。针对陕西黄土高原地貌井场受限、地表干旱缺水、地质条件复杂等技术难题，长庆油田、延长石油通过技术创新、协同攻关，在非常规油气资源勘探开发领域突破了多项技术瓶颈，形成了一系列核心技术成果，有力地支撑了鄂尔多斯盆地增储上产。

长庆油田作为我国最大的油气生产基地，通过对鄂尔多斯盆地大面积分布的陆相、低压、低丰度油气藏发现与开采理论技术的攻关，取得了重大创新成果，实现了6500万吨油气当量的重大突破，"十四五"以来加大了对非常规油气勘探开发的攻关力度，页岩油储层地震识别及含油性预测、超长水平段水平井钻井（长度5256米，刷新了亚洲陆上水平井最长水平段纪录）等多项技术取得重大突破，初步建成国内首个百万吨级页岩油示范区。延长石油不但形成了千万吨大油田持续上产稳产勘探开发关键技术，同时在国内最早一批开展二氧化碳的捕集利用与封存技术攻关，目前建成了二氧化碳的捕集利用与封存技术以及安全监测国家级示范基地，让二氧化碳变废为宝，年封存二氧化碳超过10万吨，在水驱的基础上提高原油采收率8%以上，有效提高了油田特低渗油藏开发水平。2021年全省原油产量2552.76万吨，同比增长0.9%，天然气产量294.13亿立方米，同比增长7%，在全国油气供应格局中地位稳固，油气当量连续11年排名全国第一。随着陕西

① 自然资源部2022年7月统计数据。

油气资源勘探开发程度的不断深入，老油田含水量不断升高，稳油增产的难度日益增大，新开发油田品位较差，开采难度大，成本高，对核心技术的需求越发迫切[①]。

3. 油气相关领域科教资源丰富

陕西拥有丰富的科教资源，拥有普通高校110余所、科研院所140余所，以西北大学、长安大学、西安石油大学、延安大学等高等院校为代表，为油气能源领域培育了大批专业技术人才。陕西拥有多个与油气领域相关的国家级、省部级科研平台，在陕石油企业现有大学本科以上学历的技术骨干5万余人。“十四五”期间，陕西将围绕榆林能源革命创新示范区和延安综合能源基地、大西安能源科技创新基地等构建“一区六基地”能源产业高质量发展格局，共同推进重大技术示范应用和创新平台建设，深化产教融合，开展校企技术交流、人才输送和实习实践合作，共同构建“产、学、研、用”一体化合作创新体系，为保障延长石油和长庆油田的快速发展奠定了坚实的人力资源基础。

三 陕西石油能源科技创新存在的突出问题

（一）科技研发投入不足

1. 投入渠道相对单一

“十四五”以来，我国对科技研发的经费投入持续增加，但与发达国家相比仍严重不足。2021年全国共投入研究与试验发展的经费27956.3亿元，经费投入强度（研究与试验发展经费与GDP之比）仅为2.44%，陕西省研究与试验发展经费投入为700.62亿元，投入强度为2.35%，远低于东部发达省份。此外，陕西省在科技经费的投入方面存在严重的条块分割现象，各

① 陕西省人民政府：《陕西加速构建高质量能源供应体系》，http://www.shaanxi.gov.cn/xw/ldx/bm/202209/t20220906_2250002.html。

类国家级、省部级科技计划项目等对科技工作的资金支持全部为竞争性拨款，且石油能源类科研项目的占比相对偏少，几乎所有的科研工作都是围绕着经费的投入导向聚集，投入渠道相对单一①。

同时，我国石油行业的科技研发经费投入总体也偏低。2021 年中国石油天然气集团公司的营业收入为 2.6 万亿元，但科技支出仅有 335.2 亿元，其中研发经费投入 208.4 亿元，科技研发投入强度仅有 0.8%；中国石油化工集团公司 2021 年营业收入为 2.74 万亿元，其中研发经费投入 124 亿元，科技研发投入强度仅为 0.45%；2021 年延长石油集团公司实现营业收入 3506 亿元，其中研发经费投入约 50 亿元，科技研发投入强度为 1.4%，远低于斯伦贝谢、哈利伯顿等国际石油公司的平均科技研发投入强度（10%~20%）。因此，加大科技研发投入力度，是石油行业科技创新的必备条件②。

2. 基础研发占比较低

在过去几十年，美国和日本企业的基础研究经费占研发投入比重约为 5%~6%，而我国企业的占比仅为 0.1%。特别是石油行业，更加重视现场技术需求的及时解决，忽略了对基础研发投入的持续积累，造成技术瓶颈突破困难，科技创新后劲乏力。造成石油行业基础研究薄弱的原因主要是短视行为比较严重，对于需要持续投资、见效慢的基础研究往往重视不够，缺乏开展基础研究的积极性；同时，石油企业目前的科研评价政策和管理方式还不能很好地适合应用基础研究，造成广大科技工作者在开展应用基础研究时的积极性不高、创新活力不足。

（二）产学研用结合不够

1. 相关政策推进较慢

习近平总书记指出，要强化国家战略科技力量，优化配置创新资源，提升国家创新体系整体效能。“十三五”以来，国家有关部委、陕西省出台了

① 中华人民共和国中央人民政府：《2021 年全国科技经费投入统计公报》，http：//www.gov.cn/xinwen/2022-08/31/content_ 5707547.htm。

② 资料来源于各有关石油企业年度报告。

一系列支持科技创新、促进科技成果转移转化的政策文件，如《关于扩大高校和科研院所科研相关自主权的若干意见》《国务院办公厅关于完善科技成果评价机制的指导意见》《秦创原创新驱动平台建设三年行动计划（2021-2023年）》等，为科技创新驱动高质量发展提供了有力支撑。然而，相关政策文件的有效执行仍需要多个管理部门的相互配合，统筹推进的速度不够快，导致很多科技政策的推进落实较慢、成效不明显。

2. 两链融合不够深入

陕西能源产业发展面临生态安全、转型升级及可持续发展等突出问题。长期以来，以高校、科研院所为主体的创新链和以油气生产企业为主体的产业链之间未有效衔接、融合度不够，相关主体没有从产业发展的薄弱环节出发打造能够抵御风险、高效支持产业发展的创新链，科教资源的引领作用未能得到充分发挥，创新成果未能实现快速转移转化，助推产业链优化升级动力不足，创新链与产业链之间因不对称不协调而导致的科技经济“两张皮”问题凸显。

3. 高水平研发平台效能发挥不够、数量不足

科技创新平台是发挥高校和科研院所在知识创新中重要作用的有力支撑。围绕陕西能源安全性保障，亟须布局建设一批高水平、联合技术研发平台，充分发挥平台汇聚人才资源、共享仪器设备、承担重大科研项目、破解企业发展难题的辐射带动作用，为区域经济社会发展注入新动能。陕西省在能源科学领域建设了一批国家级和省级重点科研基地，但数量仍相对偏少，已建成的3个国家级科研基地还是以中石油这种大型央企为主体，与陕西地方高校和科研院所的融合度不够，油气行业领域致力于基础研究的国家重点实验室尚未实现突破；省级科研基地同样出现“各自建设、相互独立”的分布状态，研究力量与科技资源未有效协同，开放共享力度不够，尚未形成合力。

（三）行业高层次人才紧缺

习近平总书记强调，要全面提高人才自主培养质量，着力造就拔尖创新

人才，聚天下英才而用之。加快实现高水平科技自立自强，对于石油能源企业来说依然面临着新形势和新挑战，亟须改革人事制度，提升人才质量，提升组织效能。改革开放 40 多年来，石油能源作为陕西能源工业的支柱产业，对陕西的经济增长发挥着越来越重要的作用。油气行业作为技术密集型行业，其发展离不开人才的支撑。陕西石油能源企业虽然已经将人才强企作为企业的发展战略之一，但本科以上专业技术骨干占企业员工总数的比例不超过 30%，远低于国外同类大型石油石化企业。陕西作为国内油气上产最快的省份，近十年来在该领域一直未有人新晋为两院院士，部分关键领域高层次领军人才长期空缺，无法有力支撑技术创新，高层次人才短缺成为陕西能源企业实现高质量发展的一大障碍。

1. 高层次人才引进乏力

在陕石油能源企业虽然已经将人才强企作为企业的发展战略之一，但其人才引进制度的改革力度不足。一是薪酬待遇的竞争力相对较弱，在引进核心技术人才、国际化复合人才和高端商务人才方面，陕西企业面临着来自国内国际同行企业的激烈竞争。陕西石油能源企业以国有企业为主，在《2020 年石油行业薪酬报告》中，在石油企业七大类人才（总经理、经理、总监、主管、专业人员、普通员工、基础操作人员）的薪酬比较中，国有企业六类人才的薪酬待遇都低于外商独资企业和外商合资企业，仅有“普通员工”一类和外商合资企业持平，而总监、主管、专业人员和基础操作人员四类人才的薪酬更是明显偏低，薪酬竞争力不强导致陕西石油能源企业难以吸引到高层次人才。二是还没有建立合理的薪酬差距，专业人员的薪酬没有与普通员工拉开差距，但是与管理人员差距较大，这种薪酬结构不仅降低了企业在市场上的吸引力，而且难以留住人才。

2. 高层次人才效能发挥不足

在陕石油能源企业高层次人才效能发挥不足。一是没有建立全面的“职业生涯双轨制”，即并行的管理序列与技术序列的职业发展通道，造成高层次人才不得不晋升到管理岗位中去，反而不能人尽其才；二是企业往往规模偏大，组织结构复杂，导致管理体制效率不高、信息传递速度慢、决策权上移的问题，压抑了高层次人才的能动性、创造性和积极性；三是没有建立灵活的绩效考评和激励制度，仍然存在论资排辈和平均主义的色彩，导致奖金分配、晋升、加薪等奖励工具的激励性不足，高层次人才进取心不足。

3. 高层次人才培养体系不健全

企业发展不能仅仅依赖于外部人才的输入，更要加强自身人才的培养，尤其是高层次人才更是如此。陕西石油能源企业在后备干部培养和基层员工培养方面已经积累了一定的经验，也取得了一定成果，但是在高层次人才培养方面仍然缺乏系统性和针对性。一是没有做好需求分析，对于石油能源企业紧缺急需的人才类型及素质要求缺乏科学认真的分析研判，导致人才培训针对性不强；二是没有做好内容设计，目前石油能源企业的培训内容普遍陈旧落伍，专业技术类培训内容偏少，不符合高层次人才培养的要求；三是没有建立自身的高层次人才培养体系，目前在陕石油能源企业的培训体系仍然局限于企业自身，与高校和科研机构的合作也不够深入。

2021 年 7 月，中国石油天然气集团有限公司、中国海洋石油集团有限公司、中国石油化工有限公司都围绕人才强企战略发布了相关的行动方案和具体制度，因此，为了提升企业效能，实现能源行业的高质量发展，陕西省石油能源企业应推进顶层设计、破除发展障碍、实施改革创新、打造一流的人才队伍，以建设世界一流企业。

四　解决方案及路径

（一）加大技术研发力度，增强自主创新能力

国家能源局、科学技术部在《“十四五”能源领域科技创新规划》中对化石能源绿色高效开发与利用方面的前瞻性、颠覆性技术提出了明确规划，结合陕西石油能源产业实际，应主要在油气勘探、油气开发、石油炼化和信息技术等四大领域加大技术研发力度，塑造发展新动能新优势，不断增强石油能源科技自主创新能力。

1. 油气勘探领域

陕西地处鄂尔多斯盆地，区域内油气藏沉积体系多样、成岩演化差异、储层非均质性强、油气运聚条件复杂亟须从沉积体系与储层发育、生排烃模拟与源储演化、运聚过程与成藏机理、分布规律与甜点预测等方面开展系统性研究，同时有效利用以云计算、物联网、5G、大数据、人工智能等为代表的数字技术，在基于大数据的数字盆地与剩余资源预测评价，高频带、宽方位、高精度油气地球物理勘探，超深层油气成藏理论与有效开发，煤层气、页岩气大规模高效勘探开发，页岩油地下高效改质和规模开发等技术领域加大攻关力度，为进一步更有效地提高油气藏勘探精度、促进油气增储上产奠定基础。

2. 油气开发领域

随着陕西油气开发程度的不断深入，未来将以超长水平井、“井工厂”水平井组等复杂结构井为开发技术主体，智能钻完井技术和地质旋转导向钻井技术将成为实现复杂地层、复杂井身结构条件下井眼轨道优化和精确实时井轨迹控制的重要手段。复杂结构井密集井网、三维绕障、长水平段、多目标靶点等制约技术创新的难题将不断被攻克；综合钻前地震、测录井等静态与随钻测量、地震等动态实时数据，建立考虑时间效应的地层四维动态地质、力学理论方法与模型；基于数据融合、大数据挖掘与共享，实现钻井工艺实时智能优化与控制的钻井智能监控、诊断、决策一体化平台；复杂地质条件下高造斜率、高抗扭、抗冲击和低成本旋转导向系统研发；“井工厂”、多分支、多目标井等密集井网条件下井眼轨迹防碰扫描和实时修正方法等相关技术；研发新型材料、工具以及高性能、环保、低伤害、防塌钻完井液体系，实现井壁失稳的有效控制；复杂结构井井筒完整性理论及技术等将成为未来研究热点。

在室内 CT 扫描、核磁共振成像等手段的基础上，通过数字岩心技术、孔隙结构成像重构技术等建立微观孔隙结构和流体渗流模型，结合微观分子动力学模拟、格子玻尔兹曼模拟和尺度升级技术进行计算渗流研究；应用开发地质、油藏工程、大数据等多学科交叉融合地质工程一体化技术；以老井重复改造、高含水三次采油等为代表的老油（气）田提高采收率，新井大规模体积压裂及压驱一体化；研发具有绿色、智能、纳米特征的功能化提高采收率药剂；CCUS 驱油、埋存机理及提高采收率和埋存率相关技术；油气藏废液处理与工作液重复利用；长输管线安全高效运行、在线监测；城市燃气安全监测等相关技术会成为未来研究热点。

3. 石油炼化领域

炼油化工作为石油石化企业的重要主营业务之一，是增加价值、提升品牌、提高竞争力的关键环节。未来陕西的石油炼化将主要在氢化丁腈橡胶、梯度阻尼橡胶、长链支化稀土顺丁橡胶分子设计及制备等特种专用橡胶技术，多元醇酯、烷基萘、硅烃、低聚抗氧剂等高端润滑材料构效关系和高选择性合成技术，突破分子表征、先进分离、模拟放大、分子重构、智能控制等三大关键技术领域，开展多产化工料或多产航煤兼顾化工料等传统炼厂转型升级示范。

4. 信息技术领域

信息技术将重塑能源未来。在新发展格局中，石油能源企业数字化转型成为必然趋势，利用数字信息技术推动石油能源技术革命，切实解决石油能源发展中存在的各种复杂问题，是陕西石油能源行业所普遍面临的重大任务。同时，陕西作为能源大省，率先探索能源产业转型升级和创新发展具有天然的优势。

（二）深化体制机制改革，激发科技创新活力

习近平总书记强调，要完善科技创新体系，坚持创新在我国现代化建设全局中的核心地位。加快构建并完善推进创新驱动发展的有关体制机制，以制度创新激发创新活力，推动科技创新，集中力量突破石油产业关键核心技术，打造陕西科技创新人才新高地，推动科技创新能力从量的积累向质的飞跃、从点的突破向系统提升转变。

1. 加强顶层设计，推动协同创新

一是以国家战略需求为导向，提前布局一批重特大核心关键“卡脖子”技术攻关。聚焦产业链的重点领域和关键环节，精准布局实施一批重大产业

技术攻关项目，推动产学研精准对接。二是建立多主体联合攻关、协同创新体制。发挥在陕石油企业龙头作用，由高等院校、科研机构提供科研支撑，围绕页岩油、深层油气勘探开发等关键领域加快布局一批“四主体一联合”科技研发平台。三是形成全面科学的科技评价体系。赋予科技创新主体在人才引培、职称评定、绩效分配等方面更多的自主决策权，建立健全“破四唯”“立新标”并举的科技人才评价体系。

2. 促进两链融合，加速成果转化

严格落实“四个革命，一个合作”总体要求，逐步强化企业在科技成果转化中的主体地位，培养和引进专业化的技术转移队伍，构建多元科技成果转化投融资体系，打造技术成果转化联合体，促进创新成果高效转移转化。鼓励高校科研院所与企业签订战略合作框架协议，搭建校企合作研发平台，共建“石油能源科技创新联合研究院”，强化政产学研用金协同创新。重点瞄准我国“十四五”油气增储上产重要增长极及西部地区的塔里木盆地、准格尔盆地、鄂尔多斯盆地石油和天然气开发中的“卡脖子”重大工程技术难题，聚焦陕西省新材料、新能源、装备制造等多个重点产业链共性关键技术，开展联合技术攻关，突破“卡脖子”技术瓶颈，促进基础理论创新与应用技术研发的有效衔接，赋能石油能源经济高质量发展。

3. 加速高水平科技研发中心建设，助推区域经济社会发展

瞄准能源领域科技发展前沿，突出陕西科技创新优势，特别是在复杂难动用、页岩油、二氧化碳等领域依托陕西省科技资源建设一批关键共性技术研发平台、校企联合研发平台。全面实施“服务社会能力提升计划”，多举措构建社会参与机制，积极与国家、地方的重点产业融合发展，致力于服务国家、地方经济社会发展。同时，围绕石油石化产业、企业发展的热点难点问题，研判石油石化产业方向和技术路线，制定石油能源领域相关技术规范和行业标准，为政府出台能源产业政策提供决策支撑，为石油能源类企业纾困解难和技术研发提供咨询服务。

（三）健全人才引培机制，提升科技新动能

人才强企是新时代石油能源企业的核心战略之一。陕西石油能源企业应努力把发展科技第一生产力、培养人才第一资源、增强创新第一动力有机结合起来，全面贯彻落实习近平总书记“要推进产学研用一体化，支持龙头企业整合科研院所、高等院校力量，建立创新联合体，鼓励科研院所和科研人员进入企业，完善创新投入机制和科技金融政策”的重要指示精神，加大支持石油与天然气工程学科发展力度，鼓励陕西省龙头企业与高校、科研院所联合组建“创新联合体”，探索产学研合作、项目共研、人才共育新模式。

1. 健全人才引进机制

一是强化人才需求分析，聚焦行业发展和企业需求，做好人才战略规划，保证地质勘探、油气田开发、油气井工程等重点专业领域人才供应，做好新能源、新材料、新一代信息技术等战略新兴领域人才储备；二是加大高层次人才引进力度，重点引进能够引领专业领域发展、企业“高精尖缺”的高层次科技创新人才，加快科技领军人才和青年科技人才队伍建设；三是优化人才引进环境，实施开放务实的引才政策，建立有较强竞争力的激励保障政策，吸引国内发达地区和海外地区的高层次人才，实现“筑巢引凤”的新局面；四是拓宽人才引进渠道，打造公开引才信息平台，围绕企业技术攻关专项，充分发挥院士工作站、博士后工作站“植梧引凤”作用，组建专家领衔的科研团队。

2. 创新人才使用方式

一是改革职称评审制度，对于领军人才、青年拔尖人才和做出重大贡献人才，可根据实际情况破格或优先评审，设计高层次人才发展的职业发展通道；二是改革薪酬制度，适当减少岗位薪酬比例，引入技能薪酬和宽带薪酬，增强薪酬的竞争性和激励性，提高科学技术奖励额度，加大基础研究奖、技术发明奖奖励力度，强化对核心科技研发人才、高技能领军人才的激励；三是加快人才发展通道建设，推动优秀人才在各序列中合理流动发展，

大胆使用在增储上产、科技创新、提质增效等重点任务中勇挑重担、业绩突出的干部；四是为高层次人才搭建发展平台，坚持以用为本、“筑巢引凤”与“引凤筑巢”并举，实现高层次人才的价值增值，推动高水平科研团队建设，切实发挥领军人才在战略咨询、集智攻关、人才培养中的重要作用。

3. 打造人才培养体系

一是明确人才培养的战略重点，打造一支数字化、专业化、平台型技术研发等骨干人才队伍，确定队伍建设目标，明晰建设路径；二是深入探索“校企合作”和“企企合作”模式，通过联合培养、定向培养等方式，分层次分专业开展优秀青年创新人才“订单式”培养，培养一批高层次应用型人才和研究领域工程技术接替人才；三是充分发挥企业自身的人才培养基地作用，用好在陕石油企业实训基地，加快培养输出优秀的实用型新能源技能人才，发挥“石油摇篮”的功能；四是打破学科专业壁垒，促进多学科交叉协同培养，加快推进低碳、零碳、负碳技术和大数据分析、数智化平台的开发应用，培养低碳人才和数字化人才。

4. 实施人才保障措施

一是加强员工思想政治教育和企业文化宣贯，增强高层次人才对企业价值观的认同，构建高层次人才与石油能源企业的心理契约；二是推动收入分配制度改革，建立与行业特点相适应、更具灵活性和市场竞争力、按照业绩贡献决定薪酬的收入分配机制；三是建立外部激励和内部激励并重的激励制度，强化国有企业的荣誉激励和情感激励，形成尊重人才、认可人才的企业作风；四是建立良性沟通机制和申诉机制，及时了解高层次人才的心理感受和需求，建立平等、和谐、合作的工作氛围，真正把最好的政策优势转化为人才聚集优势，助推陕西石油企业高质量发展。

参考文献

《高举中国特色社会主义伟大旗帜 为全面建设社会主义现代化国家而团结奋斗》，

《人民日报》2022 年 10 月 17 日。

国家发展改革委、国家能源局：《“十四五”现代能源体系规划》，http：//zfxxgk. nea. gov. cn/2022-01/29/c_ 1310524241. htm。

陕西省政府办公厅：《陕西省人民政府关于印发国民经济和社会发展第十四个五年规划和二〇三五年远景目标纲要的通知》，http：//www. shaanxi. gov. cn/zfxxgk/fdzdgknr/zcwj/szfwj/szf/202103/t20210316_ 2156630. html。

国家能源集团：《国家能源：以科技创新支撑世界一流企业建设》，《国资报告》2022 年第 5 期。

中华人民共和国自然资源部：《中国矿产资源报告 2022》，《中外企业家》2020 年第 4 期。

窦立、李大伟、温志新等：《全球油气资源评价历程及展望》，地质出版社，2022。

吴晓智、柳庄小雪、王建等：《我国油气资源潜力、分布及重点勘探领域》，《地学前缘》2022 年第 6 期。

杨罕、彭建标、肖汶等：《“双碳”目标与数字化转型背景下能源产业科技人才队伍的建设》，《科技导报》2022 年第 6 期。

B.11
陕西推进新一代北斗卫星导航空间有效载荷高水平自立自强发展路径研究

航天五院西安分院课题组*

摘　要： 北斗卫星导航系统是中国独立自主建设、运行的全球卫星导航系统，对于维护国防安全、推动产业结构升级、带动科技进步具有重大价值。本报告首先阐述了北斗卫星导航系统建设情况，针对核心空间有效载荷系统，从系统论证与关键技术攻关、器部件国产化、可靠性专项方面，介绍了自主可控发展情况。其次，结合国家规划，分析了新一代北斗卫星导航系统的发展趋势和系统应用方向。最后，立足于陕西科技发展，从支撑北斗卫星导航空间有效载荷自立自强和推进北斗应用产业发展两个方面，提出了陕西推进北斗卫星导航系统建设的路径和策略。

关键词： 北斗卫星导航系统　空间有效载荷　陕西

党的二十大报告指出“加快实现高水平科技自立自强”。“自立”旨在提升产业链供应链韧性和安全水平；“自强”则强调增强自主创新能力，加快引领性科技攻关，实现更高质量、更高效率的创新驱动发展。北斗卫星导航系统作为国之重器，是中国科技自立自强的典范。2020 年 7 月 31 日，北斗三号全球卫星导航系统建成暨开通仪式在北京人民大会堂隆重举行。习近平

* 课题组组长：李立，航天五院西安分院副院长，研究员。副组长：杨毅，航天五院西安分院北斗三号有效载荷总指挥，研究员；徐启炳，航天五院西安分院北斗三号有效载荷主任设计师，研究员。成员：胡倩倩、陈晨、钱小平、徐成东、武昌新。

总书记出席仪式，并向世界庄严宣布："北斗三号全球卫星导航系统正式开通！"标志着中国成为继美国、俄罗斯之后，世界上第三个独立拥有全球卫星导航系统的国家。

目前，北斗全球卫星导航系统在轨工作正常、运行稳定，北斗产业应用已全面展开。按照建设规划，我国将在 2035 年前建成国家综合定位导航授时 PNT 体系，建成覆盖天空地海、基准统一的高精度、高安全时空信息服务基础设施。本报告回顾了我国北斗卫星导航系统建设历程，紧跟国家卫星导航建设的总体规划，提出推进新一代北斗卫星导航空间有效载荷高水平自立自强的发展策略。

一　北斗卫星导航系统建设情况回顾

北斗卫星导航系统是我国自主建成并独立运行的卫星导航系统，也是我国可以为全球用户提供全天候、全天时、高精度定位、导航与授时服务的重要新型空间基础设施。

（一）整体建设情况

我国坚持"自主、开放、兼容、渐进"的原则建设和发展北斗系统，实施了"三步走"发展战略。1983 年，以陈芳允教授为代表的专家学者提出能否利用地球同步卫星来测定地面和空中目标位置的设想，国家有关部门、用户及研制部门进行了大量的理论和技术探索，形成双星快速定位系统的概念。1994 年，党中央、国务院和中央军委启动"北斗一号"工程，正式开始卫星导航的试验探索。2000 年底，我国建成了北斗一号卫星导航系统，采用有源定位体制，为国内用户提供定位、授时、广域差分和短报文通信服务。2004 年 9 月，国务院、中央军委批准第二代卫星导航系统的建设任务。

该系统的建设分为两个阶段：第一阶段在 2012 年建成军民共享的区域卫星导航系统及多模增强系统，第二阶段是适时发展建设全球卫星导航定位系统。2012 年 12 月 27 日，北斗二号卫星导航系统完成建设，面向国土及周边开通区域服务，实现了北斗一号向北斗二号的服务过渡，并在北斗一号双星定位的系统体制基础上，增加无源定位体制，为亚太地区用户提供定位、测速、授时和短报文通信服务。2009 年北斗全球系统启动建设。2020 年 7 月，北斗全球卫星导航系统全面建成并向用户提供导航定位与授时服务，同时还可以为用户提供星基增强和精密单点定位服务，实现服务的高精度、高完好性，并融合通信数传的功能，为全球用户提供短报文通信和国际搜救服务。

（二）空间有效载荷自主可控发展情况

有效载荷是导航卫星的重要组成部分，其性能直接决定着导航卫星的服务性能。中国航天科技集团有限公司五院西安分院（以下简称“西安分院”），地处陕西省西安市。作为导航卫星有效载荷总体单位，西安分院承担了北斗一号卫星、北斗区域系统卫星全部有效载荷产品的研制，并完成了北斗全球卫星导航系统的 26 颗卫星有效载荷产品的研制工作。从 2009 年北斗卫星导航系统建设项目启动到 2020 年系统建成，11 年间，圆满完成所承担的重大专项任务，确保了全球卫星导航系统按时完成建设。

按照“独立自主、开放兼容、技术先进、安全可靠”的系统建设总目标，西安分院将实现卫星载荷关键器部件国产化和工程自主可控作为有效载荷研制的核心目标，广泛调研，联合国内优势厂家，从部件国产化研制和元器件国产化两个层面，扎实推进有效载荷的自主可控。

在系统研制起始阶段，西安分院积极主动开展系统体制及方案的论证和确定、有效载荷方案论证等工作，确定需要国产化的部组件产品，梳理形成了行波管放大器、环形器及负载、原子钟、微波开关、固放等 5 大类 19 项部件国产化项目。在工程总体、卫星总体的共同努力下，优选国内优势力量开展部件国产化攻关。通过在全国范围选择优势厂家进行合作研制或独立研制，落实研制厂家，提早启动国产化部件研制工作，牵引各家单位与进口产品对标，实现“要求统一、接口统一，设备能够直接互换”。同时，制定统一的可靠性与寿命鉴定考核规范，指导各厂家在国产化部件电性能得到验证的情况下，对部件可靠性和寿命进行全面验证，最终确保器部件100%国产化目标的全面完成，实现了系统建设自主可控。

在部组件全国大联合国产化的情况下，为确保核心国产化部件的基本可靠性，西安分院主动承担多项国产化部组件的可靠性提升课题，对国产化器部件的可靠性薄弱环节进行关键性补强，确保卫星在轨连续稳定运行，牵头并组织完成了空间行波管放大器可靠性薄弱环节改进及验证、固放可靠性与寿命研究及验证、构架天线机构可靠性与寿命研究及验证、原子钟关键组件性能退化特性与寿命研究、Ka 相控阵天线可靠性与寿命研究及验证工作。上述国产化部组件在 2015 年发射的北斗全球卫星导航系统试验卫星上全种类得到应用，并通过了在轨全面考核及定期健康状态评估。根据在轨运行情况不断改进设计，确保组网星建设阶段 100%国产化目标的实现，为国产化部组件在轨稳定运行奠定了坚实的基础。

针对国产化元器件，西安分院着眼大局，探索寻求自主可控途径与手段，积极梳理元器件国产化需求，提出 131 项进口元器件的国产化需求，并将需求提交国家相关部门，牵头与国内元器件研制厂家对接，促进国产化的需求落地，引领厂家的国产化方向，分四步走战略实施，逐步开展国产化应用验证。西安分院承担并完成了 60 余项国产化元器件的应用验证工作，选用国产化元器件上星飞行，在轨评估验证，推动元器件国产化率逐步提高，从试验星阶段的关键元器件 70%国产化，到最终的关键元器件 100%国产化，确保了北斗全球卫星导航系统建设实现完全自主可控。

（三）空间有效载荷自立自强的主要成果

西安分院为北斗卫星导航系统提供了七大类有效载荷，包括全球基本导航载荷、RDSS（卫星无线电定位系统）载荷、相控阵星间链路载荷、激光星间链路载荷、国际搜救载荷、全球报文通信载荷和 Ka 高速对地链路载荷。其中相控阵星间链路载荷、激光星间链路载荷、国际搜救载荷、全球报文通信载荷和 Ka 高速对地链路载荷，填补了北斗导航技术领域的空白。

在北斗卫星有效载荷研制过程中，实现了七大类有效载荷 44 项关键技术的全面突破，形成了一大批高质量的标准规范和专利，其中标准规范 30 多项，包括国家标准 1 项、国军标 3 项、行业标准 1 项、集团/院标 5 项。在北斗重大专项空间有效载荷的研制过程中，获得专利 100 余项。

通过北斗卫星导航系统空间有效载荷的研制，牵引并带动相关专业领域和核心产品的快速发展，锤炼出一批致力于实现高水平科技自立自强的杰出青年和团队。张立新同志作为北斗三号卫星副总设计师，带领团队攻克星间链路、自主完好性监测、相控阵天线、新型导航信号生成等 20 多项关键技术，成功实现有效载荷大功率微波开关、行波管放大器、固放等全部 19 类产品的 100%国产化，团队荣获“中国青年五四奖章集体”。贺玉玲团队实现北斗导航卫星“心脏”铷钟六百万年只差一秒的精度，获得第十八届中国青年女科学家奖团队奖。马小飞团队攻克世界级难题，研制出只有头发丝五分之一粗细的金属钼丝网和稳定的大天线展开机构，有力支撑北斗三号工程，同时也为我国通信、遥感、深空探测等领域卫星大型网状天线的研制提供了关键保障，团队入选国家级科技创新团队。

北斗全球卫星导航系统的自主可控研制，带动了我国卫星有效载荷国产化的快速发展，形成了以行波管放大器、固放、铷钟等产品为代表的研制产业链和生态，国产化产品逐步形成型谱化、货架化发展，带动了国内相关研制厂家的快速发展，改变了我国卫星载荷研制核心部组件长期依赖进口的局面，为航天强国建设提供了坚强支撑。

二　新一代北斗导航系统的发展趋势

国家正在论证和建设的新一代综合 PNT 体系，将满足我国在军用和民用领域对于时间、空间信息主导权的需求，其中，下一代卫星导航系统仍是综合 PNT 体系的核心基石。各行各业和大众用户对精准泛在时空信息服务的需求越发强烈，构建以卫星导航系统为核心基石的时空基准网和导航信息服务网，围绕“更加泛在、更加融合、更加智能”的综合时空体系目标，打造“更精、更强、更广、更智能”的卫星导航服务能力已成为未来发展的重要方向。但卫星导航有天然的脆弱性，存在深空、水下、室内服务盲区的固有不足，无法适应人类活动范围由地表扩展到太空深处的泛在应用需求；同时，难以提供对抗干扰、防欺骗、高精度、快收敛和差异化服务等方面的基础技术支撑，在满足国家经济从高速发展向高质量发展所面临的融合创新需求方面存在一定的差距。

（一）北斗卫星导航系统的发展趋势

北斗系统工程首任总设计师孙家栋院士对北斗系统寄语，“天上好用，地上用好”。“天上好用”指导航卫星必须确保“全天候、全天时”提供连续高精度、高可靠服务，新一代卫星导航系统需要从导航服务性能、星座和卫星智能化运行与管控、抗干扰能力等方面进一步实现发展。

1. 星座层发展趋势

随着卫星导航系统和技术的发展，单一的工作轨道难以满足人类对多样化时空信息服务的需求，不断更新扩展的中高轨+低轨星座将成为新的方向。从美国、欧洲等的新一代导航系统的发展来看，基于低轨星座的卫星互联网通信技术与导航增强技术是未来发展的重点。

一方面，通过通导融合信号设计，可以实现导航信号的播发；另一方面，也可直接从通信信号中提取出用于导航的测距和时间信息，实现机会信号定位。除了独立定位以外，低轨星座具有几何图形变化快、落地信号功率强等优势，全面提升了卫星导航系统的精度、完好性及抗干扰能力，能够为快速精密定位、联合精密定轨、天基信号监测、受限环境中的定位应用等带来新的发展机遇。未来，以期服务于银行、电力、军事等高价值安全用户，以及自动驾驶、无人机等高精度实时精密定位用户。

2. 空间有效载荷发展趋势

北斗全球卫星导航系统实现了高质量导航服务，有效载荷采用高精度原子钟、数字化处理产品、星间链路等技术。面向下一代卫星导航系统的更高精度、更智能、更高连续性等需求，空间有效载荷发展趋势是向轻小精稳的星载原子钟、数字化多任务处理以及构建高精度星间激光链路的方向发展。在星载原子钟方面，原子钟为导航系统提供了高精度的时间频率基准，要求精度更高、稳定性更优。卫星有效载荷要求星载原子钟的重量更轻、体积更小、可靠性更高。未来，星载铷钟、铯钟和氢钟的性能指标可进一步提升，同时，需要同步发展汞离子钟、冷/热原子微波钟和光钟等精度更高、稳定性更优、体积小、重量轻的新型原子钟，将卫星的时频基准进一步提升。

卫星导航系统对更高精度导航、定位和授时服务的灵活性和可靠性已经成为最为迫切的需求。因此，新一代导航卫星面对高精度、灵活捷变、服务按需扩展、小型化、集成化和轻量化的发展趋势，需要开发新型的数字化载荷，才能满足导航信号生成需求、灵活智能导航对抗需求、资源共享管理需求、易制造可扩展需求，100%数字化、多业务融合、智能处理等将是其核心发展方向。导航处理载荷是导航卫星空间有效载荷的神经中枢，处理包括导航信号生成、信号接收、信号监测、智能故障诊断等多种导航业务。其中，未来的智能驾驶、智慧城市的蓬勃发展对卫星导航系统提出了更高的导航服务性能需求，而导航服务性能提升的核心在于导航信号性能提升，需要采用更先进的技术，确保导航信号的高质量生成与播发。

星间链路具有测量精度高、数据速率高、传输功率低、波束发散小等特点，可以实现卫星之间皮秒甚至更高精度的时间测量和大容量数据的传输。星间高精度的时间测量，可以有效提升导航卫星的轨道位置和相关时间信息的精度，提升星间大容量数据传输能力，强化卫星导航系统的网络属性，促进导航、通信融合的多样化服务，突破更新、更准的 PNT 性能。在兼容北斗全球系统的星间链路体制的基础上，进一步提升星间链路的传输速率成为核心需求。在北斗全球系统中，已经配置了相控阵星间链路，并开展了激光星间链路的在轨试验与验证工作，下一代卫星导航系统中，需要进一步提升激光星间链路可靠性，提高信息传输速率，形成空间信息传输骨干网络。

3. 空间信号层发展趋势

未来，导航信号具备灵活性和安全性，为了提高导航信号抗欺骗性能，保证用户使用安全，各 GNSS 可采用信息鉴权认证及部分扩频码加密方式，在不影响基本用户使用的情况下，保证用户接收到真实完整的导航信息。

在发展灵活安全的导航信号中，需要关注并研究新型导航信号体制设计技术、导航信号兼容与互操作技术、GNSS 信号认证与评估技术、数字化载荷技术、灵活波束天线技术等。

（二）北斗卫星导航系统应用趋势

孙家栋院士指出，“北斗的应用只受人类想象力的限制”。从 2012 年北斗二号区域系统开通并提供北斗导航服务以来，北斗已广泛应用于我国交通运输、气象预报、农业渔业、救灾减灾、水文监测、公共安全等领域，产生了显著的经济效益和社会效益。

随着北斗全球卫星导航系统服务的逐步展开，服务的类型更加多样，产生的效益也更为明显，短报文+导航的特色服务为国家的救灾减灾、交通运输等方面提供了更为广阔的应用场景，产生了新的经济发展点。用户服务是导航系统的最终目标，对于未来的服务层，系统增强信息的生成将更加自主、多源，服务更加快速、可用，同时具备多样化的能力。

在服务能力方面，构建“GNSS+5G+低轨星座”的导航增强体系，GNSS 为 5G 基站和低轨星座提供高精度时空基准，而 5G 和低轨星座分别作为地基增强和星基增强平台又能为 GNSS 转发高速的误差修正信息，同时也能克服 GNSS 所固有的局限性和脆弱性。5G 信号将高精度时空服务从开阔的室外环境扩展到城市峡谷、室内、地下等遮蔽空间，实现室内外无缝统一的高精度导航定位。低轨星座则将高精度、高功率、高完好性增强服务拓展至全球范围，并利用自身空间几何图形变化快的优势，解决广域精密定位收敛时间长的核心难题。

当前，国家综合定位导航授时 PNT 体系将有效破解北斗卫星导航系统扩大应用所面临的现实问题和困境。一方面，通过“北斗+”“+北斗”等应用组合，将进一步推动北斗规模化的应用。另一方面，通过综合 PNT 建设，可以提供未来车道级高精度导航、工业控制领域精确定位追踪，以及在航空、无人机、高铁、物流等生命安全领域的导航应用。此外，可以通过与物联网、5G 通信技术的融合，形成“北斗+物联网+5G”的通导遥一体化解决方案。

三　以空间有效载荷自立自强持续支撑国家综合定位导航授时 PNT 体系建设

全天候、全天时的高精度定位、导航和授时 PNT 服务已经成为国家最重要的空间基础设施，是国防力量建设和国民经济生活的重要基石。北斗卫星导航系统作为世界先进的卫星导航系统，空间有效载荷是系统提供服务的核心和关键，是实现卫星导航新技术的载体和途径，更是实现卫星导航系统占据未来战略制高点的核心保障。

面向未来新一代卫星导航系统建设目标，在空间有效载荷研制方面，必须自立自强，坚持“超越发展、国际领先”的设计理念，推动实现国际领先的导航系统。针对军民用户日益增长的 PNT 服务需求，以及更加泛在、更加融合、更加智能的 PNT 体系建设需要，应对世界卫星导航领域的激烈竞争，突破更高精度原子钟、新型导航载荷、多种智能导航对抗手段、智能化电子信息系统等关键技术，开展新一代关键技术在轨验证，推动北斗导航系统升级换代，实现更连续、更稳定、更精确、更安全的定位、导航和授时服务。

（一）立足系统顶层需求，央地联合深度参与大系统论证

以新一代北斗导航系统特征和导航卫星发展需求为切入点，开展调研与差距分析，通过任务分析和指标分解，明确总体要求。基于现有技术储备及未来技术发展方向，进行任务细化和分配，识别关键技术，进行总体方案的可行性论证与仿真验证，根据验证结果与可行性论证情况开展迭代设计。

提前参与国家系统论证，开展空间有效载荷技术研究与攻关，确保系统的技术先进性。陕西是全国高校和军工科研院所的聚集地，有条件、有能力

形成合力，其中西安测绘所、中电 20 所、中科院国家授时中心、西安光机所等单位在北斗全球导航系统的建设中已经深度参与。可以将空间有效载荷关键技术作为主线，联合各单位开展系统建设的核心技术研究，全面参与国家综合定位导航授时 PNT 体系的论证与应用布局，从新技术、新理论层面为新一代卫星导航系统建设贡献力量。

（二）立足星地一体融合论证，促进天地一体化应用发展

围绕基于北斗的国家综合定位导航授时 PNT 体系，充分发挥陕西卫星导航空间有效载荷研制基地的优势，立足星地一体融合的科技创新驱动模式，实施“以星带地”的发展战略，开展“星地一体化”规划论证，制定北斗卫星导航系统及应用顶层规划及产业发展布局，增强北斗导航地面系统和创新应用的先发优势。通过天基系统和地面系统一体化协同建设，依托北斗卫星导航应用技术，将北斗系统与其他导航系统进行有机融合，构建天基融合信息网；将北斗时空信息、遥感数据信息和地面感知信息进行有效融合，搭建综合服务信息网，形成集遥感、通信、导航定位于一体的卫星服务网络，助力陕西北斗导航系统产业的发展。

（三）坚持自主创新，实现关键技术和产品自主可控

新一代卫星导航载荷将继承北斗三号自主可控的成熟经验，坚定不移地走国产化道路，在北斗三号实现核心元器件 100%国产化的基础上，继续推进关键部件和关键元器件 100%国产化、100%在轨应用。提前识别需求，广泛布局，联合全国优势力量，开展核心器部件国产化攻关；加强理论和应用合作，将先进创新理论应用于工程建设中，推动工程走实走强；精心策划，按照“分步实施、充分验证、扎实推进”的原则，从国产器部件选用、研制与关键技术攻关、应用验证、可靠性验证四个方面扎实开展国产化工作。

（四）加强空间载荷技术牵引，促进产学研用融合

相较于北斗三号，新一代导航卫星空间有效载荷中使用到的许多技术跨

度极大、要求更高，技术更新的速度也在不断加快，需要从基础理论、工程应用等层面进行突破。要充分发挥陕西省国防军工和科教资源的优势，组织高等院校、科研院所、军工企业和政府行业用户单位，建立多种形式的合作协同关系，建立利益共享机制，加强产学研用结合，促进成果共享，联合建设新一代北斗卫星导航系统研究中心、工程实验室、院士工作站、重点实验室等协同创新平台。联合开展技术攻关，加强核心元器件和大型集成电路的自主研发，形成可持续的技术创新机制，使研究开发工作与产品开发和产品化紧密结合、基础研究与应用研究结合、产品设计与工艺设计结合、软技术与硬技术结合，提高产品开发的能力和应用水平，推进具备核心关键技术的北斗卫星导航系统发展。

从空间有效载荷先进性角度提出需求，对涉及的新理论和新技术，牵引各高校及研究院所进行抗干扰、智能化、数字孪生、系统仿真等领域的基础性研究，为工程应用奠定基础。加大理论到工程的成果转化，新一代卫星导航载荷系统将广泛应用数字孪生、人工智能等新技术，陕西各大高校在相关技术领域中已经走在全国的前列，但工程应用方面尚有所欠缺，需要促进成果的转化应用。

（五）建立产业链体系，确保工程研制顺利开展

基于国家战略考虑，确保重大专项工程的技术先进性和建设进度，建立并完善空间有效载荷“全国大联合机制”，吸纳全国最强力量参与到载荷研制的合作团队，并积极布局，提前启动，分阶段周密部署。在北斗全球系统建设中，联合全国广大力量，在新一代卫星系统建设中，聚合陕西省各科技力量，各力量相互协调、共同努力，为新一代卫星载荷发展作出更大贡献。联合开展关键技术攻关，建立载荷，发展产业链，形成大联合格局，合理分工，以“技术”为核心展开联合，集智攻关，形成技术合力；面向工程研制，从产品研制到建立完善的产品供应产业链，重在系统工程建设与新技术、新体制攻关并行开展，技术大联合和产品大联合同步推进，建立供应链竞争机制，促进成本下降、产品质量提升。

四 陕西推进新一代北斗产业发展路径探讨

随着北斗三号全球卫星导航系统的开通，北斗产业发展环境逐步优化，北斗产业规模持续扩大，北斗行业应用不断拓展，陕西省北斗产业的发展空间不断拓宽，已经成为陕西省战略性新兴产业高质量发展的重要支撑和重要引擎。目前，我国正在论证和推进新一代北斗卫星导航系统建设，构建国家综合定位导航授时 PNT 体系，陕西省应抓住发展机遇，紧跟国家卫星导航的总体战略规划，推进新一代北斗产业发展，有力支撑国家综合定位导航授时 PNT 体系建设，促进陕西省战略性新兴产业高质量发展。

（一）充分发挥在陕军工企业优势

陕西是我国航天产业科研实力最强、最为雄厚的地区之一，是我国北斗导航产业研制生产的重要基地，拥有最具有国际影响力的西安国家民用航天产业基地，拥有国内最大的卫星导航空间有效载荷研制基地，拥有国内最大的北斗星基增强系统运营服务中心基地、唯一的卫星测控中心基地、唯一的国家授时中心，星地一体研制水平和综合实力居全国首位。现已形成集北斗导航卫星系统、地面测运控系统、天基/地基增强系统、系列终端和芯片的设计研制，以及综合运营服务和行业示范应用于一体的北斗产业体系。可以将北斗系统科技研发与载荷技术攻关作为核心，以产业发展为目标，提前布局和规划发展路径，开展新一代北斗卫星导航系统研制，带动我国空间技术的持续发展。

（二）创新北斗应用场景

充分发挥陕西区域地理环境优势，以及辐射西部区域的北斗应用技术优势，针对国家综合定位导航授时 PNT 体系，以北斗全球卫星导航系统为基础，融合无线电惯性导航、5G 移动通信网络、伪卫星基站等地基导航系统，构建综合 PNT 体系仿真应用系统，开展新一代北斗卫星导航系统验证工程，进一步形成以新一代北斗卫星导航系统支撑的综合 PNT 体系融合应用系统，探索在国家安全领域、重点行业领域和大众消费领域，创新北斗应用场景，形成完善的综合 PNT 体系验证和示范应用工程，推动未来的国家综合定位导航授时 PNT 体系建设。

（三）聚合北斗产业集群

依托陕西省北斗导航产业的科技优势，以及研制生产重要基地的资源优势，重点培育北斗卫星导航系统领军企业和“专精特新”小巨人企业，全方位开展新一代北斗卫星导航系统空间段、地面段和应用段生态圈建设，包括轨道分析和设计、卫星研发制造、卫星发射入轨、卫星测运控管理和地面应用服务等，打造器件—终端—系统—应用—服务一体的北斗产业链，带动区域内芯片、器件和部组件产业链规模化发展，聚合形成北斗产业集群。大力推广全球卫星导航系统规模化应用，构建新一代北斗卫星导航系统产业体系，全面推动新一代北斗产业发展，确立我国北斗卫星导航系统产业的领先地位。

（四）打造北斗生态产业

依托新一代北斗卫星导航系统应用技术，建设产学研用为一体的协同创新生态发展环境，将北斗从传统的设备终端领域向服务领域创新发展，通过实施“北斗+”融合物联网、云计算、人工智能等新一代信息技术，提供基于北斗时空数据的天基综合信息解决方案，打造北斗时空信息生态产业。

在“北斗+物联网”方面，融合物联网、云计算、大数据等技术和资源，搭建基于“北斗+物联网”的时空信息云服务综合管理平台，针对自然灾害、安全生产、公共卫生等突发事件，为政府、行业和大众等用户，提供智慧研判、应急预警和指挥处置的综合解决方案，推动北斗和物联网生态产业发展。

在“北斗+人工智能”方面，基于北斗高精度时空数据信息的人工智能技术，可应用于机器人、无人驾驶车辆、无人机等多种多样的无人系统中。

在新型智慧城市建设领域，搭建统一标准的时空大数据平台，以星地一体信息融合技术为核心，结合云计算、大数据、信息安全技术等，建成“网络化、智能化、服务化、协同化”的智慧城市生态产业体系。

参考文献

国务院新闻办公室：《新时代的中国北斗》（白皮书），2022 年 11 月 4 日。

中华人民共和国国务院办公厅：《国家卫星导航产业中长期发展规划》，2013 年 9 月 26 日。

中国卫星导航系统管理办公室：《北斗卫星导航系统发展报告》，（4 版），2019。

谢军：《卫星导航系统与技术》，北京理工大学出版社，2018。

《自主创新引领大国风采：北斗卫星导航系统》，《学习月刊》2021 年 4 月 20 日。

张奋、贾小林、阮仁桂、王龙、宗文鹏：《北斗卫星导航系统行业应用分析》，《第十二届中国卫星导航年会论文集——SO1 卫星导航行业应用》，2021。

张奋：《北斗系统应用趋势分析》，《卫星应用》2021 年 8 月 25 日。

《北斗 RDSS 民用需求分析报告》，2011。

陆立军、薛天：《北斗卫星导航产业化亟待优化产业发展环境》，《经济参考报》2015 年 5 月 26 日。

General Office of the State Council of the People's Republic of China. National satellite navigation industry medium - andlongterm development plan [EB/OL]. (2013 - 09 - 26) [2020-09-16]. http://www.gov.cn/zwgk/2013-10/09/content_ 2502356.htm.

B.12

产业链自主可控条件下陕西集成电路产业链发展研究

西安交通大学改革试点探索与评估协同创新中心课题组*

摘　要： 习近平总书记在党的二十大报告中强调要着力提升产业链供应链韧性和安全水平。产业链自主可控是确保我国产业链安全的基础，也是我国构建新发展格局、推动高质量发展的重要保障。对于全国各省（区、市）而言，积极建设和维护产业链安全不仅需要厘清产业链的发展现状，更需要清晰掌握产业链的自主可控程度，筑牢我国实现产业链自主可控的每个环节。集成电路产业链是陕西省“十四五”期间重点发展的产业链之一，如何科学规划陕西省集成电路产业链以满足国家自主可控的发展要求仍待进一步研究。为更加准确和系统地刻画产业链自主可控的程度，本报告参考国内学者研究成果并结合我国发展实际，基于资源自主可控、制度自主可控和市场自主可控三维度，构建了产业链自主可控分析评价体系，并对陕西省集成电路产业链现状进行了分析评价。分析发现，陕西省集成电路产业链当前存在技术设备环节领军企业匮乏、人才引进政策待完善、进口设备的依存度高等问题，距离实现产业链自主可控仍有一定距离。最后，基于上述问题，本报告围绕如何在产业链自主可控的总体要求下，实现陕西省集成电路产业的高质量发展提出了对策建议。

* 组长：冯耕中，西安交通大学管理学院教授，研究方向为信息管理与电子商务、物流与供应链管理等。成员：张剑如，西安交通大学管理学院助理教授，研究方向为企业数字化转型；朱佳雯，西安交通大学管理学院助理教授，研究方向为信息系统用户行为研究；周晓阳，西安交通大学管理学院教授，研究方向为平台经济与管理、大数据分析与智慧决策等。

关键词： 集成电路 产业链 自主可控 陕西

产业链自主可控，指我国产业链在价值创造和价值获取的过程中不受制于他国，产业发展布局、规划等不受外国支配。近年来单边主义和经济逆全球化趋势甚嚣尘上，叠加新冠疫情、俄乌冲突等诸多因素，我国产业链的安全和发展面临重大威胁。2021 年“十四五”规划明确提出要增强我国产业链的自主可控能力，保障国家安全和人民利益，2022 年党的二十大报告中再次强调产业链安全在国家高质量发展和维护国家安全方面的重要意义。产业链自主可控作为保障我国产业链安全的基础，为我国各产业的发展提出了要求，也明确了方向。

2021 年 7 月，陕西省政府响应中央部署，结合省内产业发展现状，明确将集成电路等 24 条产业链作为全省“十四五”时期的重点发展对象。由于不同产业链在国家层面和省级层面的发展现状和优劣势等各不相同，因此，陕西省需要根据不同产业链在国家层面的自主可控情况，结合本省实际以明确相关产业链发展的着力点和发展方向。

本报告首先构建了产业链自主可控评价体系，并据此对陕西省集成电路产业链现状进行了细致分析，识别当前发展中存在的优势与劣势，最后，就陕西省集成电路产业链如何在产业链自主可控的总体要求下实现高质量发展提出了对策建议。

一　产业链自主可控评价体系构建

构建产业链自主可控评价体系需着眼于影响产业链自主可控的关键因素，参考国内学者研究成果并结合我国发展实际，本报告认为产业链自主可控主要体现在资源的自主可控、制度的自主可控和市场的自主可控三个方面，并据此构建了产业链自主可控分析评价体系。

第一，资源的自主可控是首要考虑因素，其具体包括对产业链关键原材料、关键设备和关键技术三类资源的自给程度和控制水平。2018 年习近平总书记考察武汉烽火科技集团时指出："具有自主知识产权的核心技术，是企业的'命门'所在。企业必须在核心技术上不断实现突破，掌握更多具有自主知识产权的关键技术，掌控产业发展主导权。"这三类资源因产业有别而有不同指代，如太阳能光伏产业的关键原材料为多晶硅，而集成电路产业的关键原材料为大尺寸硅片、光刻胶等。这三类资源是构成一条产业链的基本要素，直接关乎产业链的自主可控。

第二，产业链的自主可控需要制度的保障，具体包括行业标准规范的制定与政府政策的制定实施两方面。制定适应我国国情的相关行业标准和规范可以维护行业的健康有序发展并保障本土企业的权益，而参与国际标准体系的制定则提升我国产业链在国际上的竞争力以及维护国内企业的权益。另外，产业链的自主可控发展离不开国家的引导和政策的支持，政府政策可以从宏观角度对产业链的发展提供方向上的指引，营造适宜的发展环境，提供金融支持，进行风险把控等。

第三，国内外市场格局也对产业链自主可控影响重大。2020 年中央财经委员会议上，习近平总书记首次提出要构建以国内大循环为主体、国内国际双循环相互促进的新发展格局。"双循环"新发展格局是我国构建安全、可控产业链的背景蓝图，也是确保实现我国产业链供应链不断升级的机制保障。国内外市场的不同点在于，国内市场更容易与本土产业链在发展方向上形成合力，推动产业链的自主可控发展，而国际市场对国内产业链的影响则取决于二者的位势强弱，当产业链更依赖国外进口时，国际市场便占据主导地位，对国内产业链带来的影响相对不可控，反之，则国际市场对产业链的影响相对可控，并为产业链自主可控发展提供资金支持。

基于系统性原则、代表性原则和现实可行性原则，本报告最终形成产业链自主可控评价体系，如图 1 所示，相关指标及说明见表 1。其中，系统性原则是指指标体系应能全面反映评价对象真实情况和水平。代表性原则是指每个指标对所反映领域应有足够的代表性，指标所选取数据对指标有足够的支撑性。现实可行性原则是指从现实出发，选取可操作的、客观真实的指标，从官方、行业协会或行业调研报告中获取数据。该评价体系为分析产业链自主可控提供了系统性的分析框架。

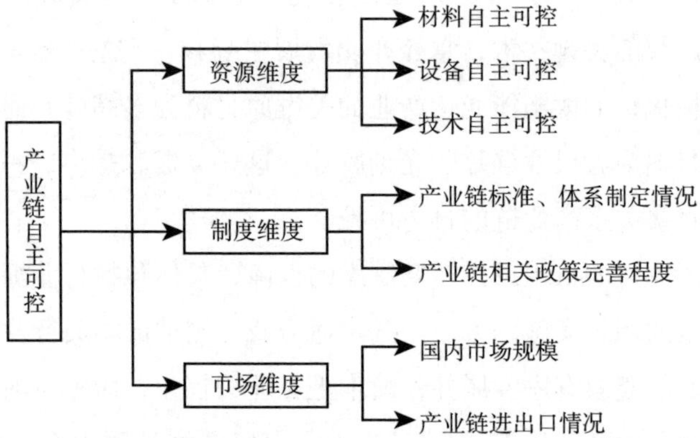

图1　产业链自主可控评价体系

表1　产业链自主可控分解指标及说明

目标	一级指标	二级指标	指标说明
产业链自主可控	资源维度	材料自主可控	反映产业链所用材料自有程度
		设备自主可控	反映产业链关键设备自有程度和先进程度
		技术自主可控	反映产业链关键技术自有程度和国际竞争力
	制度维度	产业链标准、体系制定情况	通过我国产业链标准体系的完备程度和参与国际标准体系制定情况反映我国产业链的自主可控水平
		产业链相关政策完善程度	通过产业链相关政策反映我国政府对相关产业链自主可控发展的重视程度
	市场维度	国内市场规模	从市场规模反映产业链内循环水平
		产业链进出口情况	从产业链材料、产品等的进出口情况反映产业链竞争力和自主可控水平

二　陕西省集成电路产业链自主可控评价

集成电路是我国各个产业现代化和数字化的基石，推动着我国产业和制造业的升级、发展。集成电路产业链的自主可控是保障我国经济安全、信息安全和国防安全的重要基础。基于上文构建的产业链自主可控评价体系，现对陕西省的集成电路产业链自主可控情况进行评价分析。

（一）资源维度自主可控情况

集成电路产业链的资源维度的自主可控主要体现在产业链相关材料、设备和技术的自给程度及相关人才储备。

1. 陕西省拥有集成电路主要材料龙头企业，弥补国内集成电路材料环节空缺

集成电路产业链所用材料主要包括硅片、光刻胶和电子特气等。目前，陕西省在集成电路产业链材料领域的优势在于拥有硅片和光刻胶方面的国内领军企业，劣势在于电子特气方面缺少具有竞争力的企业。具体分析如下。

硅片作为集成电路产业链最上游材料，直接关乎整条产业链的自主可控。一直以来，半导体硅片被国外企业如日本信越化学、德国 Silitronic 等垄断，我国半导体硅片的对外依存度超过 80%①。近年来，随着国家的重视和扶持，我国涌现出一批具备大尺寸半导体硅片供应能力的国内厂商。陕西省目前拥有 12 英寸大硅片研发制造的领军企业西安奕斯伟。2018 年，在陕西省政府和西安市政府的大力支持下，西安奕斯伟共筹资 110 亿元建设硅产业基地，该项目是全国仅有的三个通过国家发改委、工信部“窗口指导”评审的集成电路用大硅片生产项目之一。项目共分两期，目前一期已竣工投产，产能大约为 5 万片/月，已开始交付产品。二期建设预计 2022 年内完成，届时

① 周观平、易宇：《新发展格局下提升中国集成电路产业链安全可控水平研究》，《宏观经济研究》2021 年第 11 期。

产能可达30万片/月，根据估测，满产状态下奕斯伟出货量有望登顶国内，并跻身全球大尺寸硅片企业前六，将显著改善我国当前面临的12英寸硅片供应短缺的现状，提升我国集成电路产业链的技术水平和产品竞争力。

光刻胶是集成电路生产制造过程中的关键辅助材料，根据技术难度从低到高可细分为PCB光刻胶、面板光刻胶和半导体光刻胶等。其中，PCB光刻胶技术门槛较低，已率先实现国产替代，2021年我国PCB光刻胶产量的全球占比超过90%①；而面板、半导体所用光刻胶由于技术难度高，我国自给率依然很低，对外依存度超过90%②。陕西省在光刻胶领域积极推动省内企业与国际先进光刻胶企业的深度合作。2022年5月16日，中国电子彩虹集团与国际面板光刻胶龙头企业德国默克集团在中电彩虹集团总部陕西省咸阳市举行光刻胶项目签约仪式，中国电子彩虹集团成为德国默克集团的首个全球合作伙伴，该项目标志着陕西省彩虹集团成为国内极少数面板光刻胶供应商之一，与国际领先的光刻胶企业开展深入的技术合作，有助于加快我国面板光刻胶技术的突破和国产化进程。

电子特气是集成电路生产所需的特种气体的统称，包括100余种。目前我国仅能生产约20%的品种，在特种气体生产技术和工艺上仍有缺陷，严重依赖进口。2020年，美国空气化工、法国液化空气等国外企业产品一共占据中国85%的市场份额。③ 陕西省凭借半导体巨头韩国三星电子入驻西安所带来的产业链聚集效应，与电子特气龙头企业美国空气化工开展长期合作，为三星电子（西安）的储存器芯片厂提供高纯度氮气以及包括氩气、氦气等在内的大宗气体。遗憾的是，当前陕西省尚未出现具有国际竞争力的本土电子特气企业。

2. 陕西省集成电路设备企业集中在封测环节，企业布局偏科严重

集成电路产业链设备的自主可控有助于强化我国集成电路产业链的核心竞争力，确保产业链条的完整性和控制力。集成电路设备主要分为晶圆制造

① 中商产业研究院：《2022年中国光刻胶产业链上中下游市场预测分析》。

② 中商产业研究院：《2022年中国光刻胶产业链上中下游市场预测分析》。

③ 中商产业研究院：《2022年中国光刻胶产业链上中下游市场预测分析》。

设备和封装测试设备。陕西省在集成电路产业链设备领域的优势集中在封装测试环节，拥有多家国内领先的封测企业；劣势在于晶圆制造设备企业匮乏。具体情况如下。

晶圆制造设备方面，我国的刻蚀机、化学研磨设备、薄膜沉积设备、清洗干燥设备等的国产化进展成效显著，均已达到28纳米以下先进制造工艺水平，接近国际领先水平。但技术尚未成熟、良品率低等因素导致制造成本高，短期内国产替代率普遍不足20%。相关国产研发制造企业如中微半导体、北方华创、上海微电子、南京晶能等主要来自北京、上海等地，陕西省上述半导体设备的研发制造企业较少。

光刻机目前国产替代设备最先进的工艺仅为90纳米制程，由上海微电子供应。同比之下，荷兰企业ASML凭借全球唯一的极紫外光刻机生产能力，已率先实现5纳米制程工艺，在高端领域市场占有率高达80%。我国在光刻机领域与国际先进水平差距很大。90纳米制程的光刻机虽然可以满足大型设备如冰箱、洗衣机、工业机器等的要求，但对于高密度、精细化的小型集成电路设备，如智能手机、电脑硬件等消费电子领域产品的制造需求尚无法满足。由于光刻机制造的工艺、技术极其复杂，国内具备相关研发实力的企业寥寥，陕西省企业有待在相关领域积极突破。

封装测试设备方面，我国已达到国际先进水平并实现国产化替代，国产替代率已超过40%。陕西省凭借集成电路产业链的集群优势，汇聚了多个国内先进封测企业，如华天科技、中车永电、西谷微等。其中，华天科技的规模在全球封测企业中排名第六、国内排名第三。

3. 陕西省缺乏集成电路上游技术企业，中游技术企业有聚集优势

拥有自主可控的集成电路技术是实现集成电路产业高质量发展、多产业融合以及促进集成电路技术成果转化的必要条件，是支持我国创新发展战略、维护国家安全的重要基础。集成电路产业链的关键技术主要指上游的EDA（Electronic Design Automation，电子设计自动化软件）与核IP（Core Intellectual Property）技术以及产业链中游的芯片设计。陕西省在集成电路产业链技术领域的优势在于汇聚了一批国内顶尖的芯片设计公司、机构，劣

势是缺少产业链上游 EDA 和核 IP 研发企业。具体情况如下。

EDA 是集成电路设计、模拟、仿真的软件工具集群，是芯片设计的“基石”，也是制造和设计的纽带。当前 EDA 市场被国外企业垄断，根据赛迪智库数据，美国新思科技、美国铿腾电子和德国西门子三大 EDA 巨头在 2020 年占据中国 80%的市场份额①。陕西省在 EDA 领域缺乏有竞争力的企业，国内 EDA 企业主要分布在北京、上海和杭州等地，如华大九天、概伦电子、广立微、芯禾科技等。目前我国 EDA 产品尚无法覆盖集成电路涉及所需的全套环节，在逻辑综合、测试性设计、物理验证等环节尚未突破技术瓶颈，仍然完全依赖国外 EDA 产品。我国 EDA 发展尚在初期，很多 EDA 环节还处于空白，为陕西省积极布局、投资 EDA 相关企业提供了发展空间。

核 IP 即芯片架构，大体可以分为用于电脑端的芯片架构和用于移动端的芯片架构，全球主流芯片架构均掌握在国外企业手中，如英国企业 ARM 的市场占有率超过 40%。目前陕西省在该领域没有具有竞争力的本土企业，国内电脑端芯片架构的引领者为北京龙芯中科，公司自主研发的“龙芯”系列 CPU 历经多年艰辛已于 2021 年成功研制并在国内市场占有 2%的份额，性能逼近国际主流 CPU 产品。然而在移动端，我国芯片架构高度依赖 ARM 公司的授权，我国自主研发的芯片架构与国际先进水平仍有较大差距。

芯片设计是将系统、逻辑和性能构想转化为具体物理设计版图的关键过程。目前我国芯片设计处于世界领先水平，已实现完全国产化，自主可控程度高。陕西省在芯片设计领域聚集了一批国内顶尖的企业、分公司或研究所，如华为、中兴克瑞斯、紫光国芯、芯派、龙腾、航天民芯等。从全国来看，以华为海思、紫光展锐、寒武纪等优秀芯片设计公司为代表在全球合计占比已达 10%，国内芯片设计企业实力已经匹配智能手机、电脑等设备的先进制成设计要求。

① 《国内 EDA 市场已被三大巨头“侵占” 国产企业要想赶超，创新才是唯一的“解药”》，https：//www. xianjichina. com/special/detail_ 508138. html。

（二）制度维度自主可控情况

制度维度主要由行业标准规范的制定与政府政策等两方面组成，共同营造了产业链自主可控发展的制度环境。陕西省在集成电路产业链制度方面的优势在于产业链高端人才引进政策有力，劣势是本省企业鲜有参与集成电路标准制定工作。

1. 陕西省在集成电路标准制定工作中参与度低

在国内体系标准制定方面，既往集成电路的标准化工作主要由全国半导体器件标准化技术委员会集成电路分技术委员会负责，受分标委组织结构、人员规模和专业等限制，无法与国内当前高速发展的产业现状相匹配。于是2021 年 1 月工信部发布《全国集成电路标准化技术委员会筹建公示》，筹建委员会推进集成电路标准化工作。全国集成电路标准化技术委员会成员单位主要来自北京、上海等地，如海思半导体、大唐半导体、华大半导体等，陕西省仅有西安微电子技术研究所入选并参与标准化制定工作。

在国际体系标准制定方面，由于我国集成电路产业发展较晚，相关企业以跟进、执行国际标准为主，较少参与国际标准制定。2020 年 8 月 4 日，国务院印发《新时期促进集成电路产业和软件产业高质量发展的若干政策》，鼓励国内企业积极对外合作并参与国际标准的制定工作。

2. 陕西省产业链规划部署有力，但人才吸纳政策有待完善

近年我国围绕集成电路产业链陆续发布多项政策，从人才培养、研发支持等方面对产业链发展提供有利条件，起到重要引领作用。在人才培养方面，教育部将集成电路专业设置为一级学科并授予博士点，支持国内顶尖高校成立集成电路学院。在研发支持方面，我国设立集成电路重点研发计划、科技重大专项基金等，强化企业研发费用加计扣除政策，并于 2021 年“十四五”规划中明确要求完善集成电路产业链体系等。

陕西省政府出台多项文件积极推进集成电路产业链发展。在产业规划方面，2021 年 7 月，陕西省政府发布《关于进一步提升产业链发展水平的实施意见》，筛选出包括集成电路产业链在内的 24 条重点产业链作为全省发展重点；同年 9 月，陕西省工信厅发布《关于加快培育特色专业园区的通知》，将围绕包括集成电路在内的产业打造一批战略性新兴产业园区。在人才引进方面，陕西省着力引进高层次人才，以西安市高新区为例，高新区为支持秦创原发展，计划 3 年引进 12000 名硬科技创新人才等。然而陕西省对集成电路专业应届毕业生的重视程度不够，缺乏相应人才奖励政策。作为比较，成都市对于就职于集成电路企业集成电路产业相关专业毕业生，根据本科、硕士、博士在两年内分别给予 800 元/月、1200 元/月、2000 元/月的补助等。

（三）市场维度自主可控情况

集成电路产业链的市场自主可控体现在国内市场规模和进出口贸易情况。国内市场规模反映了该产业链的内需程度，一般来说，高内需可以降低产业链对国际市场的依存程度，不易受外部干预和控制，有利于产业链的自主发展。另外，进出口贸易如果呈现顺差情况，则说明我国产业链竞争力强，产业链具有较强话语权，反之则说明我国相关产业处于相对弱势地位，容易受到外部因素的干预、控制等影响。陕西省在集成电路产业链市场维度的优势在于产业发展迅速，市场规模大，不足之处在于集成电路设备对外依存度高。

1. 国内、省内市场发展迅速

随着数字经济、智能应用、终端需求的发展，我国集成电路产业链需求旺盛，市场规模不断扩大。根据美国半导体协会（SIA）数据，2021 年我国市场集成电路销售额为 1925 亿美元，同比增长 27.1%，占全球销售额的 34.6%，是全球最大的单一市场[①]。

陕西集成电路产业快速发展，全省集成电路产业规模在国内排名由 2011 年的第 8 位上升至 2021 年的第 4 位，仅次于江苏、上海、广东。作为

① 《SIA：中国仍是全球最大半导体市场，销售额达 1925 亿美元》，https：//www.sohu.com/a/523031300_121134737。

全省集成电路产业链发展的重中之重，西安市集成电路产业规模 2021 年达到 1277 亿元，同比增长 26. 2%[①]。其中，设计业规模为 173. 9 亿元，同比增长 23. 6%；制造业规模为 968. 9 亿元，同比增长 29. 2%；封测业规模为 134. 2 亿元，同比增长 10. 9%；支撑业规模为 163. 1 亿元，同比增长 4. 6%；分立器件规模为 73. 4 亿元，同比增长 7. 2%。

2. 国内、省内高端产品缺失导致贸易逆差扩大

根据海关总署统计[②]，2021 年我国集成电路进出口额同比增长 25. 7%至 5863. 4 亿美元，其中，出口同比增长 32%至 1537. 9 亿美元；进口同比增长 23. 6%至 4325. 5 亿美元。集成电路贸易逆差同比增长 19. 4%至 2787. 7 亿美元，较 2020 年扩大了 453 亿美元。造成贸易逆差的核心原因在于我国集成电路产业出口以低端产品为主，而进口以高端产品为主。

虽然陕西省在“龙头效应”的带动下，已初步形成“材料—设计—制造—封测”的相对完备的集成电路产业链，但是上述企业中有相当部分是外资企业，如三星（中国）、美光半导体（西安）等。此外，陕西省半导体制造设备的对外依存度高，根据海关数据，2021 年陕西省进口半导体制造设备达 193. 2 亿元，同比增长 80. 3%，相关设备的国产替代仍有很长的路要走。

三　陕西省集成电路产业链自主可控发展对策建议

从国内整体环境来看，我国已具备相对完备的集成电路产业链，但起步晚、自主创新能力薄弱等导致产业链在资源和市场维度均存在不同程度的欠缺和隐患，尤其是产业链相关材料、设备和技术环节容易出现“卡脖子”问题，导致产业链面临“断链”的危机。

陕西省在集成电路产业链的材料环节取得实质性进展，在大尺寸硅片和

① 《全国第四——西安半导体产业链不断完备 产业规模持续提升》，https：//k. sina. com. cn/article_ 7517400647_ 1c0126e4705903rvbl. html。

② 数据来源于中华人民共和国海关总署，http：//stats. customs. gov. cn/。

光刻胶方面拥有国内领先企业，但是在集成电路关键技术设备如光刻机、EDA、核 IP 方面布局较少；在制度自主可控方面，陕西省对集成电路产业的高校应届毕业生引进政策有待完善；在市场自主可控方面，集成电路产业规模保持高速增长，但对进口设备的依存度仍在增加。通过对产业链自主可控现状的梳理和分析，结合陕西省产业链发展实际，本报告提出如下产业链发展建议。

（一）加强领军企业培育

实现产业链的自主可控需要培育产业链关键环节的领军企业，即“链主”企业，支持“链主”做大做强，进而形成带动作用，推动整个产业链的自主可控发展。一是精选企业予以重点支持。集成电路产业链具有高、精、尖属性，其高质量发展需要长期、密集的资金、人才等方面的投入。陕西省经济实力有限，难以做到对产业链企业的广泛高强度支持，更适宜“精耕细作”，即聚焦产业链关键环节，筛选 1~2 个最具实力、潜力的企业，在人才引入、资金融通等方面提供便利与支持，取得更好的发展效果。二是积极促成企业对外技术合作。陕西省在集成电路产业的多个环节欠缺实力企业且基础薄弱，亟待破局。彩虹集团与德国默克集团在光刻胶方面技术合作模式表明，加强本省企业与国外先进企业的技术合作有助于陕西省相关产业环节迅速打开局面，在合作过程中提高本省企业的核心实力，推进企业自主创新。

（二）重视人才培养

集成电路产业属于知识密集型产业，产业链上关键核心技术的突破需要庞大的专业人才做支撑。以光刻机为例，荷兰企业 ASML 在最初论证极紫外技术的可行性上就投入了上百名全球顶尖的研究人员，历经 6 年时间才通过论证，更遑论后面对技术的实施和量产。因此，陕西省应丰富集成电路产业链人才储备，提升产业链人才能力。一是重视高校毕业生引流。陕西省教育资源丰富，拥有西安交通大学、西北工业大学和西安电子科技大学等众多

"双一流"高校，每年大学毕业生超过30万人，为在陕企业提供了丰富的人才来源。特别是西安电子科技大学的微电子专业等国家一流学科与集成电路产业链专业对口，相关企业在人才引流方面拥有得天独厚的便利优势。陕西省应充分把握教育资源优势，一方面，完善人才引进补贴政策，加大对重点产业方向的高校毕业生的吸引力；另一方面，为相关产业企业在高校宣讲等人才引流活动提供便利，力争留住人才、多留人才。二是加强产学研联合人才培养。集成电路领域的人才培养周期漫长，以美国Synopsys企业为例，培养一名EDA研发人员，需要经历从高校的系统学习到产业实践，培养周期一般在10年以上。陕西省在集成电路产业领域的产、学、研三方面实力均在全国名列前茅，具备优渥的人才培养合作基础，建议加强省内校企合作，为在校学生提供更多的企业实习、实践机会，积累工作经验，更快地完成从学生到专业人才的转型，缩短企业人才培养的周期。

（三）构建省内企业协同发展机制

加强省内集成电路企业的联系、协作有助于形成规模效应，进而整合、优化产业链资源，激发企业乃至产业链创新活力。一是建立集成电路产业链信息数据统一平台。集成电路的芯片软件和核IP等研发离不开用产业一线的海量数据做验证、试错、调试等。既往我国企业直接从国外购买软件、构架等，没有系统地收集制造研发过程中有关芯片应用、开发等方面的海量数据，相关的技术、流程等知识也没有形成统一口径的整理归集。通过建立产业信息数据平台等方式，将链上企业的研发、生产等流程，以及各流程产生的数据等进行统一口径规范收集，可以为陕西省集成电路产业积累宝贵的底层数据，为芯片软件和核IP的研发工作提供数据基础。二是推动产业链企业内环联动。陕西省集成电路产业链较为完整，具备省内产业链企业内环联动的良好基础。通过积极推动产业链各环节上省内乃至国内企业的战略联动，如鼓励上下游企业合作申报研发课题、鼓励优先采购省内企业产品等方式，有效整合、优化省内产业链资源。对于打破产业链技术垄断、降低供应链风险、提高我国产业链竞争力和控制力方面意义重大。例如，中芯国际明确只要国内企业生产的设备、材料符合其要求、标准等，便优先采购国内企业的产品，帮助相关企业快速成长以及优化、迭代工艺、技术等，从而与国内上下游企业通力合作，共同推动产业链发展。

参考文献

李仲平、冯志海、徐樑华等：《我国高性能纤维及其复合材料发展战略研究》，《中国工程科学》2020 年第 5 期。

伦家兴：《战略性物流产业价值链自主可控评价及优化研究》，东南大学硕士学位论文，2021。

白雪洁、宋培、艾阳等：《中国构建自主可控现代产业体系的理论逻辑与实践路径》，《经济学家》2022 年第 6 期。

周观平、易宇：《新发展格局下提升中国集成电路产业链安全可控水平研究》，《宏观经济研究》2021 年第 11 期。

李传志：《中国集成电路产业链研究》，经济科学出版社，2020。

陈启颖、李传志：《我国集成电路产业链自主可控能力研究》，《供应链管理》2022 年第 3 期。

B.13

“双碳”背景下陕西新能源汽车科技创新发展路径研究

陈铁嵩　郝　卓　刘大鹏*

摘　要： “双碳”目标的提出，进一步加剧了汽车产业市场竞争，新能源汽车产业从“政策驱动”到“市场拉动”，步入行业发展快车道。汽车产业作为陕西省支柱产业，唯有寻找创新且有针对性的发展路径，才能使陕西省新能源汽车产业在激烈的市场竞争中脱颖而出。本报告在分析、研判、凝练陕西省新能源汽车产业发展现状与存在问题的基础上，立足于陕西省发展需求与产业特色对陕西省新能源汽车产业发展思路与发展模式进行思考，对陕西省的新能源汽车科技创新发展路径提出了相关建议。

关键词： “双碳”　新能源汽车　陕西

习近平总书记在党的二十大报告中强调要“积极稳妥推进碳达峰碳中和”“立足我国能源资源禀赋，坚持先立后破，有计划分步骤实施碳达峰行动”。汽车全产业链碳排放占据了社会总体碳排放的极大比例，新能源汽车则被世界各国作为节能减碳的重要载体与抓手。习近平总书记指出，“发展新能源汽车是我国从汽车大国迈向汽车强国的必由之路”。在“双碳”背景下，当前全球汽车产业正处在新能源汽车替换传统能源汽车的重大机遇期，

* 陈铁嵩，工学博士，教授，长安大学汽车学院车辆工程系主任、陕西省汽车工程学会秘书长，研究方向为汽车产业规划与政策分析；郝卓，长安大学汽车学院硕士研究生；刘大鹏，高级工程师，陕西省汽车工程学会常务副理事长，研究方向为汽车产业经济学、企业科技创新。

我国在新能源汽车产业方面走在世界前列，陕西省完全有基础、有能力抓住这次行业变革机遇，乘势而为、加快发展，成为全国重要的新能源汽车产业基地。

新能源汽车产业是实现汽车强国的重要抓手、载体。陕西地处国家地理几何中心，覆盖西北、西南巨大消费市场，打造内陆改革开放新高地和桥头堡优势，是中国新能源汽车产业发展的重要战略支点。陕西国家级自主创新示范区和创新型省份建设加快推进，自贸试验区正式揭牌，区域发展被正式纳入国家战略，是全国重要的汽车产业基地。众多有利因素不断汇集，助推陕西新能源汽车做大、做强、做优。

陕西新能源汽车产业布局空间、人才储备、成本优势明显，具有强大的区域辐射力、经济带动作用和较好的市场拓展条件，经过近几年的高速发展，目前已形成以陕汽、比亚迪为核心的产业集群，建成了西部重要的新能源汽车基地。然而陕西省新能源汽车产业与长三角、珠三角、京津、东北、中部、西南等六大新能源汽车产业板块的中心省份相比，还存在总量规模偏小、关键技术自给率低、高技术含量和高附加值产品少、自主创新能力不强等突出问题。

面对产业新机遇，快速发展的陕西新能源汽车产业该如何发挥自身优势，并在新一轮的产业变革中实现跨越式发展已然成为一个亟待研究的课题。通过探索“双碳”背景下的陕西新能源汽车产业跨越发展路径与规划，为陕西省新能源汽车科技创新发提供切实可行的对策措施与建议，促进陕西省新能源汽车产业形成高质量和可持续的发展模式，持续为中国新能源汽车产业发展贡献陕西力量。

一 陕西省新能源汽车产业发展现状

（一）陕西发展新能源汽车势已成

全球新能源汽车发展步入快车道。2021 年，全球汽车销量 8105 万辆，其中新能源汽车销量649万辆，增长1.08倍，是自2012年以来增长率最高的一年。随着全球碳中和政策、燃油车禁售时间表的出台，未来全球新能源汽车产销将继续保持高速增长态势。据EVTank预计，2025年全球新能源汽车销量将增至1300万辆；2030年全球新能源汽车销量将超过4000万辆①。中国的新能源汽车规模全球领先。我国新能源汽车产销量自2015年以来一直位居全球第一，保有量约占全球一半，产品智能化水平处于领先地位。2021年我国新能源汽车发展迎来爆发元年，销量352.1万辆（汽车总销量2627万辆），增长1.6倍，渗透率达到13.4%，销量占全球新能源汽车销量的54.25%②。欧阳明高预计，到2025年我国新能源汽车销量将在700万~900万辆，2030年将在1700万~1900万辆③。

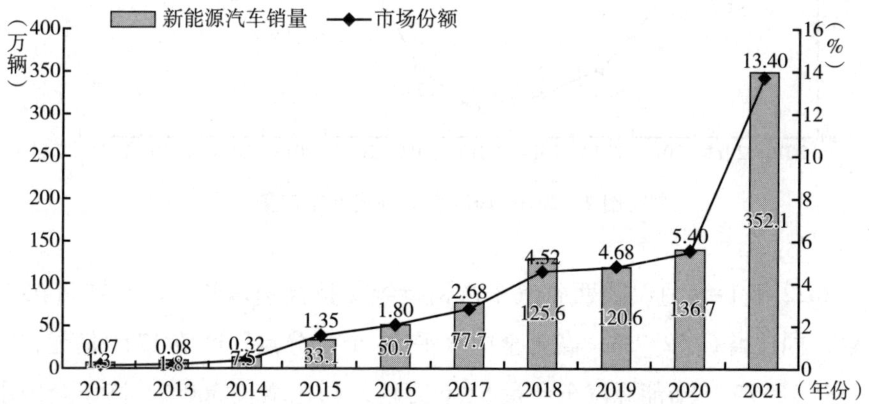

图1　2012~2021年我国新能源汽车销量及市场份额

陕西已占据全国新能源汽车发展领先地位。近年来，陕西省新能源汽车销量高速增长，年均增长率达42%，销量规模始终处于全国第一梯队，西安比亚迪已成为全国最大的新能源汽车单体企业之一。在西安比亚迪的带动下，2021年陕西省汽车产量共80.1万辆，增速27.5%，高于全国水平

① EVTank联合伊维经济研究院：《全球新能源汽车市场中长期发展展望（2021）》。

② 工业和信息化部：《2021年汽车工业发展情况新闻发布会》。

③ 数据来源于2021年电动汽车百人会年度媒体沟通会。

24 个百分点，创历史新高，增速列全国首位，产值 2133.8 亿元（不包括增速较高的比亚迪动力电池 66.5 亿元，三星环新动力电池 56.2 亿元，商洛比亚迪实业有限公司汽车部件 40.1 亿元，联合汽车电子 36 亿元，延长橡胶轮胎 15 亿元，长风动力 7.8 亿元，六家企业产值 221.6 亿元），同比增长 7.6%[①]（按统计局 2020 年公布数据 1983.4 亿元计算），已成为全国汽车发展最具活力的省份之一。

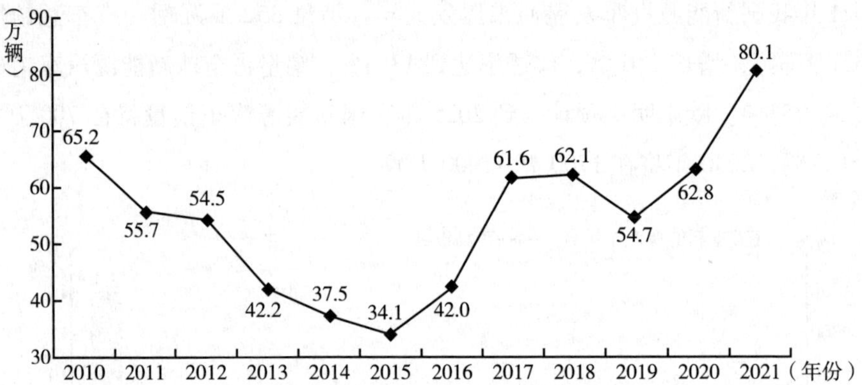

图 2　2010~2021 年陕西省汽车产量

2022 年 1~8 月，陕西省汽车产销持续保持高速增长，汽车产量 72.7 万辆，同比增长 62.7%，高于全国水平 58 个百分点，产值 1721 亿元，同比增长 18.7%；新能源汽车产量 51.6 万辆，同比增长 360%，高于全国水平 246 个百分点，占全省汽车产量的 71%，占全国新能源汽车产量的 13%[②]。预计 2022 年陕西汽车产量 120 万辆左右，全国排名争九保十，力争产量增速在 50%左右，增速继续保持领跑全国，汽车工业规上企业产值、增加值增速明显好于全国水平。2023 年，随着吉利在陕基地新能源产品开始发力，比亚迪四期项目建成投产，陕西省汽车产业持续高质量发展，成为陕西省装备制造业的重要增长极。

① 数据来源于陕西新能源汽车产业发展研究报告。

② 陕西省汽车工业协会：《陕西汽车工业 2022 年 1~8 月运行情况》，http：//www.shanqx.com/showtjzq.asp？id=2167。

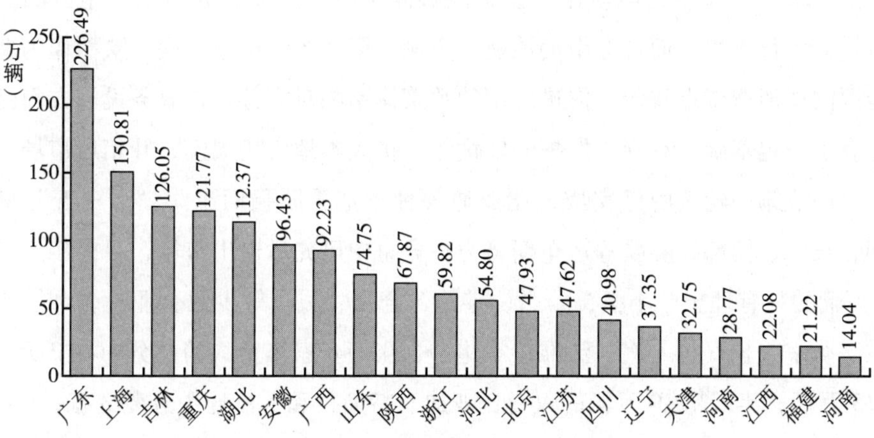

图 3　2022 年 1~7 月全国部分省（区、市）汽车销量

（二）陕西发展新能源汽车时已至

油价上升凸显了新能源汽车的经济性。在以俄乌冲突为代表的复杂国际形势下，截至 2022 年 3 月底，国内油价已迎来"六连涨"，传统燃油车的用车成本大幅提高，为新能源汽车的发展提供了增长空间。以一辆 A 级车为例，按全周期 20 万公里计算，新能源车每百公里成本 42 元，全周期总成本 23.4 万元；传统燃油车每百公里成本 82 元，全周期总成本 29.4 万元，新能源汽车的运行成本和全周期成本已拥有显著优势，仅在购置成本上高于传统燃油车。随着技术进步及续航里程的增加，预计到 2025 年前后新能源汽车在购置成本上高度接近燃油车，届时新能源汽车市场份额将爆发式增长，我国新能源汽车市场份额有望超过汽车总量的一半，庞大的市场需求有利于我们加大项目布局，乘势提高产销规模。

新能源汽车的认知度、接受度快速提升。目前，新能源汽车消费出现了以下趋势：①新能源汽车的消费主体从单位用户为主转向个体用户；②消费区域由汽车限购城市向非限购城市扩张；③新能源汽车车主以年轻人为主，35 岁以下车主占 48.51%。消费趋势变化，对新能源汽车的服务体系提出了更高要求，充（换）电设施完备、能够满足较长路途服务需求的地区的消费量会增长更快，而且会带动消费、金融、服务产业迅速发展。陕西作为新能源汽车消费试点省份，促进应用的政策体系相对完善，在服务设施方面已经有了一定基础，有利于发挥先发优势、扩大本地市场规模、开拓后市场。

产业第一轮洗牌已完成，比亚迪等种子选手脱颖而出。“十三五”期间，长江、博郡、赛麟等造车新势力在竞争中已先后退出市场，目前年产过2万辆的只有理想、小鹏、蔚来、零跑、合众、威马等少数企业；吉利、小鹏、蔚来、长安、一汽、江淮、零跑、合众等8家车企的销量分布在2万~3.5万辆；年产超10万辆的仅有比亚迪、特斯拉和上汽通用五菱3家；[①] 其他大量整车企业市场销量仍维持在较低水平。从企业的综合竞争力看，中长期会有两类企业进一步扩张，一类是已经占据市场优势的比亚迪、特斯拉、理想、小鹏、蔚来等企业；另一类是依托大型传统能源汽车的企业，如上汽、广汽、北汽、吉利、长城等；其他新能源车企有可能退出市场。虽然我国已形成了长三角、西南、珠三角、东北、中部、京津冀六大汽车产业集群，但其规模和优势主要体现在传统燃油车上。未来国内新能源汽车的主要玩家将会是上汽新能源、特斯拉、广汽新能源和比亚迪，这4家企业将引领全国市场形成三足鼎立的发展态势。陕西是头部企业比亚迪的起家之地和最大的生产基地，有利于陕西省继续争取新车型、新项目，乘势培养产业优势。

陕西汽车产业聚集效应初步显现，新能源汽车产业链具有较强的竞争力。陕西省特别是西安市已初步形成以新能源乘用车、动力电池、关键零部件为代表的新能源汽车产业体系，整车以比亚迪、吉利为代表，配套企业以众迪锂电池、三星环新动力为代表，均在全国市场具有较强的竞争力。较为完善的产业体系和相对集中的新能源汽车产业布局，有利于将政策资源聚焦在整车环节，依靠整车带动产业链上下游协同发展，无须耗费专门精力去攻克下游零部件。

---

① 数据来源于陕西新能源汽车产业发展研究报告。

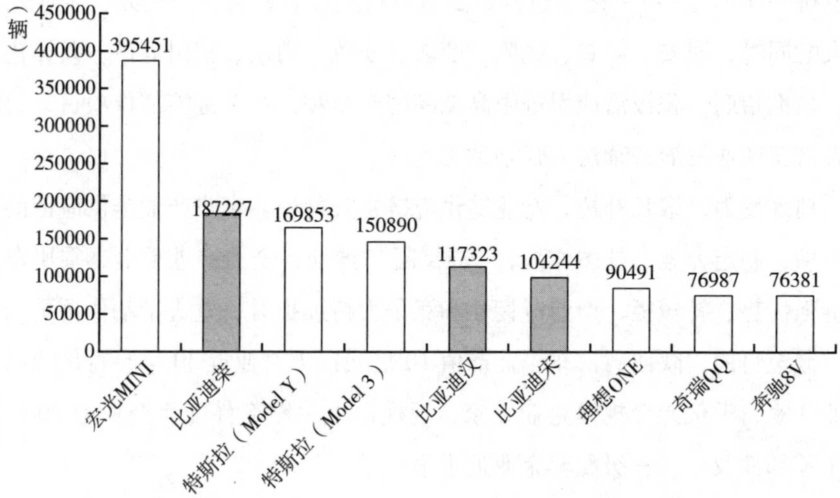

图 4　2021 年全国新能源汽车车型销量情况

陕西具有较强的区位优势，物流成本低廉。陕西作为"一带一路"的起点，处在全国地理中心位置，乘用车的物流成本较低。除满足省内需求外，还可以辐射四川、重庆、河南、山西等周边人口大省，即便远销沿海和边疆地区，物流成本也不高。经测算，一辆比亚迪汉从深圳运到黑龙江需要 3100 元，但从陕西运输仅需 2000 元。

（三）陕西发展新能源汽车局已布

新模式、新业态、新技术、新产品加快发展，产业档次不断提升。陕汽率先探索车联网等新模式、新业态，并积极与西安交大开展合作，不断拓展应用的深度和广度，延伸后市场服务已经取得成熟经验和不错的效果。比亚迪汽车从陕西起步，目前已成为全国一流汽车品牌，产品订单近 80 万辆，其新能源汽车研发实力和市场推广领跑全国。宝鸡吉利博越 SUV 持续热销，西安吉利星越 L 供不应求。法士特重型变速器产销量连续 16 年稳居世界第一。汉德车桥产值过百亿元，产销规模连续 6 年居全国车桥行业第一。

重大项目加快推进，发展基础进一步夯实。紧紧抓住陕西省地处西部大开发桥头堡、“一带一路”建设重要节点机遇优势，促进一批龙头企业发展壮大的同时，西安、宝鸡、咸阳、商洛、安康、渭南、铜川等市，差异化发展，精准招商，积极洽谈引进中高端品牌汽车和一批关键零部件项目，为陕西省汽车产业发展持续注入强劲动力。

精准发力，锻长补短，产业链供应链初具规模。聚焦产业链供应链的短板弱项，制定方案，挂图作战，“链长制”推动，全力推进重卡、乘用车产业链强优势、补短板，产业链韧性和竞争力持续提升，龙头带动作用更加明显。截至目前，陕西省汽车工业产值10亿元以上企业近30家，百亿元以上企业9家，千亿元级规模企业2家，规模以上关键部件配套企业超200家，汽车零部件及二、三级配套企业近千家。

新领域加快布局，新能源汽车发展基础好、潜力足。陕西省紧紧把握汽车产业转型发展机遇，多措并举厚植产业基础和优势，2021年陕西全省新能源汽车已达30万辆产销水平。其中，比亚迪已掌握新能源汽车全产业链的核心技术，发展潜力巨大。陕汽是较早实现电动技术产品化的重卡企业，已形成了重、中、轻、微全规格，牵引、载货、环卫全系列的发展格局。吉利在陕基地的新能源车型也将陆续推出上市。另外，还有一批新能源汽车重大项目正在落地建设。新能源汽车将成为陕西省汽车产业高质量发展的关键主引擎和重要增长极。

二　陕西新能源汽车产业存在的问题

（一）多数车企规模较小

与全国汽车产业发展水平较高的城市相比，陕西省新能源汽车产业的经济效益较低，仍处于产业发展阶段。另外，从汽车制造企业的拥有量上看，陕西省拥有众多汽车企业，但在产量上同一汽、二汽、中国重汽相比要少很多，除了陕西汽车集团、西安比亚迪汽车有限公司、法士特齿轮有限公司等少数较大企业外，其余企业规模较小，自主研发能力弱。

（二）车企经济效益较低

陕西大多数汽车企业属于劳动密集型和原材料密集型企业，一些高附加值、科技含量高的产品大多数被国外企业所控制。陕西省新能源汽车零部件的生产制造、整车生产制造与组装较为强势，但处于汽车产业价值链的低端环节；新能源汽车的技术创新研发、销售与售后服务市场相对较弱，但也具备提升产业价值的潜力。

（三）现有产能释放不足

目前，陕西省新能源汽车产能近 200 万辆。其中，比亚迪现有产能为 60 万辆（目前，比亚迪在推进 60 万辆产能达产达效的基础上，通过生产线进一步优化改进，力争实现年产量 100 万辆）；吉利在陕产能为 20 万辆（宝鸡吉利 10 万辆，西安吉利 10 万辆）；西安宝能新能源汽车产能 12 万辆，目前处于停产状态。①

（四）零部件配套能力弱

零部件配套是陕西一直以来的短板和瓶颈，本地配套率低、体系水平不高。西安比亚迪目前在陕零部件的配套率约为 40%，现有的法士特、汉德车桥、西安康明斯、泰德、三星动力电池等一批关键零部件企业，主要用于陕西省内汽车零部件二、三级配套产业，产业结构还需进一步优化，产品配套完整度还需进一步提升。总体来说，零部件的整体配套能力还相对较弱，难以对新能源汽车整车企业的发展形成有效支撑。

（五）创新研发能力较弱

陕西科技资源较为丰富，但引导和动员更多社会资源投入科技创新的市场机制尚未建立，也就是高校、科研院所的研发活动大多只追求学术上、理

① 数据来源于陕西省工信厅。

论上的先进，不是以市场为导向，企业与大学、科研单位等脱钩，导致大量科技成果不能转化为市场所需，科技转化率低下。与汽车大省相比，陕西在汽车整车技术上不具备优势，汽车企业都只是将陕西作为生产基地。2020年，陕西省规上工业汽车制造业 R&D 经费投入强度为 1.46%，低于全国 0.21 个百分点（全国 1.67%）①。过去比亚迪从未在陕设立研发机构，但是目前已经筹建了产品研发中心，可以说是生产规模和用工规模促进了研发机构落户。

（六）使用环境仍需完善

虽然陕西省新能源汽车产业发展迅速，但省内支撑新能源汽车发展的基础设施仍然不足，特别是驾驶员在跨市驾驶时顾虑很多。2021 年陕西省新能源汽车保有量约为 30 万辆（陕西省机动车保有量已近 1000 万辆），而充电桩保有量仅为 3 万个，充电桩数量缺口较大，无法满足新能源汽车使用需求②（新能源汽车与充电桩比值 3∶1 比较合理）。

三　陕西省新能源汽车发展思路与发展模式

（一）发展思路

以习近平新时代中国特色社会主义思想为指导，全面贯彻党的十九大、二十大与全国两会精神，坚持“创新、协调、绿色、开放、共享”发展理念，以绿色可持续发展为主导，以增强市场竞争力为核心，以集群发展为方向，以龙头企业为引领，以重大项目为支撑，以专业化园区为依托，坚持扩大规模与产业升级相结合、发展整车与强化配套相结合、研发制造与拓展服务相结合、壮大本地企业和引进外部企业相结合、政府引导与内生动力相结合，不断扩大

① 数据来源于陕西省工信厅。

② 陕西省统计局：《中华人民共和国 2021 年国民经济和社会发展统计公报》，http://tjj.shaanxi.gov.cn/tjsj/ndsj/tjgb/qg_443/202202/t20220228_2212232.html。

整车生产规模，增强产业配套能力，完善产业支撑体系，实现汽车产业区域化布局、差异化发展，形成特色突出、健康有序的汽车产业发展新格局①。

（二）发展模式

1. 创新发展

陕西省要发展汽车产业，必须将创新当作产业发展的核心动力，坚持自主创新的发展模式，大力推进原始创新、集成创新和引进消化吸收再创新，掌握拥有自主知识产权的核心技术和关键技术，创造自己的品牌，并整合集成科技资源，建设科技创新公共服务平台，完善区域创新体系。同时加大技术改造力度，积极采用高新技术、适用技术、信息技术和先进工艺设备。“新四化”是汽车产业发展重要方向，是汽车企业转型升级支撑，加快汽车智能化进程也是陕西省汽车产业发展的重要环节。

2. 集约发展

集约发展就是科学发展，是区域发展模式转变的核心和关键。陕西在逐步优化各类产业园区布局，打造以西安为中心，宝鸡、咸阳为两翼，辐射周边地市的“一心两翼多点”发展格局，促进汽车产业发展。其中西安市拥有比亚迪、陕汽、吉利、法士特等知名车企；宝鸡市主要有陕汽商用车、陕汽通家公司等新能源汽车产业；咸阳市雷丁秦星新能源汽车西部生产基地将成为咸阳汽车产业发展的主战场；渭南新能源汽车产业园吸引了陕西帝亚纯电动车等企业落户。

3. 错位发展

实施错位发展，旨在加强优势整合，陕西省要充分认识自身在全国汽车产业发展中的地位和优势。错位发展就是坚持差异化发展战略，着力培育陕西省汽车产业的特色集群、特色品牌，形成各具特色、优势互补的产业发展格局。政府应该坚持对陕汽新能源商用车、比亚迪新能源汽车等新能源汽车

① 《西安市人民政府关于贯彻落实陕西省汽车产业发展规划（2013-2017年）的实施意见》，《西安市人民政府公报》，2014。

产业的支持。

4. 跨越发展

跨越发展要在科技进步的推动下，努力实现产业、技术、质量、效益的新跨越；跨越发展是一种可持续发展，要在经济社会发展和人口、资源、环境相协调的情况下，提高可持续发展能力，使经济社会发展始终充满生机和活力。陕西发展汽车产业实现转型跨越发展，要有先有后、有所侧重，有制订长远规划，更要有近期目标，要找到近期发展的突破口。

四　陕西省新能源汽车科技创新发展路径规划

（一）以新能源汽车为突破口，带动汽车产业整体转型升级

近年来，陕西新能源汽车产业发展持续向好，以陕汽、比亚迪为代表的陕西车企表现不俗①。陕西应继续主打新能源汽车这一突出优势，进一步优化产业发展环境，完善政策支持体系，设立新能源汽车发展专项基金，重点支持动力电池、驱动电机、整车控制器等核心零部件的技术研发。以发展新能源汽车为突破口，探索错位发展模式、跨越发展模式，从而带动陕西汽车产业的整体转型升级，新能源汽车产业发展需要上下游全产业链、成体系协同发展。新能源汽车是智能网联汽车发展的最优载体，智能网联汽车是新能源汽车发展的最终形态，两者相辅相成、相互促进、共同发展。汽车产业智能网联化发展推动汽车逐渐由信息孤岛的交通工具发展成为集出行、娱乐、服务等于一体的移动空间，进一步推动新能源汽车加速实现以用户需求为导向的全面市场化。故陕西省应加快构建面向车路协同、车网协同和车能协同的新能源汽车的电子电气和信息架构系统，形成具有陕西特色融合发展的技术体系。

（二）重视知名汽车品牌引进，扩展现有企业新业务板块

全球范围内的汽车产业转型升级导致我国汽车企业在汽车领域与欧美日

① 宋星辰：《七项建议助推陕西汽车产业追赶超越》，《陕西日报》2017年2月7日。

汽车巨头将展开新一轮的较量。知名汽车品牌对于吸引和聚集高层次技术人才、提高产品创新能力、带动零部件产业发展，从根本上提高陕西汽车产业在全国的地位具有十分重要的作用。陕西省在新一轮产业赛道中应高度重视国际知名汽车品牌和国内一流汽车品牌的引进，在土地、税收、服务等方面给予更大力度的扶持，同时在引进汽车整车企业的过程中要科学论证、缜密谋划，避免盲目追求数量的低水平产品引进、省外低端产品的产能转移。针对陕西省有技术基础和资金实力的整车或核心零部件企业，整合省内、省外资源筹划新的业务板块，快速扩大产能，例如，在重型汽车板块基础上扩展智能网联汽车整车等。

（三）重视技术研发中心引进，提高招商引资技术溢出效应

自主研发能力是衡量一个地区汽车产业水平和综合竞争力的重要指标，而汽车技术研发中心是打造这一能力的重要载体。目前，在西安落户的比亚迪、金龙等大型汽车企业均把西安定位为汽车生产制造基地，而并未建设具有完整体系的研发中心或研究院，或者只有部分研发放在西安，而大多数的研发力量还是放在其本部进行。汽车技术研发中心对于吸引和聚集高层次技术人才、提高自主创新能力、从根本上提高西安的汽车技术水平具有十分重要的作用。政府在引进汽车整车企业的同时，应高度重视引进大型汽车企业的研发中心，对技术研发中心建在陕西的大型企业予以重点支持，如在土地、税收等方面给予更大力度的扶持，旨在从根本上提升陕西的汽车技术研发水平，从而有效提高招商引资的技术溢出效应。

（四）构建协同创新战略联盟，协力突破一批关键核心技术

在"双碳"背景下，新能源汽车行业的竞争日渐激烈，产业联盟作为企业、高校和科研院所间结成的互相协作和资源整合的合作模式，可以通过大范围的资源调配实现低风险，能在特定领域形成较大的合力和影响力，是实现企业优势互补、提高产业竞争力、实现超常规发展的重要手段。产学研合作则能够发挥政府、企业和学校的各自优势，形成强大的研究、开发、生

产一体化的先进系统，并在运行过程中体现出综合优势，是推动汽车科技进步与自主品牌创新的重要手段和必由途径。陕西应整合优势资源，尽快构建陕西省汽车协同创新战略联盟，依托陕西省汽车领域企业、高校、科研院所创新资源，基于企业发展需要，加强与科技资源密切合作，协同攻关"卡脖子"技术与提升现有技术水平并重，增强陕西省汽车产业核心竞争力。发挥陕汽、法士特国家级企业技术中心和国际化技术合作优势支撑作用以及比亚迪龙头企业带动作用，辐射支持零部件企业技术能力提升，协同带动零部件企业同步参与技术产品研发，增强汽车产业链整体配套能力。

（五）加快高端人才引进集聚，打造西部汽车产业人才"洼地"

汽车产业要发展、技术要进步，人才是关键，现代汽车已不仅仅是一个简单的机械产品，正在从"装载着电子产品的机械"向"装载着机械的智能产品"演变，涉及众多复杂基础理论和专业知识，是机械、电子、控制、材料、能源、化工、智能、物联网、传感、控制、大数据、云计算等众多学科知识交叉的结晶，体现出多学科交叉、高新技术载体的功能，唯有具有"机电-智能-互联网"交叉知识背景，集技术、管理、战略于一体的复合型汽车人才方能胜任未来汽车的研发、生产和管理等工作。陕西应充分利用好国家人才的引进扶持政策，实行对外引进和对内培育并举的方针，加快高端人才的聚集。一方面积极引进国内外汽车行业的优秀领军人才和技术团队来陕西创新创业；另一方面利用本地企业优势，积极培育汽车行业的复合型高水平人才，在陕西形成汽车行业的人才"洼地"。

（六）优化资源配置，启动车网融合布局规划

公用充电设施不足和既有设施使用率不高是当前新能源汽车发展面临的突出问题。陕西省要高度重视充电桩等基础设施的建设，通过加大基础设施投资，增加充电设备数量，提升充电设备质量，同时建立集车桩数据存储、计算、需求分析于一体的大数据信息平台和网上预约平台，错峰高效充电以优化资源配置，保障车辆安全高效补电；通过统筹建设柔性配电网络，实现

新能源汽车与电网能量相互补给以及提高电网调峰、调频和安全应急等响应能力，实现车网互动，推动汽车与电网融合发展；加强能源保障，并建设“光储充放”（分布式光伏—储能系统—充放电）多功能综合一体站，从而推动新能源汽车与可再生能源协同发展。

（七）提高本地零部件配套率，着力打造汽车零部件产业集群

目前，陕西地区以法士特集团为龙头，还引进了外资企业，汽车零部件本土配套率逐年提升，但仍未形成集聚效应和完整的产业链支撑。陕西省在抓好一批汽车零部件项目建设的同时，着力抓好商用车、乘用车产业链提升，创新驱动，项目支撑，以整车整机规模提升带动吸引配套聚集，注重产业链承接，加强点对点对接、引培结合、整零协同。充分利用省内现有资源，发挥整车企业的聚集作用，重点引进、发展相关高附加值的汽车关键零部件，特别是加大对先进控制系统、一体化底盘、三电系统等核心关键零部件的支持力度，积极组织省内配套企业与整车企业对接，制定本土配套奖励办法，对本土配套率高的整车生产企业，通过减免税赋等措施予以支持，同时建议陕西省各地市在快速扩张、引进企业的同时，要积极帮助企业解决建设阶段与初期运营中遇到的问题，锻长补短，优化布局，做实“谋链、强链、补链”，形成产业集群化发展态势。

（八）强化协同创新发展模式，促进汽车产业新领域突破发展

上下联动，加大力度，按照陕西省政府印发的《推动汽车产业发展的支持措施》，工信厅积极发挥牵头抓总作用，会同陕西省发改、财政等部门，突出抓好重大项目建设，加强规划引导，给予大力支持；各相关市制订推进计划，出台优惠政策，谋划引进培育；各企业主动发挥投资主体、市场主体作用，加快项目实施，力争达产达效。利用好中汽协、中汽中心、陕西省汽车协会等机构平台，促进创新交流合作。紧盯汽车产业发展趋势，推进新能源汽车持续较好发展，落实国家新能源汽车推广补贴政策，推动氢燃料电池、智能网联汽车产业培育，发挥西安交大陶文铨院士科研团队等高校科

研力量作用，发挥联盟主体作用，谋划项目引进，开展示范应用，支持相关各市依托产业基础、资源禀赋，发挥优势，整合资源，布局新项目，培育新增长点，促进汽车产业新领域发展取得新突破。

参考文献

乔英俊、赵世佳、伍晨波等：《“双碳”目标下我国汽车产业低碳发展战略研究》，《中国软科学》2022年第6期。

钟志华、乔英俊、王建强等：《新时代汽车强国战略研究综述（二）》，《中国工程科学》2018年第1期。

陈轶嵩、兰利波、郝卓等：《面向碳中和的新能源汽车全生命周期评价研究综述及趋势展望》，《汽车工程学报》2022年第4期。

公丕明：《中国新能源汽车产业国际竞争力：影响因素、特征表现与提升路径》，《现代管理科学》2022年第4期。

韩祥娜：《西安汽车产业集群的模式研究》，《现代物业》（中旬刊）2011年第10期。

黄光辉：《科学发展观与跨越式发展》，《理论观察》2007年第2期。

《陕西汽车工业2022年1-8月运行情况》，http：//www. shanqx. /com/showtjzq. asp?id=2167。

B.14

陕西智慧城市人工智能安全治理研究

交叉信息核心技术研究院人工智能大安全观课题组*

摘　要： 随着人工智能等新兴技术在陕西省智慧城市的应用，由人工智能的数据依赖性、自主学习性、“商研一体”带来的新型技术风险不断出现，将为城市韧性带来技术、经济、公共安全等领域多种风险叠加、数据基础设施不足等挑战。陕西虽然属于人工智能产业化的后发地区，但试错成本低，政策更灵活，更适合“一张蓝图绘到底”：需要前瞻性地规划面向未来城市的数据和物理层的“新基建”，增加基础设施的冗余性，为可信人工智能的发展创造安全的条件，并组建人工智能委员会来承担数据和算法治理职能。

关键词： 智慧城市　人工智能　数据基础设施　算法歧视　安全治理

党的二十大报告中，“国家安全”被置于显要位置，作为一个独立章节，体现出国家安全在党和国家工作大局中的极端重要性。在非传统安全领域中，包含人工智能技术在内的数字经济安全已经得到党和国家领导人的重视，2022 年第 2 期《求是》杂志刊发习近平总书记重要文章《不断做强做优做大我国数字经济》，提出“要完善国家安全制度体系，重点加强数字经

---

* 课题组组长：于洋，清华大学交叉信息研究院助理教授，交叉信息核心技术研究院智慧城市大脑研究中心负责人，国家新一代人工智能社会实验专家组成员。主要成员：杨颖，交叉信息核心技术研究院智慧城市大脑研究中心政策研究员；陈琳、李佳蔚，清华大学交叉信息研究院博士生。

济安全风险预警、防控机制和能力建设”。2021 年 11 月 18 日召开的中共中央政治局会议，把人工智能安全和网络安全、数据安全并列，强调提升其安全治理能力。

随着陕西省新型智慧城市建设的加快推进，人工智能、物联网等新兴技术在智能制造、智慧水务、公共安全、智慧能源、智慧环保、智能交通等领域广泛应用，如何提高城市系统在面对人工智能等新技术不确定因素时的风险抵抗力和适应性，提高智慧城市规划的预测性和指导性，已成为智慧城市建设不容忽视的问题。本文结合新兴技术的特性，探讨如何在数据层、算法层建立符合技术特征的智慧城市安全治理框架。

一　智慧城市中的新型技术风险

智慧城市中的人工智能、物联网和机器人技术有一些共同的特征，欧盟委员会在 2020 年 2 月发布的《关于人工智能、物联网和机器人的安全和责任影响的报告》中将其归纳为“连接性、自主性、复杂性和数据依赖性”等。连接性和复杂性比较容易理解。连接性会带来黑客攻击，复杂性主要指人工智能应用通常集成在复杂的物联网环境中，影响产品安全的每个企业和用户（修改产品）都应承担相关责任，并需为价值链中的下一个行为者提供必要的信息和保护措施。以下重点分析由数据依赖性和自主性给安全治理带来的挑战。

（一）数据依赖性带来的风险

数据是人工智能的“粮食”，人工智能可以从错误数据中学习从而引起安全风险。在所有的设备攻击中，通常虚假数据注入攻击是一种高度隐蔽的攻击手段，且较容易通过系统的数据检测，从而造成设备故障和经济损失。例如，一种攻击智能电网的方式是，在负荷预测模型的输入数据中注入一种不可检测的设计噪声，造成更多的停电。由于负荷预测偏差非常常见，对抗性攻击可以伪装成正常的预测偏差，这一独有的特征将对抗性攻击与常规的物理攻击区分开来。而且这种攻击成本低，可以频繁发生，导致巨大的损失。我们研究发现，在得克萨斯州，5%的对抗性攻击可以使一个季度的总发电成本增加17%，约有两千万美元。在低碳化后，这种隐蔽的攻击会带来更大损失：当风能渗透率增加到40%以上时，5%的对抗性攻击会使发电成本增加23%。[①] 需要指出的是，算法攻击和传统对电网的攻击完全不同。传统对电网的攻击是通过造成设备损坏和大面积停电来实现的，而算法攻击的目的不是一次性瘫痪电网，而是以“润物细无声”的方式，可以让电力系统在不知不觉中遭受“聚沙成塔”的巨大经济损失。

因此，欧盟委员会在《人工智能、物联网和机器人技术对安全和责任框架影响的报告》中提出，生产商应在设计和测试阶段预测数据的准确性及其与安全功能的相关性。例如，设计用于检测特定对象的人工智能系统时，设计人员应收集在光线不足的典型环境中进行产品测试的数据。

此外，社会制度、习惯和态度中存在的偏见存在于训练模型的数据中，机器通过训练数据习得了这种偏见，即使算法设计人员没有歧视意图，也会产生负面的伦理影响。

因此，在一个智慧城市的责任安全框架中，对数据进行审计必不可少，至少应该包括检测公正性与准确性：①含有偏见的数据是否被清洗掉；②数据返回结果的正确性；③数据整体的准确度、完整度；④避免数据的反馈回路。

（二）自主性带来的风险

人工智能区别于机械的自动化工具，例如，机械臂只能代替人的四肢做简单重复劳动，不能代替人的大脑进行分析判断，而人工智能算法像人脑一样具有自主学习的能力。智能算法还区别于使用人类定义的模型分析数据的算法，后者计算结果完全可预测，同样的输入值会得出同样的输出值，而前

① J. Li, J. Wang, L. Chen and Y. Yu, “Defending Against Adversarial Attacks by Energy Storage Facility”, 2022 IEEE Power & Energy Society General Meeting (PESGM), Denver, CO, USA, 2022, pp. 1–5, doi: 10. 1109/PESGM48719. 2022. 9917139.

者不会自动使用人类定义的模型，而是从大数据里生成和选择模型。智能算法有自主学习的能力，可在运作中自动优化模型。

Jenna Burrell 强调了“学习”本身就意味着“不透明性”，这种“不透明性”会因数据和算力的不断扩展而变得更为复杂。数据特征的数量迅速增长，远远超出人类可以掌握的范围。随着数据输入提供更多特征，对算法的推理、调试或改进变得更加困难，每一种特征都微妙而不知不觉地改变了最终的结果。因此，算法开发人员虽然可以控制进入系统的数据，并指导算法如何权衡不同的变量，却没有能力精确解释其算法如何做出决策。这就是所谓的“黑盒”。

“黑盒”就意味着风险，可能会产生偏离人类预期的结果，例如预测潜在的犯罪、信用评分、金融反欺诈、社会福利分配等，模型如有偏差会造成较大的社会负面影响。在美国，每周超过 1000 人被机场使用的算法错误地[①]标记为恐怖分子。算法“黑盒”还会产生对特定群体的不公正对待，即算法歧视，这种不公正是系统性的、可重复的，所以对社会的负面伦理影响更大，甚至会消解社会信任。

但因为以上因素，这种算法偏差或歧视可能是无意图的，因此更具有隐蔽性。由于模型上线后，机器会根据新的数据学习新的规律，公开原有的训练数据或计算机源代码不能完全解释偏差或者歧视的全部过程，难以揭示算法歧视中的因果关系，因此学界推荐的算法歧视规制重点对策由算法透明转为算法审查，审查的重点是算法的设计者、假设和限制、逻辑、算法种类、功能、风险、重大变化等。

算法风险规制的解决方案之一是划分风险等级，在风险最高的应用领域禁止使用机器学习算法，例如欧盟《人工智能法》提案将对基本人权和社会公平构成明显威胁的 AI 系统视为“不可接受”，对其他高风险的场景则需要进行严格的评估、审查，并且建立信息披露机制，例如，当人们被算法排序以确定获得公共福利、信贷、教育或就业资格等情况时。美国参议员

① 许可：《人工智能的算法黑箱与数据正义》，《社会科学报》2018 年 3 月 29 日。

Edward 和众议员 Doris 在联合提出的《算法正义和在线平台透明度法案》中，禁止在线平台通过算法歧视性地对个人信息进行处理，其中包括如果在线平台（小型企业除外）利用了与住房、教育、就业、保险、信贷、公共设施使用权或使用条款相关的算法处理，则应评估此类算法处理是否基于个人或者某类人实际或认为的种族、肤色、族裔、宗教、国籍、性别、性别认同、性取向、家庭状况、生物识别信息或残疾状况等因素而产生不同的结果。

解决方案之二是技术路径，鼓励开发简化机器学习模型的方法，比如，特征提取，分析哪些特征对分类结果真正重要，去除所有其他特征；还有一些解决方案回避了黑盒“为什么”的问题，而是设计评估歧视的度量标准，这类解决方案避免了仅仅停留在伦理层面探讨歧视问题，用算法来治理算法，更有实操性。

人工智能技术的自学习特性可能使机器做出的决策偏离生产者的最初意图，从而偏离用户的预期，所以，一个智慧城市的安全责任框架中，在高风险场景应用中，应该不仅在 AI 系统部署前进行风险评估，如果模型上线后发生重大变化，而在最初的风险评估中没有预见到，则需要实施新的风险评估程序。

（三）“商研一体”带来的风险

第三次人工智能浪潮中形成了新的“技术—经济”范式，即以“商研一体”为基本模式、以场景创新为载体、敏捷而复杂的要素匹配，场景发掘的商业活动和前沿基础研究同步开展，前沿理论在未成熟时就能转化为商用，科研成果产业化周期极大缩短，前沿理论在商业化的同时也在催生前沿基础理论创新。深度学习的黑盒还没有搞清楚，但人脸识别等已经在智慧城市中广泛应用。完全自动驾驶技术还没有成熟，但一些技术已经开始用于 L3 阶段（由无人驾驶系统完成所有驾驶操作，根据系统请求，人类驾驶者提供适当操作）。

第三次人工智能浪潮得益于搜索广告推荐等商业需求的推动，应用人工智能本来是为了降本增效，所以算法设计遵循效率优先的原则，以迭代开发为鲜明特色，不可能第一个版本就尽善尽美，这就会产生安全漏洞；另外，许多商业场景（如输入法、图片识别等）客户对于算法可解释性的要求不高，关注的是相关性而不是因果性，对于这种由利润导向产生的安全性和伦理问题，需要分两种情况。

一种是技术局限性带来的，由算法设计简单化导致的潜在安全风险，不能冠以“算法之恶”而简单地“一刀切”，这会影响企业创新的积极性，由于商研一体性对于人工智能的理论研究也是不利的，治理上应建立激励机制鼓励企业设计更加复杂的算法，并且把用户可预见的滥用风险也考虑在内，在金融业的信用评分、交通调度等关乎公共利益的关键领域，对算法设计的鲁棒性、可问责性提出硬性要求。

另一种不是由于技术本身的局限性，而是带有主观意图的，例如算法操纵选举、舆情，影响审判，带来社会信任危机等，这就需要通过法律法规进行强监管，建立处罚制度。

人工智能商研一体的“技术—经济范式”对安全治理提出的另一个要求是，没有通用的“一刀切”的解决方案，必须结合场景对安全风险进行分类评估、审查、检测。欧盟2021年4月发布的《人工智能法》提案对不同应用场景中的AI风险区分了四级，将对基本人权和社会公平构成明显威胁的应用场景中的AI系统视为“不可接受”，将可能危及公民人身安全及生活基本权利的应用场景中的AI系统视为“高风险”，高风险人工智能系统在被投放市场前，需接受“风险管理、数据集提供、记录保存、必要信息提供、透明度审查、人为监督、准确性与安全性”等七方面管控约束。需要注意的是，由于AI商研一体的特点，高风险的清单也应该是动态的、可拓展的。

二　陕西省智慧城市人工智能安全面临的挑战和机遇

（一）新型技术风险与多种风险叠加

陕西省位居我国五大军工强省前列，也是我国重要的国防科技工业基地，西安军民融合企事业单位涵盖我国军工全行业，军工企业、科研院所数量规模在全国仅次于北京和上海，航天工业占据全国半壁江山，新技术应用风险同时关乎国家经济安全、军事安全、公共安全。[①] 2022 年 6 月，西北工业大学电子邮件系统遭受网络攻击，经公安机关初步判定，是境外黑客组织和不法分子发起的网络攻击行为，企图窃取相关师生邮件数据和公民个人信息，这还只是比较常见的黑客行为，而随着人工智能等新技术的应用，更多的算法攻击行为具有隐蔽性，如前所述算法通过干扰数据来使得人工智能学习得出错误的模型，从而隐性地影响能源供给。

西安在全国交通网络中至关重要，正在建设国际性综合交通枢纽、国家物流枢纽中心。新兴技术在智慧物流和智慧交通中不断得到运用，也关乎国家供应链安全、军事安全，自动驾驶和无人机收集城市地理空间信息，有泄露军事秘密的风险；通过物流信息的分析，可以得出国家重要物资供应链情况、经济景气程度，这些数据如果被境外势力利用，可能会危害国家经济安全。

（二）数据基础设施不足导致人工智能安全难以保障

以上风险的复杂性，提高了智慧城市创新的安全门槛。在智慧城市的安全责任框架中，人工智能、物联网的生产商和服务提供商要承担自我审查的义务，但现实中存在一定的问题。首先是安全评估、审查、检验、测试的成本比较高，而广大科创企业、小企业难以满足相关资质要求，承担高昂的安全合规成本。例如，智能网联汽车技术研究领域持续取得进展，但要想让“自动驾驶汽车”真正进入实用状态上路行驶，还需要大量真实场景的数据。但为了保障安全，国家对地理空间测绘的要求比较严格，科创小企业没有测绘资质，必须依托已有资质的大企业获取数据。以西安为例，雄厚的研发实力主要集中在省部属、军工科研单位，因为体制的限制，其溢出效应较差。而互联网平台企业虽然创新能力较强，但有可能导致垄断。因此搭建为

---

① 《西北工业大学电子邮件系统遭受境外网络攻击，西安警方通报》，央视网，http://news.cctv.com/2022/06/23/ARTIiAoCwnO5Dm509j2PzecT220623.shtml。

中小企业屏蔽风险、提供数据公共服务的基础设施，降低民营小企业的创新成本，激发其创新活力，关乎着智慧城市的未来发展。

但是能提供公共服务的可信主体还没有完全建立起来。我们调研中发现，审查数据使用的合规性涉及法律、伦理等复杂问题，超出了技术本身的范围，大数据公司、算法供应商、隐私计算技术平台都无法满足合规性审查要求，必须要有一个具有公信力和强执行力的责任承担主体，目前国际上还没有现成可借鉴的经验。英国的数据信托机制试图通过第三方公共性组织作为受托机构，但在不改变数据归集者即数据控制者的现有状态下，英国模式的数据信托仅能对数据控制者在收集数据信息时进行监督，而对其处理数据的行为和交易数据产品的行为没有制约。

目前，国内愿意且有能力承担数据合规责任的基础设施主要有四类主体：一是地方政府推动成立的数据交易所，二是基础设施运营商中国电信、中国移动；三是银行头部，想构建行业内生态，建立数据的基础设施；四是互联网平台，其承担数据合规风险是服务于自身打造从技术、数据交易牌照到数据分析、AI 整个生态的战略需要。其中地方政府推动成立的数据交易所普遍面临的问题是，由于数据烟囱难以打破，能获取的多数是一些“冷数据”——少有人用的数据，而工商、社保、安防等高质量数据难以获取。目前数据流通难的原因，除了政府数据和商业数据保密性要求外，最重要的还是体制机制的障碍。政府和国企的数据汇集后，运营主体、权责主体不清晰，更缺乏使用门槛、授权规则，相关数据衍生品如何交易定价等一整套机制设计。政府和企事业单位没有积极性，担心承担风险。

而互联网平台承担数据基础设施建设有垄断和泄露个人信息的风险。2021 年起银行与互联网平台“断直连”，可以看出国家政策导向的趋势，即提供获客导流的互联网平台要将流量与个人信息服务予以全面分离。2021 年中国人民银行征信管理局给多家主要的网络平台机构印发了通知，[①] 要求

① 《整改不留余地，央行要求网络平台个人信息与金融机构“断直连”》，财经杂志，https://www.sohu.com/a/476415505_115571。

网络平台机构在与金融机构开展引流、助贷、联合贷等业务合作中，不得将个人主动提交的信息、平台内产生的信息或从外部获取的信息以申请信息、身份信息、基础信息、个人画像评分信息等名义直接向金融机构提供，这被称为个人信息的“断直连”。目前一些科技公司已经通过个人征信机构来屏蔽政策风险。这里的征信机构必须具备一定的公信力，如由国企、事业单位、政府或者政府的派出机构控制。例如，深圳征信服务有限公司由深圳市中心支行与深圳市市场监督管理局、市政务服务数据管理局、市地方金融监督管理局、银保监局等单位联合推动设立，由深圳市国资委全资控股的深圳市智慧城市科技发展集团有限公司全额出资，百行征信由央行下属中国互联网金融协会作为大股东。具体在陕西省如何选择和规划自身的数据基础设施，需要各地根据自身的情况合理布局。

目前和东部地区相比，陕西省的人工智能发展阶段比较初级，西安正在加快建设国家新一代人工智能创新发展试验区。到 2025 年，打造 30 个人工智能典型行业示范应用。这表明陕西整体来讲还处于场景发掘阶段，以点状应用为主，尚未形成规模化应用，人工智能赋能城市发展的水平也比较初级，智慧城市尚处于建立统一大数据平台、促进数据流通、为人工智能发展完善生产要素供给的阶段。所以先构建可信人工智能的数据基础设施，为未来人工智能的规模化落地创造良好条件，可能是比较务实的办法。

（三）从头规划，后发先至

陕西省无论是从经济发展水平还是从人工智能产业的成熟度来说，都属于后发地区，但是后发地区试错成本低，政策更灵活，更适合做试验；以省会城市西安来说，要打造具备自身优势的国家中心城市，更适合“一张蓝图绘到底”式、规划—治理—响应一体化的未来智慧城市发展模式。

北上广深的城市化已经进入后期阶段，城市大规模建设已经基本完成，城市功能已经比较完善，而快速城镇化中的西安，承担着国际性综合交通枢纽、国家物流枢纽中心、国家中心城市的建设任务，可以从头规划，预先在基础设施的智能化中嵌入安全准则，对于智慧交通、智慧物流等高风险应用的安全性进行沙盒实验，和数据基础设施的建设同步进行，建立硬件层、数据层、软件层立体综合安全网络，通过“一张蓝图绘到底”实现后发先至。北京特殊的政治地位，上海雄厚的经济、财政实力、开放程度，非二、三线城市所能效仿，其经验的可复制可推广性有一定局限性，而西安的经验在后发地区的可复制可推广性更强，可探索出内陆后发地区建设韧性智慧城市的模式，为广大内陆地区和二、三线城市起到示范样板作用。

三　政策建议

（一）规划 AI 安全的新基建：数据“三通一平”

在工业化和城镇化快速发展阶段，我国政府已经形成了一整套政府构造基础设施建设的机制和成功经验，如“三通一平”“五通一平”等。但这些成功的经验不能复制到 AI 时代。进入数字化、信息化、智能化阶段的智慧城市，需要新“三通一平”，建立一整套数据生产、流通全过程质量安全保证机制，从而为发展自主可控的 AI 提供必需的“新基建”。新“三通”指信任通（需要政府的授权）、执行力通、流转通。“一平”即指把原始数据加工成大数据集以便被 AI 分析利用。

“信任通”是数据流转的前提，要做到“信任通”关键在于风险可以被管控，包括规制伦理风险（防止个人信息被过度收集、滥用，发生泄露，算法垄断、算法歧视等）、经济风险和公共安全风险。为了规避风险，需要构建屏蔽风险的数据安全管理机制，对数据来源进行合规性审查，保证数据访问安全，防止数据被篡改、泄露等，并提供相应的保密技术解决方案（如隐私计算），以解决防止数据泄露导致的数据孤岛问题。

“流转通”是目的，“一平”是实现“流转通”的手段，包括数据初步的加工、聚集、清洗、标准化，形成高质量的数据集，并且制定数据交易和交易审核的规则。“流转通”首先需要把不同渠道的数据汇集在一起，集合数据形成目录（listing），可类比房地产中介提供的搜索作用，知道好房子在

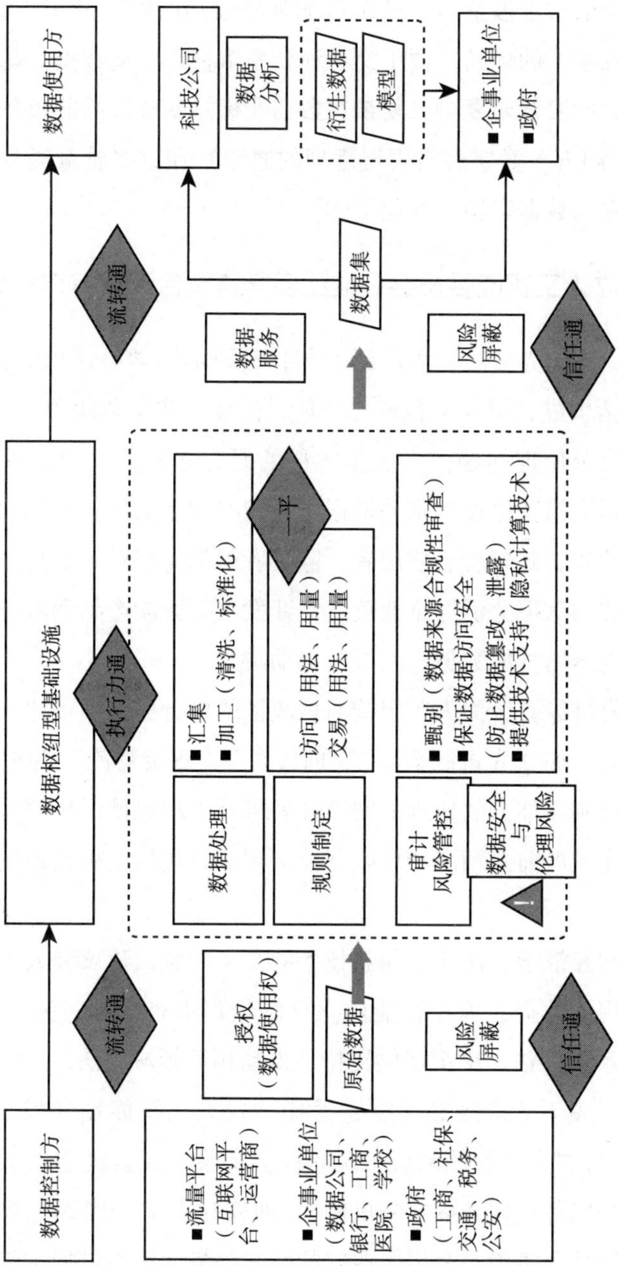

图1　智慧城市数据“三通一平”

哪儿，从谁那儿可以找到，这本身就是有价值的，但在数据流转过程中集合和提供目录的价值常常被忽略；其次是把某些数据的特定使用方法标准化，打造成在一定程度上的标品，便于交易和交易审核。一笔数据交易，怎么交易和审核交易远比股票要复杂，复杂在数据非标品变成标品的过程。国务院《关于印发"十四五"数字经济发展规划的通知》在数据质量提升工程专栏中专门强调要推动数据资源标准化工作。

（二）成立人工智能委员会，推动多学科联合评估审查和教育

建议学界、政法界、产业界广泛参与，邀请不同学科背景的专家参加，针对数据（包括生成、记录、管理、处理、传播、共享和使用）、算法以及实践相关的安全及伦理问题，开展多学科的研究和评估，制定风险等级标准、相应的规制措施及伦理准则并根据实际情况动态调整。确保人工智能产业链条上的设计者、部署者、使用者、监管者等都能够对人工智能的安全和伦理风险有足够的认识，引导企业负责地开发人工智能产品和服务，以及在安全伦理规范内运用智能数据产品进行自动决策。

借鉴国际先进经验，为人工智能治理政策的出台提供循证评议。推动西安重点应用领域，如"先进制造""文创旅游""商贸物流"等根据行业和应用场景的特点制定细分的伦理准则。开展机器伦理道德评价原理及测评方法论、人工智能发展前景预测和风险管控、智能时代的人机关系变化等问题研究。

围绕伦理和经济学、法学、信息技术的交叉领域，建议和人大开展联合专题调研，运用大数据、人工智能建立立法伦理审查机制，为人大"科学立法"所需的系统评估、决策提供支持，推动相关领域立法。

科技部在"关于支持西安开展建设新一代人工智能创新发展试验区"的批复函中提出，"人工智能政策试验和社会实验，探索建立人工智能伦理法规和监管，并完善数据开放共享机制"。西安建设新一代人工智能创新发展试验区开展的社会实验，突出了西安的科教优势，实验过程中包含了隐私保护、数据安全等伦理内容，可探索进行事前、事中、事后的安全和伦理评

估和审查，并可探索事业单位开放共享数据的机制和规则。

此外，人工智能安全治理是人工智能、信息科学、经济学、管理学、伦理学等多门学科的交叉融合。仅靠传统的智库、研究机构已经不能满足大数据人工智能时代的新要求，需要建立一批匹配技术、前沿知识、市场、人才的人工智能创新共同体，建立由权威专家指导，具备多学科交叉知识和能力，懂技术、懂市场、懂法律的复合型人才库。

（三）增加基础设施冗余性，应对智慧城市新型技术风险

和计算机领域“用算法对抗迎击算法攻击”的思路不同的是，实体经济中存在能够对抗算法攻击的物理设备。因此，人工智能时代，实体经济有必要投建“对抗算法攻击的新基建”。我们提出一种利用物理资产防御对抗性算法攻击的新方法：投资于储能系统。目前文献都集中在开发防御对抗性攻击的算法上。算法防御的主要思想是避免预测错误。相比之下，基于存储的防御策略即使不可避免地扩大预测误差，也能有效避免经济损失。我们研究发现，当智能电网中有足够多的储能资产时，即便我们察觉不到算法攻击，算法攻击也成功地误导了 AI，储能也能阻隔 AI 的错误衍生为经济损失。实际上，AI 被误导会改变价格信号，从而触发储能的响应，这种储能的逐利行为却避免了整个系统的经济损失。

参考文献

应杰耀：《基于物联网技术的智能电网数据安全问题研究进展》，《电子科技》2023 年第 3 期。

姜野：《算法的法律规制研究》，吉林大学博士学位论文，2020。

章小杉：《人工智能算法歧视的法律规制：欧美经验与中国路径》，《华东理工大学学报》（社会科学版）2019 年第 6 期。

徐凤：《人工智能算法黑箱的法律规制——以智能投顾为例展开》，《东方法学》2019 年第 6 期。

王伟洁、邓攀科、吕志远：《欧盟2021年〈人工智能法〉研究》，《信息安全研究》2022年第2期。

Bryce Goodman，"Discrimination，Data Sanitisation and Auditing in the European Union's General Data Protection Regulation"，*European Data Protection Law Review*，Vol. 2，No. 4，2016，pp. 493-605.

Burrell，J.，"How the machine 'thinks'：Understanding opacity in machine learning algorithms"，*Big Data & Society*，2016，3（1）.

Joshua A. Kroll，Joanna Huey，SolonBarocas，Edward W. Felten，Joel R. Reidenberg，David G. Robinson，Harlan Yu，"Accountable Algorithms"，*University of Pennsylvania Law Review*，2017，Vol. 165，No. 3，pp. 633-705.

“秦创原”篇

Qin Chuang Yuan Reports

B.15

秦创原创新驱动平台总窗口促进区域高质量发展的实践与探索

西咸新区管委会课题组*

摘　要： 科技创新是新时代强国战略的核心主题。陕西省委、省政府全面落实党的二十大精神、贯彻落实习近平总书记来陕考察重要讲话重要指示，发挥区域科教资源优势，创造性搭建秦创原创新驱动平台，推动科技成果孵化转化产业化。西安市委、市政府着力构建以西咸新区总窗口为牵引、以科技创新示范带和先进制造业示范带为支撑的“一总两带”创新格局。西咸新区作为国家级新区，被赋予秦创原创新驱动平台总窗口的战略定位，重点围绕体制改革、资源聚集、创新生态、工作体系、创新协同等，进行了一些新的探索，切实发挥秦创原在全省创新格局中的示范带动作用。

* 课题组组长：申博，陕西省西咸新区研究院副院长、党工委管委会研究室主任。主要成员：王斌，陕西省西咸新区科技创新和新经济局局长；杨稣，秦创原创新促进中心主任；赵江，陕西省西咸新区研究院综合处（论坛秘书处）处长；李利，秦创原创新促进中心副主任；舒亮，陕西省西咸新区科技创新和新经济局副局长；李宁，陕西省西咸新区研究院干部。

关键词： 秦创原　西咸新区　科技创新

党的二十大报告指出，必须坚持科技是第一生产力、人才是第一资源、创新是第一动力。2015 年 2 月，习近平总书记来陕考察时强调，发挥西咸新区作为国家创新城市发展方式试验区的综合功能，形成具有陕西特色和优势的创新驱动发展体系。2020 年 4 月，习近平总书记来陕考察时强调，要围绕产业链部署创新链、围绕创新链布局产业链，推动经济高质量发展迈出更大步伐。建设秦创原创新驱动平台是陕西省委、省政府贯彻落实习近平总书记来陕考察重要讲话重要指示，体现陕西“创新性特征”、系统重塑经济发展动能的重要探索，是进一步融入国家创新体系、推动高水平科技自立自强的有力抓手。西安市委、市政府着力构建以西咸新区总窗口为牵引、以科技创新示范带和先进制造业示范带为支撑的“一总两带”创新格局。西咸新区是党的十八大以来获批的首个国家级新区，将秦创原总窗口作为最大机遇，站在融入国家战略全局、全省发展大局的高度，加速科技成果孵化转化产业化，为推进陕西高质量发展迈出更大步伐贡献应有之力。

一　秦创原创新驱动平台总窗口建设的价值意义分析

2021 年 3 月，陕西全面启动秦创原创新驱动平台建设，统筹推进研发深化、成果转化、企业孵化、产业催化，并明确西咸新区为秦创原创新驱动平台总窗口，促进陕西最大的创新区域西咸新区和最大的创新平台秦创原深度融合、相互支撑，奋力打造西部创新驱动发展新高地。

（一）建设秦创原创新驱动平台是对习近平总书记重要讲话重要指示的创造性落实

党的十八大作出了实施创新驱动发展战略的重大部署，强调科技创新是提高社会生产力和综合国力的战略支撑，必须把它摆在国家发展全局的核心位置。党的二十大报告对教育、科技、人才进行统筹安排、一体部署，充分凸显了创新在发展全局的突出位置、对中国式现代化的强力支撑作用。自党的十八大以来，习近平总书记四次来陕考察，都对陕西创新驱动发展寄予厚望，要求着力推动科技和经济紧密结合、创新成果和产业发展紧密对接，努力走在创新驱动发展前列。建设秦创原创新驱动平台，就是要牢牢抓住科技创新这个“牛鼻子”，充分发挥其渗透性、扩散性特点，加大推动创新链、产业链、资金链、人才链的精准对接，推动科技成果转化为生产力、科技价值转化为经济价值，促进科技与经济紧密结合、同向发力、协同联动、互促提高，为高质量发展提供新的成长空间、关键着力点和重要支撑。

（二）建设秦创原创新驱动平台是推动陕西科教优势向发展优势转变的创新性举措

陕西是首批国家创新型试点省份，人才总量和密度居全国前列，目前拥有高校 111 所、各类科研机构 1340 家，布局建设重大科技基础设施 2 家、国家工程（技术）研究中心 15 家、国家重点实验区（工程实验室）34 家，拥有两院院士 72 人、专业技术人员 211.5 万名；但长期以来面临教育科研和经济发展结合不紧密的问题。建设秦创原创新驱动平台，就是要抓住新一轮科技革命和产业革命的重大机遇，深入挖好陕西科教资源“富矿”，搭建孵化“快车道”，打通转化“最后一公里”，拓展促进产业化的“大通道”，促进科技成果转化为现实生产力，推动城市能级提升和产业创新发展。

（三）创设秦创原创新驱动平台总窗口将加速促进西咸新区创新城市发展方式转变

实践证明，只有深刻把握科技创新集聚发展的内在规律，深刻把握打造原始创新和自主创新战略要求，深刻把握引领科学与城市融合建设发展潮流，才能因地制宜推动创新发展、特色发展、高质量发展。西咸新区因创新而生、靠创新而兴，作为西安—咸阳一体化核心承载区，承接西安科教资源、辐射咸阳乃至关中地区的广大腹地，有效串联起西安交通大学、西北工业大学、西安电子科技大学、西安高新区、中国西部科技创新港、咸阳高新区等“国字号”大载体，具备了由要素驱动向创新驱动转变的基础条件。新时代新征程，西咸新区既要融入大局、答好确保同步基本实现现代化的“全国卷”；又要勇开新局，答好创新城市发展方式、推动高质量发展的“西咸卷”，就必须以秦创原创新驱动平台总窗口建设为牵引，通过科技创新推动全面创新、系统创新、集成创新，发挥新区作为国家创新城市发展方式试验区的综合功能。

二　秦创原创新驱动平台总窗口建设的主要做法与成效

陕西省委、省政府认真贯彻落实习近平总书记来陕考察重要讲话重要指示，心怀“国之大者”，服务战略全局，紧盯科研经济“两张皮”问题，创造性搭建秦创原平台。西咸新区作为秦创原总窗口，发挥服务全省功能，坚持“企业主体、人才主力、市场主导、政府主推”，聚力科技成果孵化转化产业化，通过总统筹、总牵引、总服务、总示范，从体制机制、创新生态、资源聚集、转化体系、开放合作等方面系统发力，初步形成了秦创原现象、营造了秦创原生态、探索了秦创原模式、打造了秦创原板块，带动西咸新区的吸引力、承载力、辐射力不断提升。2022 年，西咸新区固定资产投资增长 13.1%，约占西安市的 30%；引进内资近 2000 亿元，实际利用外资 12.8 亿美元；市场主体总量达 57.16 万户，增长 33.3%；工业投资增长 81.6%；新增“五上”企业 259 家。

（一）大力推进体制机制改革，激发创新发展整体活力

充分发挥改革“强刺激”“深刺激”作用，体系化、清单化、分层分类实施改革措施，大胆“试验”、积极“实验”、争当“示范”，以科技创新推动和引领高质量发展。一方面，完善组织架构。把秦创原总窗口建设作为全区“头号工程”，成立了由新区党工委、管委会主要领导负责的秦创原建设领导小组和招商工作领导小组，建立“一中心一平台一公司”双周协商

推进机制、总窗口建设调度机制，对照陕西省委、省政府《秦创原创新驱动平台建设三年行动计划》和《西安市推进秦创原建设实施方案》，制定了新区秦创原建设年度、季度计划和任务。组建科技创新和新经济局、秦创原创新促进中心，并在5个新城设置了分支机构，为秦创原建设提供了有力的机构保障。另一方面，深化人事改革。强力推行行政事业人员转聘任制，实施干部绩效考核和薪酬制度改革，对年度考核排名末位的干部实行降薪，对连续两年排名靠后的干部纳入“蓄水池”管理，有效激发了干部干事创业积极性。会同省委组织部在全省范围内选派优秀干部到秦创原总窗口挂职，为加速总窗口建设提供坚实的组织保障。

（二）持续优化创新生态，着力发挥服务全省功能作用

西咸新区以开放理念打造“热带雨林式”的科创生态体系，全面增强发展活力、创新能力、内生动力。

一是扩充科创载体。积极承接全省科创企业落地需求，持续推进“三器”建设，秦创原立体联动“孵化器”总基地正式启用，成果转化“加速器”总基地、两链融合“促进器”示范基地加快建设，累计建成投用科创载体934万平方米。同步推动物流园区、老旧厂房等“腾笼换鸟”，金湾科创区、科统基地、西部云谷等一批产业平台建成投用，为科创企业提供从孵化、加速到产业化的全流程承载空间。西部云谷获批全省首批“科创中国”创新基地。

二是完善政策体系。围绕推动更多科技成果就地孵化转化产业化，将省市新区政策叠加整合，形成1个总窗口政策包和N个专项政策的“1+N”政策体系，分层级、分阶段先后发布了支持总窗口建设15条、科技创新12条、优化营商环境升级版102条、总部经济17条、人才奖励系列政策41条等细分领域政策。打通省、市、新区三级政策兑现通道，创新人才、科技企业、创新平台、中介机构四类创新主体通过秦创原综合服务平台一站式申报兑现，全面推行“一件事一次办”“不见面审批”等创新举措，综合扶持力度达到全省最佳，累计兑现政策资金6.77亿元。

三是强化金融支持。揭牌成立秦创原资本大市场，结合区内众多中小微企业缺资本的实际，加快“资金池”建设，发起设立秦创原科创基金20只，总规模110亿元，已为250余个项目投资20.41亿元，通过直接、间接形式带动相关基金返投新区资金46.37亿元。秦创原“四贷促进”金融服务工作站投入运营，联合中国银行、长安银行等近20家金融机构，以“无形资产质押贷”“技术交易信用贷”“科技保险贷”等创新型科技金融贷款为发展重点，引进专业服务机构，打通技术需求、项目供给、金融支持、知识产权运营通道，秦创原综合服务平台上线89款科技金融、科技担保产品，累计为企业投放贷款8亿多元。

四是提升服务水平。健全“1+5+N”科创服务体系，以秦创原综合服务中心为依托，在5个新城和13个产业园分别建成运行秦创原服务分中心和工作站。发布陕西首个科创服务标准，搭建总窗口“政企通”平台，为各类企业提供24小时在线服务，秦创原综合服务平台与e站实现互设窗口和功能联通、与全市20个区县开发区实现信息互通，已累计提供科技服务1.5万余项，企业需求办结率达99.3%。

（三）加速聚集国内创新资源，发展壮大优质科创企业

西咸新区以秦创原创新驱动平台为抓手，加速创新资源的集聚裂变，促进创新动能加快释放。

一是聚集科创项目。按照产业链延链补链强链要求，紧盯大项目、好项目、龙头项目，隆基、创维、三一、西部超导等180多个项目签约落地，总投资达1500亿元。2023年1月17日，总投资452亿元的隆基绿能年产100GW单晶硅片以及50GW的单晶电池项目落户西咸新区。

二是聚集研发机构。围绕“两链”融合，着力解决制约产业发展的“难点”“堵点”“卡脖子”问题，组织秦创原“揭榜挂帅”项目49项，发起设立了陕西电子信息产业创新联盟，新认定省市级新型研发机构和创新联合体16家，获批市级工程研究中心3家，西图数联等5家单位被评为陕西省首批新型研发机构，占全省的1/5。

三是聚集上市企业。加大支持企业上市挂牌的改革创新力度，创新全链条上市培育体系，加强科技企业上市培育辅导，制定实施《促进企业上市三年行动计划》《西咸新区关于支持企业上市挂牌融资的奖补政策》《西咸新区关于促进股权投资基金业发展的奖补政策》等，16 家企业被纳入省级上市后备企业库，同力重工于全国首批在北交所上市，源杰半导体 2022 年在科创板上市。

四是聚集创新人才。围绕构建国家“3+N”人才集聚平台核心承载地，高标准建设秦创原“原上”人才大市场、“云端”人才大市场、西安国际人才港等高端人才平台，创设 C11 城市人才发展联盟，聚集 196 家专业人力资源服务机构，努力成为全球青年人才创新创业基地、海内外高端人才集聚洼地、西部人才发展高地。瞄准战略科学家、一流科技领军人才和创新团队、青年科技人才等重点，累计引进认定高层次人才和秦创原创新人才 214 名，聚集秦创原创新创业人才 22147 名，打造 104 支全国首倡的“科学家+工程师”队伍，组织 106 个“懂招商+懂技术+懂金融”的科技经纪人，培养 32 支“新双创”队伍，推动创新供给与产业需求高效衔接。

（四）持续完善孵化转化体系，探索科技创新发展新路径

促进资金、技术、应用、市场等要素对接，解决好成果转化、市场应用有机衔接问题。

一是深入推进科技成果转化“三项改革”。常态化挖掘转化科技成果，借力“三项改革”激发一大批科研人员带成果、带技术、带团队在总窗口创办领办企业，已开展高校院所项目集中路演 26 场、推介项目 104 个，与 11 家高校院所共建 17 个转化平台，落地 305 家转化企业，2022 年技术合同交易额是 2021 年的 1. 3 倍。

二是重点实施“四大工程”。大力实施科技型企业“登高”“升规”“晋位”“上市”，2022 年新增科技型中小企业 2137 家、国家级高新技术企业 490 家，分别是 2021 年的 2. 4 倍、2. 2 倍，新增科创板上市企业 1 家，培

育瞪羚企业 31 家、国家级专精特新“小巨人”企业 4 家。

三是全力打造十大园区。紧扣陕西省 24 条、西安市 19 条重点产业链，建设秦创原十大特色产业园区，编制发布了《秦创原总窗口产业布局总体方案》，突出先进制造业、制造业数字化转型升级和数字产业化方向，着力构建“1 带+10 园区”① 的产业空间布局和“3+7+N”② 的产业结构，2022 年规上工业总产值增长 20.4%，总窗口产业体系不断完善、示范效应不断增强。

（五）大力推进开放合作，推进区域协同创新发展

秦创原创新驱动平台建设伊始就是省域平台、协同平台，已成为推动关中、陕北、陕南“三秦联动”的有力抓手。

一是集聚多方合力。按照省委、省政府部署，西咸加快总窗口建设，吸引各方积极参与，打造“一中心一平台一公司”的秦创原建设主力军。其中，秦创原创新促进中心作为省秦创原建设领导小组办公室执行机构、西咸新区直属单位，主要搭建资源统一规划、服务统一标准、管理统一调度的科创服务体系；秦创原综合服务平台实现省市区三级创新要素互通互联、共享共通；秦创原发展股份有限公司由西咸新区联合陕投集团组建，向全省提供全链条、一站式、定制化集成服务，已链接 140 多家投资机构进入秦创原创新支撑体系。省属国企新注册落户 9 家，国企创新中心累计落户 19 家。

二是深化区域合作。瞄准省域发展“非均衡”和“碎片化”问题，融入“关中协同创新、陕北转型升级、陕南绿色循环”发展格局，与全省 6 个地市建立“双向飞地”和利益共享机制，与西安市 7 个园区和孵化器共

① “1 带”指新轴线总部经济带；“10 园区”指沣东先进制造产业园、沣东统筹科技资源改革示范园、沣西人工智能产业园、沣西数字经济产业园、秦汉自动驾驶产业园、秦汉大健康产业园、空港自贸蓝湾产业园、空港临空经济产业园、泾河双碳光伏产业园、泾河两链融合产业园。

② “3”指光伏、氢能、智能网联汽车 3 条主导产业链；“7”指新能源、数字经济、人工智能、先进制造、临空经济、自动驾驶汽车、大健康 7 大产业集群；“N”指生物医药、新材料、数控机床、现代金融等 N 个特色产业。

建协同创新基地，安康创新飞地孵化园开工建设，打造创新共同体、发展共同体。西电国家大学科技园、同济大学技术转移中心、北京燕园未来科教创新谷等科创平台先后落地，与常州市协同推动“科创中国”“秦创原”双平台共建共享。

三是营造创新氛围。先后举办了首届秦创原高价值专利大赛、秦创原无人系统高峰论坛等系列活动，设立秦创原总窗口科创产业发展联盟，“西咸新区建好‘秦创原’总窗口推动创新驱动发展”入选“中国改革2022年度地方全面深化改革典型案例”，陕西首届科技创新优秀案例，新区占到1/3，西咸新区入选“科创中国”首批试点，综合排名居全国前列。持续在《人民日报》等主流媒体策划推出秦创原宣传报道，2022年3月21日秦创原亮相纽约时代广场，在经济界、科技界、投资界、教育界、新闻媒体界备受关注，“秦创原”成为时代热词。

三　打造高能级秦创原创新驱动平台总窗口的思路举措

西咸新区将深入学习贯彻党的二十大精神，面向世界前沿、面向经济主战场、面向国家重大需求、面向人民生命健康，以服务支撑高水平科技自立自强为目标，紧抓西安获批综合性科学中心和科创中心重大机遇，进一步聚集高校、院所、企业、金融等各类创新资源，坚持“企业主体、人才主力、市场主导、政府主推”，建设立体联动“孵化器”、成果转化“加速器”和两链融合“促进器”，推动科技成果孵化转化产业化，打造创新链、产业链、资金链、人才链深度融合的科技创新体系，努力成为陕西高质量发展的强大引擎。

（一）聚焦“四链融合”，进一步夯实西咸新区创新根基

推动创新链、产业链、资金链、人才链深度融合，统筹高校院所、国有龙头企业、高科技民营企业等优质资源，加快“三池一机制”建设，加强企业主导的产学研深度融合，搭建多主体、多层次产学研协同创新平台。

一是强化“三器”示范基地推广。加快秦创原立体联动“孵化器”总基地建设，构建由秦创原小程序沣东立体联动“孵化器”专区、1个立体联动孵化线下服务大厅、N个园区工作站组成的“1+1+N”线上线下联动政务服务网络，研究制定全省可复制推广的服务标准。加快推动秦创原成果转化“加速器”总基地和两链融合“促进器”示范基地建设，积极探索科技成果转化新模式新机制。围绕西部科技创新港重大科技基础设施布局，建立大科学装置对口服务机制，推动重大科技成果转移转化。

二是加快建设新型研发机构。采取“总院+专业研究院”模式，建设具有独立法人性质、市场化运作的秦创原产业技术研究院。推行“新型研究机构+运营公司”建设运营模式，以市场化为导向，建立以成果转移转化、科技型企业孵化、体制机制创新等为主要依据的绩效考核机制和动态扶持机制。

三是支持国有企业开放创新。依托国企创新中心，积极对接在陕央企和省市属国企，吸引以新建研发平台、技术转移中心、孵化器、创新研究院的形式集中进驻秦创原总窗口，引导有条件的国有企业按照业务转型方向，成立团队入股的独立法人研究机构，实行公司化运行，承担技术研发、成果孵化及产业化的功能。

四是引进高科技民营企业研发机构。围绕氢能、光伏、智能网联汽车等重点产业领域，紧盯中国企业科创力100强、全国企业科技创新100强等企业，建立招引目标企业信息库，鼓励意向企业以“研发中心+生产基地”的形式落地。

五是开展重点产业链科技攻关。瞄准全省重点产业链关键环节，面向企业征集技术需求，滚动编制“卡脖子”技术清单。采取“揭榜挂帅”、“赛马制”、首席科学家制等方式，吸引国内外高校院所、科技企业等各类创新主体攻克产业关键核心技术。支持产业链“链主”企业牵头组建体系化、任务型的创新联合体，发挥科技型骨干企业引领支撑作用。

（二）聚焦成果转化，进一步提升西咸新区创新动能

以深化实施科技成果转化“三项改革”为契机，建立科技成果“源头

供给—技术验证试验—应用推广”的科技成果转化加速机制，打通从实验室的“最先一公里”到成果转化的“最后一公里”，推动从创新资源的“磁场效应”向创新驱动的“产出效应”转变，争创以总窗口为核心的国家科技成果转移转化示范区。

一是建设秦创原科技大市场。搭建线上科技成果供需对接平台和交易平台，吸引知识产权、技术转移、检验检测、路演模拟等市场化科技服务机构入驻，依托人工智能、大数据等技术实现供需精准匹配与交易，打造面向全省的“成果展示、技术交易、双创服务”功能平台。

二是打造开放式实验室群落。紧抓西安获批“双中心”重大战略机遇，强化国家科技战略力量布局，加快推进电磁驱动聚变大科学装置落地建设，积极链接全国优质资源，布局若干国家重点实验室，实施一批具有战略性、全局性、前瞻性的国家重大科技项目，增强自主创新能力。

三是开展科技成果精准挖掘。建立常态化、精准化科技成果源头挖掘机制，面向全国高校院所，制作产业链技术需求清单、动态技术成果库，清单制奔赴目标高校院所，定期跟踪对接。建立科技经纪人“一对一”跟进重点高校重点学院的信息共享机制，将企业的技术需求有针对性地引入高校院所，推动高校院所以市场需求为导向进行具有商业化价值的技术研究。

四是建设一批概念验证中心和小试中试基地。鼓励有条件的高校院所牵头，联合龙头企业、科研院所、投资机构、第三方服务机构共建秦创原概念验证中心，开展项目原型开发、市场价值验证、商业模式设计、投融资对接等服务。聚焦氢能、智能网联汽车等产业发展需求，依托具有行业优势和公共服务功能的高等院校、科研机构和龙头企业等，重点建设一批小试中试基地，开展科研成果二次开发、工艺验证和中试熟化等中、小试验证服务。

五是用好科技成果“三项改革”。联合高校院所推进科技成果转化“三项改革”，每年组织数场秦创原成果转化专场路演活动，建立项目从路演到落地的对接工作流程，遴选一批优质科技成果在总窗口落地转化。探索建立首席科学家、专业管理运营团队参与科技成果转化“三项改革”企业组建、技术规划与管理运营的机制，提升企业成长性。

（三）聚焦企业孵育，进一步打造创新型企业栖息群落

建立覆盖企业全生命周期的梯度培育机制和全程孵育体系，挖掘一批科技含金量高的科创企业、科创项目，强化分类指导和精准服务，重点培育“科技型中小企业、高新技术企业、瞪羚企业、上市企业”等科技型企业主体。

一是推动孵化载体提档升级。依托秦创原十大特色产业园区，联合高校院所、行业龙头企业等，以持股孵化模式建设自动驾驶、数字经济等专业性强、产业集聚度高的专业孵化器。建立以孵化服务评价、孵化企业质量等为导向的孵化器动态考核评价机制，推进孵化载体享受支持政策与孵化成效挂钩。

二是推进科技型中小企业基数倍增。发挥新型研发机构、孵化器等作用，以“孵化+基金+公司”形式支持科技人员携带科技成果在区内孵化初创企业，为科技型中小企业提供管理运营、投资融资、市场推广等“伙伴式、捆绑式”服务。

三是强化高新技术企业培育。鼓励科技型企业加大研发投入，聚焦国家高新技术企业评审认定的关键节点，辅导企业建立完善的研发管理体系，建设企业技术中心、工程技术中心、重点实验室等研发平台。制定高新技术企业培育服务体系，推行培育、辅导、申报、认定全流程、标准化和精细化服务。

四是支持科技型企业上市。提升企业上市综合服务水平，建立企业上市服务“一企一专班”工作制度、“金融摆渡人”服务机制。依托秦创原资本大市场，开展“企业上市体检”。每年发布总窗口“规改股”企业清单，指导企业实施股份制改造，培育一批优质规范的市场主体。

（四）聚焦产业发展，进一步构建创新型产业体系

以产业园区为承载，以场景创新应用为突破，加强招商引资、招才引智、招科引研，以新技术新产品产业化、规模化应用，开辟发展新领域新赛

道，推进制造业数字化升级，促进产业链上下游融通发展，构建硬核引领的高端产业生态。

一是开展场景创新应用示范。以市场化、生态化运行机制开展场景挖掘、打磨策划、场景发布、场景对接等工作，重点聚焦制造业数字化、城市管理数字化领域场景应用需求，建设场景创新服务中心、新赛道培育促进中心、瞪羚企业培育中心等一批创新平台，建立需求方与技术供给方“创新研发、孵化试点”的场景联动机制。

二是开展产业新赛道培育促进。围绕人工智能、智能网联汽车等新兴产业方向，重点针对无人驾驶、计算机视觉、语音识别等细分领域，招引头部企业落地。大力发展基因药物、新型疫苗等生物技术类药物，加快干细胞、基因治疗、基因检测相关技术研究和转化。聚焦氢燃料电池核心系统及关键零部件、核心材料等细分领域，吸引有意向的潜在独角兽、独角兽企业落户，引导新经济力量“爆发式”成长。

三是推动先进制造业数字化升级。面向数控机床、高端装备等先进制造业，以“揭榜挂帅”方式遴选全国优秀智能制造诊断服务商，为制造业企业提供评估、诊断、改造、服务等一揽子数字化转型解决方案。引导企业创新应用离散型智能制造、网络协同制造、远程运维服务等智能制造模式，建设一批覆盖企业生产全流程、管理全方位和产品全周期的智能制造示范工厂。

四是促进产业链上下游协同发展。采取平台公司自建、园企共建、规模龙头企业建设等多种模式，差异化推进园区开发建设。强化产业导向约束机制，建立完善项目筛选评估机制，研究编制全球招商地图、技术路线图、招商引资重点项目库，采取以企招商、以商招商、基金招商等模式，吸引更多以“四链”融合为导向的产业项目和实体研发机构落地，加快培育产业集群。

五是加快产业创新空间载体建设。围绕新区重点产业布局，按照每个特色产业园区“一个规划、一个团队、一个体制、一个政策、一个名册”的“5 个 1”模式，推动十大特色产业园区实体化运作。推进西部云谷、自贸蓝湾等重点科创载体建设，加快布局一批特色化、专业化新型科创载体，推进以社区理念强化科创载体研发、中试、生产及生活、社交、休闲等多元功能配置，增强高端资源要素吸引力。

（五）聚集人才引培，进一步筑牢人才引领驱动战略性支撑

坚持人才是第一资源，聚天下英才而用之，发挥省级人才发展改革试验区作用，进一步加强“三支队伍”建设，以人才激励评价机制改革为突破，在创新实践中发现人才、在创新活动中培育人才、在创新视野中凝聚人才。

一是建好秦创原人才大市场。按照市场化运行、“线上+线下”的方式，依托一站式人才服务中心、人才交流中心、人才成果展示中心、人才创新支持中心，打造国际人才服务品牌。采用“学校招引、校企共用”模式，构建“人才池”，联合引进一批优秀青年人才。

二是引进科技领军人才队伍。面向智能网联汽车、生命科学等科技前沿领域，运用大数据技术绘制科技领军人才分布地图，构建“单位出榜、中介揭榜、政府奖补”的市场化协同引才机制，重点引进院士团队、战略科学家和一流科技领军人才等。

三是培育青年科技人才队伍。支持高能级创新平台、科技领军企业等建设博士后工作站，加快发现育成一批取得突出成绩且具有明显创新潜力的青年科技人才，定期发布秦创原博士招才引智榜，精准引进青年科学家。

四是壮大秦创原发展人才队伍。着力破解用人主体引才难、产业核心技术攻克难、行业创新资源整合难问题，鼓励高校、企业联合申报“科学家+工程师”队伍建设项目。强化科技战略咨询，建设秦创原创新发展智库中心，引进科技发展趋势研究、科技监测评估、科技治理等领域的中高端智库人才。

五是创新人才激励评价机制。开展人才分类认定改革试点，探索实施人才注册制、人才动态评价“积分制”，建立健全人才工作尽职容错免责机

制，鼓励企业建立健全核心关键人才薪酬制度，实施股权激励、分红激励、科技成果转化收益分享、骨干员工持股等激励措施，最大限度地激励科研人才勇于创新、勇攀高峰。

（六）聚焦创新生态，进一步提升创新体系整体效能

坚持以市场化为导向，发挥各类高能级科技服务机构集聚优势，促进各类创新资源要素全面开放共享，扩大国际科技交流合作，加强国际化科研环境建设，形成具有全球竞争力的开放创新生态。

一是建好秦创原资本大市场。加快建设“秦创原·金融港”，吸引保险、券商、银行、融资租赁、商业保理、小额贷款等金融机构入驻，开发知识产权质押贷款、信用贷款等科技金融产品，完善知识产权价值评估、企业融资增信等制度，探索知识产权证券化融资，促进科技成果资本化。

二是建立全链条政策服务体系。加强政策需求调研，针对产业特性、不同生命周期企业等，推出差异化、精准化的支持政策，重点加大对中小微企业的扶持力度。对标先进地区，围绕场景支持、科技金融、创新平台建设、关键核心技术攻关、开放协同等方面出台一系列专项政策，同步建立常态化的政策评估与动态调整机制。

三是营造一流营商环境。完善市场主体“低门槛”准入机制，探索推行“备查制”，实现市场主体“零审批”入市。开展商事集成注册审批改革试点，引进法律、公证、鉴定、仲裁、调解等机构入驻，为科技型企业提供一条龙服务保障。

四是加强创新协同合作。以秦创原“一总两带”空间布局为统领，与各地市深化做实“在港孵化+飞地转化+回迁发展”模式，进一步促进“三秦联动”。推动总窗口与北京中关村、上海张江等围绕共建研发平台、联合设立产业投资基金、协作开展技术服务、共享科技创新信息等方面开展合作，依托国际离岸科技资源统筹中心，加强共建“一带一路”国家科技合作，逐步构建区域创新发展格局。

参考文献

习近平：《高举中国特色社会主义伟大旗帜 为全面建设社会主义现代化国家而团结奋斗——在中国共产党第二十次全国代表大会上的报告》，新华社，2022 年 10 月 25 日。

赵江、李宁：《关于推动建设国家区域科技创新中心和科技成果转移转化示范区的思考与建议》，《新西部》2022 年第 6 期。

徐崧涵：《“双链”深度融合视阈下高校科技成果转化的困境与对策》，《徐州工程学院学报》（社会科学版）2022 年第 4 期。

张蔚文、麻玉琦、李学文、卓何佳：《现代化视野下的中国新型城镇化》，《城市发展研究》2021 年第 7 期。

杨彦帆、李欣怡等：《不断塑造发展新动能新优势》，《人民日报》2022 年 10 月 21 日。

B.16 秦创原知识产权创新引领高地建设路径研究

侯社教*

摘　要： 建设秦创原创新驱动平台是陕西贯彻落实习近平总书记来陕考察重要讲话重要指示、抢抓国家创新驱动发展战略重大机遇、发挥自身创新优势和创新潜能、积极探索具有陕西特色的创新驱动发展新路径的重大举措。知识产权作为激励创新的制度性保障，在服务秦创原建设发展中具有关键性支撑作用。当前，秦创原知识产权创新引领高地建设的初步探索取得一定成效，但仍存在一些问题和困难。为此，根据秦创原平台自身功能、定位和特点，分析其面临的挑战及知识产权创新引领高地建设的重点方向，有针对性地提出秦创原知识产权创新引领高地建设路径，从统筹推进知识产权赋能、建强两个主体、聚焦两个关键、强化两个支撑四个方面，系统性提升知识产权工作对秦创原创新发展的融入力和支撑力。

关键词： 知识产权　秦创原　高地建设

一　引言

党的十八大以来，以习近平同志为核心的党中央把创新作为引领发展的

* 侯社教，陕西省知识产权局党组书记、局长。

第一动力，摆在了国家战略核心高度，推动我国科技事业与创新驱动发展发生历史性变革。党的十九大报告指出，“创新是引领发展的第一动力，是建设现代化经济体系的战略支撑”，党的二十大报告强调“必须坚持科技是第一生产力、人才是第一资源、创新是第一动力”。2020 年 11 月 30 日，习近平总书记在主持中央政治局第二十五次集体学习时强调指出，“创新是引领发展的第一动力，保护知识产权就是保护创新”“全面建设社会主义现代化国家，必须从国家战略高度和进入新发展阶段要求出发，全面加强知识产权保护工作，促进建设现代化经济体系，激发全社会创新活力，推动构建新发展格局”。党的二十大报告指出，“加强知识产权法治保障，形成支持全面创新的基础制度”。陕西创新资源富集，科技创新综合实力位居全国前列，习近平总书记来陕考察，对陕西发挥创新资源优势，抓好创新驱动发展，实现高质量发展提出了明确要求，寄予了殷切希望。秦创原是陕西依托科技和人才资源推动全省高质量发展的一个缩影①。陕西省委、省政府坚决贯彻落实习近平总书记来陕考察重要讲话重要指示，以推动秦创原创新驱动平台建设破局，以促进创新链与产业链深度融合破题，推动陕西创新要素高度聚集、创新生态高质构建、创新成果高效转化，全力打造创新创业的热土和沃土，做好陕西创新发展这篇大文章。促进知识产权工作深度融入秦创原建设，发挥知识产权的制度供给和要素供给作用，为秦创原打造优良的创新生态，是高水平建设秦创原创新驱动平台的内在要求。

二　知识产权支撑秦创原创新高地建设初步探索

秦创原创新驱动平台的影响力、凝聚力、辐射力不断扩大，全省创新资源加快汇聚，创新动能持续增强，创新活力加速释放，建设成效逐步显现。陕西省知识产权工作主动融入秦创原创新驱动平台建设大局，按照建强品牌擦亮总平台、激励创新赋能总源头、促进融合服务总窗口的总体思路，一手

① 潘睿：《陕西：秦创原赋能创新驱动 高质量发展动力十足》，《中国报道》2022 年第 3 期。

抓环境优化，一手抓平台载体，在知识产权服务秦创原建设方面作出了一些有效探索。

（一）强化规划统筹，融入秦创原发展大局

陕西高质量发展的基础在创新、优势在创新、潜力在创新，秦创原作为陕西创新驱动发展的主引擎，也应是陕西知识产权强省建设的主阵地，是强化陕西知识产权规划统筹的重要方面。一是提高站位，明确服务秦创原创新发展的战略部署。2022 年 10 月，陕西省委、省政府印发《陕西省知识产权强省建设纲要（2021—2035 年）》，将服务秦创原创新发展作为全省知识产权工作中长期规划一以贯之的主攻方向之一。2021 年，经陕西省政府同意，陕西省发改委、陕西省知识产权局印发了《陕西省“十四五”知识产权发展规划》，提出要“紧扣秦创原创新驱动平台建设等全省中心工作，谋划实施若干重大知识产权高质量项目和专项工作，助推全省经济社会创新驱动发展”。2021 年 9 月，陕西省知识产权局制定实施《知识产权支持秦创原创新驱动平台建设十项措施》，从“培育一个品牌、布局两大项目、建设三个中心、强化四项服务”，全链条、全方位支持秦创原创新发展。二是提升合力，凝聚服务秦创原创新发展的共同力量。2022 年 4 月，陕西省知识产权工作领导小组工作会议在秦创原总窗口西咸新区召开，把领导小组的会场作为研究推动秦创原建设的现场，共看秦创原之变，共谋促创新之策。小组会议审议印发陕西省《知识产权强国建设纲要和“十四五”规划实施年度推进计划》《省知识产权工作领导小组 2022 年工作要点》，全领域、全过程服务秦创原创新驱动发展。

（二）提升保护效能，做优秦创原创新生态

秦创原创新发展的关键在要素集聚、资源集成。因此，不断强化知识产权全链条保护，营造优良的创新环境和营商环境，有助于打造秦创原强有力的引力场。一是强化策源力，加强高校专利创造源头保护。陕西省知识产权局以西安交通大学、西北工业大学、西安建筑科技大学等 6 所国家知识产权

示范试点高校为重点，持续深化高校知识产权权益分配改革，完善高校知识产权管理体系，加强知识产权分级分类管理，开展专利申请前评估试点，引导高校产出更多创新程度高、权利稳定性好、市场竞争力强的高价值专利，为秦创原提供高质量创新要素供给。二是形成牵引力，完善知识产权保护体系。2021 年 5 月，陕西省知识产权局与西咸新区沣东新城管委会签署知识产权战略合作框架协议，布局建设陕西省知识产权保护中心。2022 年 10 月，陕西省知识产权保护中心经国家知识产权局批复，同意建设国家级知识产权保护中心，将为陕西省新一代信息技术产业、新能源产业开展专利快速预审、快速确权、快速维权服务，助推创新优势加快向产业竞争优势转化。陕西省人民检察院、西安市人民检察院、榆林市人民检察院、咸阳市人民检察院分别在秦创原设立了知识产权检察保护中心，西安市公安局秦创原总窗口实施了首批知识产权保护站集中授牌，西安市中级人民法院在秦创原总窗口设立了知识产权巡回法庭，为涉诉企业大大降低了诉讼成本。三是构建协同力，建设知识产权保护示范区。陕西省知识产权局以建设知识产权保护示范区为抓手，突出重点、因地制宜，有效提升各市（区）创新聚集区的知识产权保护水平，服务构建以秦创原为统领的全省协同创新体系。2021 年，在铜川市、西安市雁塔区、宝鸡市高新区等 8 个市、县、园区开展陕西省知识产权保护示范区建设，指导各示范区探索完善权界清晰、分工合理、责权一致、运转高效的知识产权保护机制，打造陕西省知识产权保护第一方阵。

（三）强化运用支撑，做强秦创原创新主体

秦创原创新发展的主体在企业、活力在企业。因此，需要加强企业知识产权运用能力建设，释放源头创新活力，促进产业提质增效①，持续实施项目带动、完善转化机制、建设运营平台、促进价值实现，增强秦创原创新发展原动力。一是促进转移转化，赋能创新发展。投入 1 亿元分两批实施陕西省专利转化专项计划，从提升专利转化供给侧能力、建设产业专利运营中

① 《以秦创原创新驱动平台为引领 推动西安经济高质量发展》，《新西部》2022 年第 6 期。

心、服务科创企业专利运营等方面，多措并举提升专利转化效能，加大对秦创原创新型企业的支持力度，引导企业多元化、深层次运用知识产权，服务秦创原打造双链融合“促进器”。自项目实施以来，陕西省高校、院所转让许可专利4842次，全省中小企业接受相关主体转让许可专利3614次，从供需两端激活专利转化。开展全国首批专利开放许可试点工作，帮助企业便捷高效获取专利许可，已发布免费开放许可专利项目817项，其中免费许可专利568项，已备案专利许可协议34项。二是建设运营中心搭建枢纽平台。持续完善知识产权运营体系，推进陕西知识产权运营交易中心建设，促成中心运营主体陕西创合国际知识产权运营管理公司入驻西咸新区，并于2022年6月揭牌成立。运营中心将依托秦创原创新驱动平台，立足陕西、面向全国，打造集知识产权交易、运营及投融资服务于一体的知识产权综合交易服务平台，服务秦创原打造立体联动“孵化器”。三是培育高价值专利提升转化质效。陕西省知识产权局分四批实施高价值专利培育项目29项，支持在全省重点产业链和“卡脖子”关键核心技术领域开展专利布局，推进产学研融合共进。举办首届秦创原高价值专利大赛，以赛助研、以赛提质、以赛促转，有效促进了高价值专利项目在秦创原落地转化。举办系列专利技术成果转化签约活动，拓宽供给渠道，促进共创共享。四是推进质押融资引入金融活水。陕西省知识产权局会同省发改委、省工信厅、陕西银保监局制定印发《陕西省知识产权质押融资入园惠企三年行动方案》，促进质押融资政策红利向秦创原延伸、向企业直达。陕西省知识产权局与中国银行陕西省分行签署战略合作协议，共同推出“秦创贷·知惠贷”质押融资产品。2022年1~10月，专利权质押合同登记数794件（居全国第六位），同比增长26.4%，专利权质押贷款总金额33.5亿元，同比增长30.5%。五是开展专利导航促进双链融合。围绕陕西省24条重点产业链和5G产业，组织实施24项重点产业专利导航项目。陕西省知识产权局联合省工信厅、省财政厅向链上企事业单位发布产业专利导航成果，服务政府决策和产业创新。六是提升企业能力筑牢主体地位。2022年，新增国家知识产权示范企业5家、国家知识产权优势企业65家，168家企业被列入2022年企业知识产权贯标计划，开展贯标工作。指导建设西安经开区稀有金属增材制造产业知识产权联盟、西安高新区医药产业知识产权联盟并予备案，提升产业知识产权资源整合与战略运用能力。组建商洛市科技资源统筹中心，链接国家和省科技资源，已建成秦创原创新驱动（商洛）网络平台，实现了与总窗口和其他地市科创资源的互联互通①。

（四）强化服务供给，做实秦创原基础支撑

创新之道，唯在得人。秦创原创新发展的第一资源在人才，竞争优势在服务。作为引领全省创新驱动发展的总平台，秦创原创新驱动平台始终把人才作为支撑发展的第一资源②。因此，持续加强引才培智，强化服务供给，有助于提升秦创原创新发展支撑力。一是开展专业培训，先后在西咸新区举办“秦创原知识产权保护与运营培训班”“秦创原海外知识产权风险防范培训班”等多期培训，帮助企业知识产权管理和工作人员深化认识、拓展思维、丰富技能，以人才高度成就秦创原创新发展高度。二是开展维权援助，在秦创原布局建设知识产权维权援助站，为各类创新主体提供知识产权领域的日常咨询、信息检索、法律援助等业务，帮助企业快速化解知识产权纠纷，增强企业创新发展信心。三是建设商标品牌指导站，支持秦创原创新促进中心开展商标品牌培育指导站建设，面向市场主体商标品牌建设需求，发挥专业辅导功能，为市场主体提供扶持品牌培育、运用、管理、维权等知识产权一站式服务，服务品牌经济发展。

三　存在的问题

秦创原是陕西创新驱动发展的新高地和新引擎。当前，在深入学习贯彻党的二十大精神、全面建设社会主义现代化国家开局起步的关键时期，在立

① 《坚持“五个融合”深度融入秦创原》，《新西部》2022 年第 6 期。

② 刘居星、孙鹏：《打造陕西高质量发展强大引擎》，《现代企业》2022 年第 4 期。

足新发展阶段、贯彻新发展理念、构建新发展格局的时代背景下，在加快实现科技自立自强、建设全国统一大市场、深化要素市场化改革等新形势下，知识产权作为创新驱动的制度性保障，应当在秦创原整体谋划建设布局中居于更加核心的位置。从目前来看，知识产权支撑秦创原创新发展的体制机制还不够系统完善，资源保障还不够坚实，支撑作用还没有得到有效发挥。

（一）知识产权工作尚未有效匹配秦创原引领定位

2021 年，陕西省委、省政府成立了秦创原创新驱动平台建设工作领导小组，成员单位包括发改、科技、工信等多个部门，但知识产权部门尚未被纳入其中。同时，制定出台的《秦创原创新驱动平台三年行动计划》中，仅提出“形成更加完善的科技成果知识产权管理体制机制”，其他方面对知识产权工作未有涉及。秦创原作为对全省创新驱动发展具有引领示范作用的创新高地，特别是在体制机制创新方面，应当对标北京中关村、上海张江等国家自主创新示范区，而早在 2013 年国务院批复的《上海张江国家自主创新示范区发展规划纲要（2013—2020 年）》中，就将“强化知识产权的创造、运用、保护和管理”作为张江国家自主创新示范区六大任务之一“营造创新友好环境”的重要方面。习近平总书记深刻指出要实施“科技创新、制度创新双轮驱动”，秦创原在建设大载体、大空间、大平台的同时，也应该加快建设形成促进科技创新、双链融合的制度高地。知识产权作为贯穿创新全过程的重要制度安排，在完善创新体系、激发创新活力、聚集创新要素方面，发挥着重要的制度供给和要素保障作用。因此，知识产权工作应当在秦创原整体建设布局中居于更加重要的地位，展现更大作为。

（二）知识产权保护效能尚未有效满足秦创原竞争需要

随着创新驱动发展的深入实施，全国各省份都把培育发展高新技术企业、提升产业链现代化水平作为培育新的增长极、抢占发展制高点的焦点。特别是在加快建设全国统一大市场的背景下，制度公平统一、市场规范开放、要素自由流动将成为普遍态势，秦创原建设面临的区域间竞争将更为激烈。提升秦创原建设质量，相较于资本、土地、劳动力等生产要素，更多取决于人才、技术、数据等高端要素的聚集，越是高端要素，越是对高效有力、公平有序的知识产权保护环境更为依赖。近年来，我国知识产权法治化进程明显加快，专利法、商标法、著作权法相继修订，建立惩罚性赔偿制度，加大知识产权侵权违法成本。同时，徒法不足以自行，知识产权保护成效的发挥还需要与之配套的保护体系建设、保护能力提升和保护投入的加强。知识产权保护环境的优劣，与区域创新水平的高低具有高度相关性，就美国波士顿128号公路地区与硅谷进行比较，波士顿附近拥有哈佛大学和麻省理工学院两所著名大学，同时还靠近纽约这一全球金融和商业中心。20世纪80年代前，128号公路周围的高科技产业遥遥领先于硅谷，但随后硅谷迅速超越了前者，其中原因仁者见仁，但对知识产权的全方位和强有力的保护，无疑是其中的重要原因。当前，司法保护方面，国家在北京、上海、广州、海南自贸港布局了知识产权法院，在全国布局的26个知识产权法庭中，江苏省有4家，浙江省有2家，福建省有2家，江西省有2家，而陕西仅有西安市知识产权法庭。行政保护方面，江苏省全部地级市市场监管局加挂了知识产权局牌子，并普遍内设知识产权工作科室2~4个，而陕西目前仅有5个地市市场监管局加挂知识产权局牌子，且大多数地市仅有1个科室负责知识产权工作。知识产权保护体系不健全，保护投入匮乏，制约了陕西省知识产权保护环境的优化，对秦创原创新驱动平台建设的支撑不足。

（三）知识产权运营体系尚未有机嵌入秦创原政策体系

自2021年以来，陕西省知识产权局围绕服务秦创原创新驱动平台建设，先后开展了专利转移转化专项计划、高价值专利培育、首届秦创原高价值专利大赛、专利导航、知识产权质押融资等工作，持续加大专利转移转化工作力度，丰富知识产权运用方式，拓宽知识产权价值实现路径，取得了一定成效。同时，由于缺乏政策协同、资源统筹、平台支撑，相关工作还是以知识产权系统单兵突进为主，知识产权运用体系与秦创原相关政策体系缺少融合协同，知识产权运用工作的叠加放大效应没有较好形成。以2022年6月陕西省秦创原创新驱动平台建设工作领导小组办公室印发的《秦创原创新驱动平台建设（总窗口）政策包》（2022 年修订）为例，政策包在优化创新创业生态方面，将加强知识产权保护作为第 13 条政策要点，部署了支持高质量知识产权创造、加大科技创新成果司法保护、构建覆盖全省的检查保护体系 3 条政策措施。但同时，在教育部、国家知识产权局、科技部 2020 年印发的《关于提升高等学校专利质量促进转化运用的若干意见》中指出“围绕科技创新 2030 重大项目、重点研发计划等国家重大科研项目，探索建立健全专利导航工作机制”。目前政策包提出的重大共性技术攻关中，没有将专利导航纳入重大科研项目管理。在引入高层次人才方面重点关注对高科技创新创业人才的招才引智，没有将知识产权高端人才纳入人才计划。在促进科技金融融合发展方面缺乏知识产权质押融资与融资担保政策的衔接等。

（四）知识产权服务供给尚未有力支撑秦创原创新生态

秦创原建设项目加速落地，创新链与产业链融合日趋深入，对生产型服务业特别是知识产权服务业的需求也将会更加强烈和旺盛。当前，陕西知识产权服务业机构和人才规模总体偏弱，截至 2020 年底，全国共有专利代理机构 3253 家，陕西仅有专利代理机构 73 家，占全国的 2.24%。全国取得专利代理师资格人数为 5.3 万人，执业专利代理师为 2.3 万人，陕西仅分别为 1237 人和 391 人。在 2021 年全国专利代理机构发明专利代理数量排名前 100 位中，陕西仅有 1 家机构入围。在知识产权法律、信息、运营、翻译服务等领域，知识产权服务机构和人才更为匮乏，具体到秦创原总窗口西咸新区，入驻的知识产权服务机构更少。知识产权服务贯穿于知识产权创造、运用的全链条，对发挥知识产权制度效能、提升知识产权创造质量、促进知识产权价值实现具有重要的基础保障作用，在产业链和创新链的相融相促中发挥着关键的催化剂作用。当前，知识产权服务业较为薄弱的支撑能力和不均衡的发展布局，难以适应秦创原创新发展的现实需求。

四　秦创原知识产权创新引领高地建设路径设计

当前，秦创原建设正处于加速由势向能转化的关键期，秦创原的政策体系也在不断优化调整，在秦创原创新驱动平台建设三年行动计划 1.0 版本的基础上，谋划秦创原建设顶层设计的 2.0 版本，应当以更大力度深化理念创新、机制创新、工作创新，更好地将知识产权工作深度融入秦创原建设的整体建设当中。

（一）提升知识产权在秦创原创新驱动平台建设中的赋能作用

一是提升知识产权工作定位。将省知识产权局纳入秦创原建设领导小组成员单位，在秦创原建设顶层设计中，以省委、省政府名义出台《知识产权服务支撑秦创原高质量发展的若干措施》，促进知识产权工作全流程融入、全链条嵌入、全方位支撑，加快构建有利于创新的制度体系和市场机制，加快形成有利于吸引创新性人才的创新创业沃土，加快培育具有核心竞争优势的知识产权优势示范企业。二是发挥省知识产权工作领导小组作用。由省知识产权局牵头，联合发改、工信、商务、文化、版权、市场监管等相关部门，围绕打造秦创原国内一流知识产权高地，立足贯通高校、企业、平台等多主体，激活科技、品牌、文化创新等多领域，着眼优化营商环境、服务对外开放、完善制度体系等多方面，强化资源统筹和政策协同，以省知识产权领导小组名义制定《推进实施秦创原知识产权创新引领高地建设方案》。三是加强秦创原创新驱动平台建设中的知识产权评价考核。在秦创原创新驱动平台建设专项考核办法中增加知识产权内容，以质量和转化绩效为导向，设置专利质量和转化运用等指标，加大专利转化运用绩效权重。

（二）建强高校和企业两个主体，提升秦创原创新能级

围绕产业链部署创新链，围绕创新链布局产业链，需要充分认识高校创新策源地和企业创新主体地位在促进产业链与创新链的深度融合中的重要作

用。能否把创新主体培育成知识产权主体，助力高校和企业提升创新水平、聚集创新要素、提升转化效能，直接影响秦创原创新能级的提升。一是以深化高校创新机制为重点，打造以知识产权为核心的创新源头。不断健全高校知识产权协调管理机制，完善多层级联动的知识产权管理体系，促进其与高校科技创新体系、科技成果转移转化体系有机融合。持续开展高校知识产权贯标工作，强化知识产权全流程管理。加大对西安交通大学国家知识产权示范高校和西北工业大学、西安电子科技大学、陕西科技大学等5所国家知识产权试点高校的指导支持力度，发挥引领示范作用。提升知识产权创造质量，紧扣科技自立自强，完善科研项目管理制度，形成企业出题、高校答题的科研项目管理机制，围绕关键前沿核心技术领域加快知识产权布局。建立专利申请前的评估制度，支持高校开展职务发明所有权改革探索，按照权利义务对等原则，发挥产权奖励、费用分担等方式的作用，促进专利质量提升。进一步突出创新成果知识产权转化运用的结果导向和实绩导向，将知识产权绩效评价纳入高校绩效考评指标。二是以强化企业创新主体地位为重点，构建以知识产权为纽带的创新体系。首先要发挥国有企业在构建秦创原创新体系中的“顶梁柱”作用，引导国有企业把实施知识产权强国建设纲要作为厚植发展优势、肩负秦创原创新使命的重要方向。以指导国有企业创建国家知识产权示范企业为牵引，制定企业知识产权战略，加强专利分析与产业运行决策深度融合，编制重大关键核心技术专项知识产权规划，在高端人才引进、技术合作、企业并购等重大经营活动中全面开展知识产权尽职调查。鼓励国有企业牵头探索促进专利密集型产业发展的有效路径，组建产业知识产权联盟，围绕产业集群构建专利集群，加强与重点产业链上下游企业的知识产权协同转化。依托企业重大项目和研发平台培育一批高价值专利，实施专利技术标准化。充分利用股权、分红等分配激励政策促进知识产权实施，完善贡献导向和效果导向的知识产权考核评价机制。其次要增强中小企业知识产权运用能力，以高新技术企业、专精特新企业为重点，鼓励科技型中小企业实施《企业知识产权管理规范》国家标准，对通过知识产权管理体系认证的中小企业予以资助。打造秦创原中小微企业知识产权维权援助“一张网”，在秦创原总窗口与各地市区县分窗口（飞地）建设知识产权快速维权中心，提升对中小微企业知识产权保护的效率和精准度。加强知识产权公共服务信息供给，为中小企业定期推送高水平、高质量、低成本的产业知识产权信息。探索建立知识产权托管工作体系，引导和支持知识产权服务机构为中小微企业提供知识产权委托管理服务。

（三）聚焦保护和运用两个关键，增强秦创原创新动力

知识产权一头连着创新，一头连着市场，强化知识产权保护和运用，一方面，有助于对创新形成正向激励，激发创新活力，提升创新动能。另一方面，可以塑造优良的创新环境和营商环境，吸引项目投资，促进产业聚集，加快技术交流和扩散，整体性提升区域创新水平。因此，一是要以完善知识产权保护体系为重点，打造秦创原知识产权保护高地。加快推进《陕西省知识产权促进和保护条例》立法和《陕西省专利条例》修正工作，为强化陕西知识产权保护和运用提供法治保障。深化知识产权司法审判与行政执法保护衔接，形成大保护格局。加快建设国家级陕西省知识产权保护中心，促进其发挥头雁效应，加强与西安市知识产权保护中心的工作衔接，积极争取国家知识产权局批复新增市级知识产权保护中心，构建完善陕西快速协同保护机制。加强知识产权维权援助体系建设，推动维权援助重心向下延伸，在秦创原创新聚集区多点布局维权援助中心。推动专利优先审查资源向秦创原重点产业、重点行业、重点企业倾斜。鼓励保险机构开展知识产权海外侵权责任险等知识产权保险业务。建立秦创原重点产业知识产权风险预警机制，加强海外知识产权纠纷应对指导和风险防控，有效维护涉外企业知识产权权益。督促各市、县切实履行知识产权保护属地责任，加大知识产权工作投入力度，打造知识产权保护示范区。二是要以促进知识产权价值实现为核心，优化秦创原知识产权运营生态。持续实施陕西省专利转化专项计划，促进专利技术转移转化，助力中小企业创新发展。推动专利开放许可工作，持续在激发供需、项目储备、探索经验等方面发力，提升专利

许可效率，制度性降低许可成本和交易风险，有效放大专利制度红利。完善专利导航工作机制，在秦创原建设专利导航服务基地，围绕秦创原增材制造、高档机床、氢能、光子、北斗、医工融合等34项重大科技项目实施专利导航项目，推广运用专利导航成果，建立专利导航成果共享机制。组织开展知识产权质押融资入园惠企行动，引入知识产权金融活水向实体经济特别是中小微企业倾斜。加快陕西知识产权证券化探索步伐。提升陕西知识产权运营交易中心、陕西融盛知识产权运营平台市场化运营水平。打造秦创原高价值专利大赛品牌，吸引、遴选更多高价值专利项目在秦创原落地转化。

（四）强化信息和人才两个支撑，优化秦创原创新生态

知识产权涉及的产业、领域面多量广，知识产权信息服务涵盖内容广泛，知识产权人才具有很强的刚性需求。围绕知识产权全链条提供高质量的知识产权公共服务供给，促进知识产权全链条人才队伍建设，对优化秦创原创新生态意义重大。一是全面加强知识产权公共信息服务体系建设。推进实施知识产权公共服务智能化建设工程，加快建设陕西知识产权大数据公共服务平台，拓展各类知识产权基础信息开放深度、广度，推进知识产权大数据平台与秦创原网络平台的互联互通和共享融合；完善主干服务网络，在秦创原布局技术与创新支持中心服务网点，构建政府引导、多元参与、互联共享的知识产权公共服务体系；加强专业便捷的知识产权公共咨询服务，健全秦创原中小企业和初创企业知识产权公共服务机制；大力发展高水平的专门化服务机构，加大对高端化、专业化、国际化知识产权服务机构的培育和引进力度。有效利用信息技术，综合运用线上线下手段，提高知识产权公共服务效率、信息传播利用效率，充分实现知识产权数据资源的市场价值。二是加快建设高水平的知识产权人才队伍。运营秦创原人才大市场，打造各领域人才集散枢纽[①]；进一步完善

① 《坚持党建引领赋能 助推秦创原总窗口高质量建设》，《新西部》2022年第6期。

省、市、县三级知识产权行政执法体系，充实基层执法力量。支持省内高校加强知识产权学科体系建设，形成知识产权专业人才持续稳步供给机制。将知识产权人才纳入秦创原引才用才整体规划和“重点人才（团队）”计划。在秦创原“三支队伍”中，加强“科技经济人”知识产权业务培训，将知识产权运营人才纳入“新双创”创业导师队伍。建设陕西省知识产权技术调查官人才队伍。推动建立知识产权鉴定人名录库。充实省知识产权保护中心、维权援助中心人才力量。提高相关机构和人员知识产权质押、保险、证券化等金融服务能力。加强专利导航服务基地人才队伍建设。探索开展知识产权服务机构星级评价制度。组织开展商标品牌培育等特色培训，充实秦创原知识产权公共服务人才力量，实现各类知识产权公共服务人才配备全覆盖。

参考文献

陕西省知识产权局：《知识产权支持秦创原创新驱动平台建设十项措施》，2021 年 9 月。

陕西省知识产权局：《陕西省“十四五”知识产权规划》，2021 年 9 月 29 日。

陕西省委依法治省办：《关于为秦创原创新驱动平台建设提供法治保障的意见》，2022 年 7 月。

国家知识产权局：《〈产学研合作协议知识产权相关条款制定指引（试行）〉解读》，2021 年 10 月 18 日。

邓楠、吴超：《陕西省获批建设国家级知识产权保护中心》，《陕西日报》2022 年 10 月 12 日。

戴希兵：《安徽省知识产权产业生态系统研究》，中国科学技术大学博士学位论文，2018。

李志强、魏鑫：《让“知产”变“资产”西安推进秦创原知识产权运营转化》，《陕西日报》2022 年 9 月 21 日。

顾荣：《我市全域建设秦创原格局基本形成》，《西安日报》2022 年 5 月 12 日。

刘慧明：《创新甘肃省知识产权战略实施机制研究》，《兰州交通大学学报》2016 年第 2 期。

王嘉楠、李倩：《陕西自贸试验区创新知识产权服务》，《国际商报》2022 年 9 月

29 日。

薛诗彤：《加速推进高校高价值专利转化 西安持续开展知识产权运营转化对接活动》，三秦网，2022 年 9 月 21 日。

邢战雷、马广奇、刘国俊、孙艳蕾：《知识产权质押融资的“陕西模式”》，《中国高校科技》2019 年第 6 期。

赵东：《建好用好秦创原 赋能制造业高质量发展》，《新西部》2022 年第 6 期。

B.17
秦创原“科创飞地”建设研究

张 胜*

摘 要： “科创飞地”作为一种反向飞地经济模式，逐渐成为欠发达地区共享发达地区创新要素、实现跨区域创新发展的重要方式。秦创原创新驱动平台是全省创新驱动发展总平台和总源头，研究秦创原“科创飞地”建设有重要意义。首先，梳理了“科创飞地”的探索与发展历程；其次，分析了秦创原“科创飞地”建设的基本情况和主要形式，指出秦创原“科创飞地”建设取得的主要成效以及存在的主要问题；再次，选取渭南西安创新创业孵化器、西部创新港铜川创新谷、商洛飞地研究院作为典型案例，分析了秦创原“科创飞地”的发展特色；最后，从精准定位功能、增强体系化配置创新要素能力、探索建设新模式、推动企业为主体建设、完善多元化投入、健全保障机制等六个方面，提出促进秦创原“科创飞地”高质量发展的对策建议。

关键词： 科创飞地 秦创原 跨区域合作 陕西

一 “科创飞地”的探索与发展

（一）飞地经济在我国的发展

“飞地”是指区域经济发展过程中形成的与原来区域在空间上相分离、

* 张胜，西安交通大学公共政策与管理学院教授，博士生导师，研究方向为科技政策与管理。

内容上相联系的地区。而“飞地经济”实际上是指两个相互独立的、经济发展存在落差的行政地区打破原有行政区划限制，通过跨空间的行政管理和经济开发，实现两地资源互为补充、经济协调发展的区域经济合作模式。

传统的“飞地经济”合作模式中，主要是经济较为发达的城市（飞出地）在欠发达的城市（飞入地）设置飞地园区，或者两地园区之间开展产业、技术等方面的合作，由飞出地出资建园区厂房，飞入地出土地和劳动力。

“飞地经济”在我国最早的实践地区是江苏。1994 年诞生的（中新）苏州工业园区是中国政府与新加坡合作共建的重要产物，这既是我国最早跨国合作“飞地经济”案例，也是我国发展“飞地经济”的一个范本。之后，随着江苏沿江开发战略和区域协调发展战略的发布实施，以及一系列文件的出台，一批跨江共建园区、合作建设开发区以及飞地园区开始投入运作。

其典型代表是 2003 年投入运作的“江阴—靖江”开发区。在借鉴苏州工业园区和江阴—靖江合作园区经验的基础上，依托区域协调发展的大背景，2006 年，国家开始大规模推广南北挂钩共建园区。到 2008 年，共建开发区进入跨省区发展的新阶段，以江苏启东—上海外高桥为代表，成为开发区建设和产业转移的新趋势和新潮流。

2010 年 1 月 12 日，国家在批准设置皖江城市带承接产业转移示范区的文件中第一次把发展“飞地经济”纳入国家战略层面进行规划。

2017 年 6 月 2 日，八部委联合发布《关于支持“飞地经济”发展的指导意见》，明确要创新“飞地经济”合作机制，发挥不同地区比较优势，优化资源配置，强化资源集约节约利用，提升市场化运作水平，完善发展成果分享机制，加快统一市场建设，促进要素自由有序流动，为推进区域协同发展作出新贡献。意见体现了国家层面对优化重构地域产业分工和经济地理格局的宏观设想。

（二）“科创飞地”的出现与发展

“科创飞地”是近年来在长三角地区出现的一种新的“飞地经济”模

式，也被称为“反向飞地”，即“飞出地”（欠发达地区）出资建设/租赁园区，利用“飞入地”（经济发达地区）在创新要素方面的优势，开展创新创业孵化项目，最终将新孵化项目导流回“飞入地”，实现产业化落地。“科创飞地”也被称为“人才飞地”“创新飞地”“双创飞地”等，是“飞地经济”模式的延伸和创新。

其中比较典型的案例是衢州海创园和黄石（武汉）离岸科创园，通过“衢州注册、杭州办公，杭州孵化、衢州产业化”“研发在武汉、转化在黄石，孵化在武汉、加速在黄石”等跨区域联动创新发展，建成了研发试验中心、招商引智中心、资本对接中心、企业孵化中心、成果转化中心等，有效地畅通了与杭州、武汉等地的人才、资金、科技等资源共享的渠道。

二　秦创原“科创飞地”的发展情况

（一）“科创飞地”的实践

陕西鼓励各市在秦创原建设协同创新平台，探索“在港孵化+飞地转化”各具特色的孵化模式。作为第一个与西咸新区签订飞地孵化器框架协议的榆林市，围绕“一原两地多区”在秦创原总窗口的立体联动孵化器总基地打造榆林“主中心”，在榆林高新区建成“副中心”则成为各县区与各产业园区、企业等对接秦创原人才、技术、项目的榆林总窗口。商洛市探索“飞地创新、离岸孵化、回迁发展”发展模式，在秦创原总窗口布局建设约4万平方米的空间载体。铜川市设立2亿元的高新科技成果创业投资基金，在西部科技创新港挂牌成立的铜川创新谷投入运行，积极构建“秦创原铜川创新谷+铜川产业技术研究院”的秦创原铜川模式。汉中市成立市委科技创新委员会，综合列支9200万元秦创原建设专项资金，加快环陕理工大学创新创业园、高层次人才创新创业园和学研小镇建设速度，在西部创新港的秦创原汉中（飞地）科创中心已建成投用。安康市与西安交大联合组建了陕西省液流储能创新中心，与西北农林科技大学三方联合共建安康中药材试验示范站，在秦创原总窗口核心区筹建面积 8 万平方米的秦创原安康创新飞地孵化园，并制定了相应的配套奖励政策。宝鸡市持续深化一把手带头进高校，院士宝鸡行、企业老总院校行、专家企业行的“一进三行”活动，创新校地合作模式。

（二）“科创飞地”的主要形式

“注册在当地，办公在飞地。”企业在本地进行注册，办公地址设在市外。

“税收在当地，经营在飞地。”在“飞入地”与当地政府合作建立园区，利用“飞入地”的土地、能源和劳动力资源进行经营，所产生的税收属于“飞出地”，通过税收分成或红利的方式分享产业发展成果。

“生产在当地，研发在飞地。”依托发达地区的知识、技术、人才、资金、服务等资源，利用本地“资源+政策”优势，在市外进行研发，将生产线放在本地。

“转化在当地、孵化在飞地。”经济欠发达地区将资金、产品需求等要素输出到经济发达地区，与“飞入地”人才、研发设施等资源相结合，在“飞入地”进行项目孵化，转化产业化在本地，在回馈给飞出地创新成果的同时，也带动创新资源向“飞出地”流动，实现产业要素从欠发达地区向发达地区逆向流动。

（三）“科创飞地”发展的主要成效

秦创原创新驱动平台建设启动一年来，西咸新区充分发挥秦创原总窗口示范效应，探索“在港孵化+飞地转化”各具特色的孵化模式，秦创原立体联动孵化器总基地与 6 个地市建设飞地孵化器，引进科技型企业 731 家，春种基金完成出资承诺 2. 27 亿元，新增入库科技型中小企业 901 家，进一步贯通省、市（区）创新资源，构建从研发到孵化再到产业化的科创系统。

汉中市在加入秦创原“飞地经济”模式短短一年后，通过秦创原搭桥牵线，梳理出 6 项产业发展中存在的问题，对 32 项企业重点技术问题进行攻关研究，建设了天麻、杜仲等5个产业研究院。此外，汉中市还同中国科学院等10个国家级科研院所、50家科技企业孵化器和100家大学建立稳定的技术协作关系。西安交通大学国家技术转移中心汉中分中心也已经落地建成，为入驻科技企业团队提供技术转移、成果转化、投融资等方面的专业服务。在人才方面，首批有42人取得技术经理人从业资格，组织培育“科学家+工程师”队伍项目达到67个，新增“新双创”队伍268个，新增科技经纪人71人，认定29个青年科技创新团队。

榆林科技创新工作以秦创原创新驱动平台建设统领科技事业、统筹科技资源、统一科技行动。秦创原（榆林）创新促进中心的两家研究院新型研究机构——“榆林浙大智能自动化研究院”和“榆林物联网协同创新研究院”，让榆林高新区实现了省级新研发机构“零的突破”。截至2022年7月，榆林“科小”已入库436家、待公示77家，“高企”已认定31家、待公示24家。榆林科技创新工作在企业培育、平台建设、人才引进等多个方面均取得了较好成效。经过一年多的打造与发展，秦创原（榆林）创新促进中心已经成为引领和带动榆林高质量发展的综合性、开放型、共享式、市场化大平台。

宝鸡、铜川、安康等地秦创原飞地孵化园、科创中心项目稳步推进。截至目前，汉中、铜川、榆林等6个地市签订了“秦创原创新驱动平台校地合作框架协议”；西安、延安、咸阳等11个市（区）均制定了推进方案和配套政策；宝鸡、安康、商洛等10个地市成立了秦创原创新促进中心和（行业）分中心，设立了“一站式”受理窗口。

（四）“科创飞地”存在的主要问题

一是产业准入机制不够完善。在“飞出地”的产业输出中，禁止性或限制性产业较多，部分产业会给“飞入地”造成环保压力，同时输出的产业在“飞入地”没有形成相应的产业配套，“飞入地”对产业准入提出更高的要求，两者之间矛盾越来越难以调和。

二是飞地园区建设与管理运营问题。园区的整体布局、区位、交通、教育、医疗等公共设施配套是否完善，管理运营团队与属地利益相关者是否存在冲突，相关政策落实和衔接是否到位等诸多问题，会影响飞地经济与“飞入地”的产业融合，造成部分资源浪费。

三是飞地经济的企业参与问题。飞地经济更多地需要“飞入地”企业参与。目前，一些飞地经济缺少行业的龙头企业参与，在产业配套能力和产业集群建设上未能达到理想状态，导致面临“飞出地”产业转移动力不足和“飞入地”吸引力不够的双重困境。

四是利益分配机制有待健全。利益分配机制是决定飞地合作能否顺利推进的关键。“飞出地”与“飞入地”的利益分歧会在资源价值变现、开发投入比重、产业利益分成等方面体现出来，延伸出的税收分配、GDP 统计的归属及土地成本分担、政绩考核等都可能构成合作障碍。能否有效解决税收分配和 GDP 统计归属问题，影响双方能否持续合作投入、互利共赢。

三　“科创飞地”的典型案例

（一）渭南西安创新创业孵化器

渭南处于西安半小时经济圈，区位交通、资源优势明显，发展潜力巨大。但科技资源相对较少，创新基础薄弱，创新要素聚集度低，各类创新人才尤其是高端人才引进难等问题，一直是制约渭南科技创新发展的短板。2019 年，渭南市应势而动，借鉴“飞地经济”模式，提出“研发孵化在西安、产业基地在渭南”的新模式，在科技要素聚集的西安高新区建设了全省地市首家飞地科技企业孵化器——渭南（西安）创新创业孵化器，并于 2021 年被认定为省级科技企业孵化器，这也是陕西省首家省级飞地科技企业孵化器。

1. 飞地孵化，本地壮大

为有效破解招商难题，渭南市把招商孵化阵地主动前移省会城市西安，围绕“十三五”“十四五”产业发展规划，按照秦创原创新驱动平台建设总要求，发挥孵化器地处西安高新区的区位优势和运营团队（西安交通大学）与陕西高校联盟的科教优势，精准开展科技招商，选择先进制造、电子信息、数字经济、现代农业等领域，引进孵化企业 65 家，在渭注册企业 54 家。三年来，孵化器坚持不断优化孵化服务模式，促进孵化器不断提质增效，提出为入驻企业提供“管家式”的超前主动式服务，成功搭建了科技成果转化孵化、科技招商引资、企业研发服务等平台，开展定制式金融投融资、双创大赛、法律财务、专利纠纷处理和维权服务等培训活动 60 多场次。联合各市级部门及县市区，全面落实一站式行政审批制度，为入驻企业在渭南高新区、蒲城高新区、渭南经开区等园区注册落户、协调政策落实、对接投资落地。

2. 飞地研发，本地转化

科技成果资源分布不均衡，主要集中分布在大城市，而二、三线城市以及小城市的中小型企业有技术需求但是得不到满足是我国科技成果转化普遍存在的问题。为弥补渭南市成果转化不足短板，孵化器与西安交通大学、西安工业大学、西北农林科技大学等多家高校院所签订战略合作协议，转化高校院所高端科技成果。3 年多来引进高校院所科技成果 34 项在孵化器孵化，实现了科技成果向产品、样机的突破。陕西北人印机、渭南双盈未来等企业通过在孵化器设立研发中心，有效解决了高层次人才引进难、留不住等问题，企业研发团队不断壮大，研发实力得到实质性提升。北人印机将西安交通大学凹印机电子轴传动技术等科技成果迅速应用于企业新产品生产，其凹版印刷机系列产品质量提升，占据国内市场份额达 60%以上，荣获工信部制造业单项冠军，其在渭南的研发中心也于 2022 年初再度被认定为国家企业技术中心。米默物联运营的 AIOT 数字农业平台已经广泛应用在省内苹果、茶叶、冬枣、樱桃等多个产品，特别是茶产品和木耳产品的大数据溯源系统实现一物一码，将农产品每天的生长数据展现给消费者，打造数字农产品，其应用前景十分广阔。

3. 飞地引进，本地使用

西安具有科教资源丰富、人才吸引力强等天然优势。渭南（西安）创新创业孵化器选址于西高新瞪羚谷周边，创新创业氛围浓厚，科创人才富集，更加便于两地实现技术共享、资源共享、市场共享、人才共享。为充分发挥人才科技优势，孵化器坚持人才柔性引进思路，鼓励在孵企业组建创新团队牵头承担省市各类计划项目，先后为渭南米默物联科技、陕西埃拓米智能科技等 60 多家企业在孵化器建立研发机构，引进高级工程师、博士、博士后等高端人才 70 多名，有效破解了企业新产品研发、工艺提升和节能改造等技术难题，进一步增强了企业依靠科技创新驱动高质量发展的信心和决心。

（二）中国西部创新港铜川创新谷

铜川坚持围绕“陕西制造、铜川配套”“西安研发、铜川转化”“关中建设、铜川增材”，在中国西部创新港成立了铜川创新谷，与西安交通大学签订了“人才合作战略协议”“共建飞地科创中心协议”“深化全面战略协议”，共建飞地科创中心、成果孵化中心和人才引育中心。探索高校优势科技产业成果转化方式，共同打造“铜川总部（生产基地）+高校产业孵化园研发中心”的园区联动模式，聚焦数字经济、第三代半导体材料、人才培养等领域，加快推进校办企业股权划转和科技成果落地转化工作。对接高校院所 32 家，推进落地近百项科技成果，西安交通大学、西安电子科技大学等高校确定将若干校办企业划转到铜川市高新产业投资运营有限责任公司。目前，6 所部属院校划转企业 47 家，其中西安交通大学 30 家，西安电子科技大学 17 家；19 所省属院校已确定划转企业 15 家，达成意向 26 家。

（三）秦创原西安—商洛“飞地研究院”

商洛市围绕“3+N”及 17 个重点产业链，坚持“飞地创新、离岸孵化、回迁发展”的发展模式，在秦创原立体联动孵化器总基地成立了西安—商洛飞地孵化器，引导盘龙制药等健康医药、绿色食品等产业龙头企业入驻。同时推动高校与本地园区融合发展，先后引进西安交通大学、西北大学及中国地质大学（武汉）等 10 余所高校在各园区建立研发中心、实验室，建成省级研发平台2家、省级孵化器1家、省级众创空间2家、省级创业孵化示范基地1家、市级工程技术中心30家。吸引2名院士、1500多名科技人才在园区创业。引导和支持虎之翼、雷博光电等企业“异地研发、商洛转化”发展。

四 促进秦创原“科创飞地”高质量发展的对策建议

（一）精准定位“科创飞地”的功能

1. 跨区域双链联动的新平台

坚持新发展理念，树立全面深化改革和高质量发展导向，按照“围绕产业链部署创新链、围绕创新链部署产业链”的思路，明确秦创原“科创飞地”的功能定位。立足秦创原总窗口创新优势、区域资源优势和创新需求，加强顶层设计和政策协同，创新区域协作机制，在秦创原总窗口建设资源聚集、创新协同、人才共享、产业联动的“科创飞地”，打造跨区域产业链创新链合作的新型平台。

2. 成果产业化落地的新平台

充分发挥秦创原高校院所创新资源优势，推动“飞出地”政府梳理本地创新发展需求，依托“科创飞地”与西咸新区、高校院所搭建协同创新与成果转化平台，健全完善基础研究、技术发展、成果转化、产业培育等科技创新全链条合作机制，发挥“飞出地”应用场景、要素资源等优势，精准对接高校院所科技成果资源，加强与高校院所项目研发合作，加强人才柔性引进、企业孵化和产业培育，加快将创新成果转化培育成为新经济增长点。

3. 产业高质量发展的新引擎

围绕区域重点产业链发展技术需求，以产业关键核心技术攻关为重点，以产业高质量发展为目标，深化“揭榜挂帅”等跨区域科技攻关机制创新，支持“飞出地”科技领军企业、龙头企业依托“科创飞地”与高校院所、产业链上下游科技型企业联建技术创新平台、共建新型研发机构、组建创新联合体，推动高校院所创新资源、秦创原创新要素向“科创飞地”集聚，推进产学研合作创新、大中小企业融通创新，引导创新资源向“飞出地”产业链流动，加快区域产业转型升级。

4. 要素跨区域融合的新生态

充分利用西安的全球创新要素聚集效应，发挥“科创飞地”的地理临近、创新合作优势，加强跨区域统筹对接和政策协同，打破创新要素流动区域限制，贯通科技人才、成果、资本等创新要素自由流动通道，发挥市场在创新资源配置中的决定性作用，积极对接高校院所、技术转移机构，搭建柔性引才、成果转化、技术转移服务平台，吸引科技中介、科技金融、知识产权服务等机构入驻，推动各类人才、成果、资本等创新要素在“科创飞地”集聚整合，打造创新要素自由港、创新资源生态圈。

（二）增强“科创飞地”体系化配置创新要素的能力

1. 构筑“科创飞地”生态圈

提升创新要素体系化配置能力，推动要素聚集地向要素生态圈升级是建设高质量“科创飞地”的核心路径。依托秦创原创新资源优势，发挥政府主导作用，着力提升“科创飞地”围绕创新链布局产业链的创新要素体系化配置能力，推动人才、成果、科技金融等创新要素深度融合，为入驻企业提供合作研发、人才服务、成果对接、技术转移、创业孵化、投融资等全要素、全方位服务，构筑要素资源自由流动、深度融合的“科创飞地”生态圈。

2. 强化人才引育机制

聚焦区域重点产业链人才引育需求，发挥秦创原人才资源优势，依托“科创飞地”建设，通过项目合作、科技咨询、兼职、共引、共享等柔性引才机制，推动科技人才向“飞出地”流动。支持“飞出地”科技型企业与高校院所在“科创飞地”建设联合实验室、工程技术研究中心等各类创新平台，引进各类人才资源。支持“飞出地”依托“科创飞地”建设产业研究院、技术研究院等引才平台和人才编制池，探索实施高层次人才双聘制。支持“科创飞地”建设人才大厦、人才公寓等，建立人才服务站，构建全生命周期人才服务体系，打造人才飞地。强化区域人才政策协同，最优化整合人才优惠措施，探索以“同城同待遇”等方式保障“科创飞地”人才享受社保、子女教育、医疗等同等优惠政策。推动“飞出地”将“科创飞地”人才纳入人才项目体系，探索推动科技项目和人才资质、绩效评价跨区域互认。

3. 健全技术交易体系

支持“科创飞地”建立专业化技术转移服务机构，完善技术市场交易功能建设，畅通“秦创原—科创飞地—飞出地”的技术转移通道。加强“科创飞地”技术需求库、人才库、成果库等信息资源建设，推动“科创飞地”与秦创原总窗口技术需求、成果信息、项目资源等信息共享。支持“飞出地”依托“科创飞地”与西安高校院所建立常态化对接合作机制，及时掌握、充分挖掘高校院所成果资源，促进优质成果在“科创飞地”转化落地。支持高校院所在“科创飞地”建立成果转化中心、技术转移中心，转化优质成果，孵化科技企业。支持国内外知名的技术转移机构、知识产权服务机构入驻“科创飞地”。推动“科创飞地”建设专业化、市场化的科技经纪人队伍，挖掘“飞出地”企业技术需求，寻找秦创原优质成果资源，推动产学研用深度对接合作。

4. 优化科技金融体系

发挥秦创原金融资源优势，开展科技金融进飞地行动，推动“科创飞地”与秦创原总窗口科技金融资源对接，吸引知名风投机构、产业基金入驻“科创飞地”。支持“飞入地”、秦创原总窗口银行、保险、担保、风投创投等科技金融机构针对性开发飞地科技型企业金融产品，强化“科创飞地”科技型企业融资支持。鼓励“科创飞地”与专业投资机构合作探索“招商+投资+孵化”模式，开展精准靶向招商，招引优质项目、优质成果落户飞地。发挥“飞出地”科创基金引导作用，吸引社会资本优先投资入驻“科创飞地”的科技型企业。支持“飞出地”科技金融机构依托“科创飞地"建设科技金融中心，与秦创原总窗口科技金融资源对接合作，开展全生命周期科技金融服务，打造科技金融飞地。

（三）探索"科创飞地"的新模式

1. 推广复制渭南模式

聚焦成果转化、企业孵化环节，推广打造"西安研发、渭南制造"的"科创飞地"发展模式。立足西安科教资源优势和各地市现代产业高质量发展需求，推动各地市在总窗口建设飞地孵化器、飞地加速器等"科创飞地"，围绕成果转化、企业孵化，开展精准招商、精准服务、精准扶持，对接引进省内外高校院所科技人才、成果入驻转化孵化，出台专项扶持政策，统筹全市人才、技术、资本等创新要素，为入驻飞地企业开展定制化、开放式、全要素的精准孵化服务，加速企业快速成长，推动成果入驻飞地孵化、企业投资落地本地。

2. 建设伙伴科技园区

聚焦产业链合作，推动各地市科技园区与秦创原总窗口科技园区、西安国家级科技园区等开展产业链跨区域布局合作，建立"一对一""多对一"等伙伴科技园区关系，立足园区各自优势，完善共建共享机制，促进园区之间整合创新资源、共建创新平台、共同科技招商、促进科技管理、共享创新收益，推动各类创新要素在伙伴科技园区之间互补共享、协同配置，探索开展"总装+配套""前端+中后端""研发+生产""孵化+产业化"等跨区域合作共建模式，推动区域产业链协同发展、错位发展，支撑全省产业链高质量发展。

3. 打造总部经济飞地

聚焦区域总部建设，推动各地市在总窗口建设特色科创园，优化总部经济基础设施建设，提升高端创新要素聚集能力，发挥总窗口高端创新资源、服务资源优势，吸引聚集科技研发、金融服务、商务服务、信息服务和中介服务等与总部经济配套的高端创新资源，探索总部经济和科技研发在总窗口、投资生产在各地市的"总部、研发+生产基地"发展模式，围绕本地特色优势产业发展区域总部经济，提升区域总部科技创新能力，增强区域总部对本地产业的辐射带动作用。

4. 构筑总窗口开放式“科创飞地”

围绕全省 24 条重点产业链，鼓励西咸新区探索建设开放式“科创飞地”，对内吸引全省各地市科技型企业入驻设立研发中心，对外引进聚集全球高层次科技人才，打造服务全省的人才飞地。

（四）推动以企业为主体建设科技飞地

1. 科技研发飞地

依托翱翔小镇、西部科技创新港、秦创原生态岛等科创空间，聚焦增材制造等优势领域，坚持“总窗口孵化、异地转化”“总窗口研发、异地生产”“总窗口制造、异地配套”模式，推动陕西省国家级开发区、省级开发区和市县工业园、产业聚集区内企业在秦创原总窗口建设异地研发中心、产业协同创新中心等，开展产业领域关键核心技术研发，集聚一批科技型企业总部和研发总部。鼓励秦创原总窗口内企业在创新资源集聚地区设立实验室、研究院、技术创新中心等研发机构，打造一批“飞出型”科技研发飞地。

2. 科技人才飞地

鼓励各类企业到西部科技创新港、西咸新区等周边设立研发团队，聚焦先进制造、氢能、高端装备、数控机床、数字经济等领域，搭建高端创新人才信息平台，实现人才资源信息共享。鼓励秦创原总窗口各园区企业，以柔性引进等方式，在省外知名高校院所或高科技人才集中的地区设立引才育才工作机构，建设一批“飞出型”科技人才飞地。

3. 科技孵化器飞地

支持陕北、陕南城市和西部主要城市的重点企业、科技园区等，通过合作共建、飞地自建、托管等模式在秦创原总窗口建设异地孵化器，推动政策、产业、平台方面形成联动，建设飞地科技孵化器样板。鼓励秦创原总窗口园区、机关和企事业单位，以引进科技项目、企业和人才到总窗口产业化落地为目标，在发达城市设立孵化器，促进产业协作。

4. 成果转化飞地

吸引省内外高校、院所、医院根据产学研合作需要，以联合开展技术推广、学科建设、人才培养为目的，在秦创原总窗口设立分支机构，开展技术转移。鼓励区域龙头企业以推进科技成果转化、企业技术服务和科技产业投资为目标，在总窗口设立概念验证中心、中试基地等分支机构。

（五）完善“科创飞地”建设多元化投资体系

1. 构建全链条股权融资体系

完善“天使投资+创业投资+上市融资”股权融资链条，鼓励社会资本参与创业投资，持续加大利用秦创原创新驱动平台创投、风投机构招引力度，推动秦创原总窗口内科技创新企业与国内外风险投资市场接轨，吸引知名创业投资机构投资“飞地”内的优质项目，为秦创原总窗口科技型创业企业建立获取优质资本的窗口和渠道。鼓励秦创原总窗口企业向社会优秀企业、资本募集资金入股，降低政府资金投入比例和风险，加快飞地园区企业孵化。

2. 畅通市场化融资担保通道

创新融资担保政策，鼓励省内政策性银行和商业银行加大对飞地基础设施和重大项目的支持力度，积极探索为飞地提供市场化融资担保的渠道。支持“飞地”合作伙伴共同设立“飞地”产业引导基金，鼓励金融机构和社会资本共同出资并参与基金的运营和管理。

3. 开发特色金融创新产品

促进科技金融与企业孵化对接，加快秦创原总窗口科技企业与金融资源对接，鼓励“飞入地”银行、风险投资机构等根据科技飞地企业特点探索专有金融创新产品，加大融资支持力度。推动“飞入地”与“飞出地”联合建立跨区域科技企业债权融资风险补偿资金池、中小微企业贷款风险资金池，开发推广“人才贷”“成果贷”“研发贷”等产品。

4. 创新科技金融服务

建立多元科技金融服务平台，加大区块链、人工智能等技术与科技金融融合创新，试点开展特色金融创新，打造特色化科技金融品牌，提高科技企业与金融资源的对接效率，探索具有秦创原特色的科创金融发展模式。

（六）健全“科创飞地”保障机制

1. 建立“科创飞地”专项资金

强化与科技部、中科院等国家部委、科研院所和央企对接，设立秦创原“科创飞地”建设专项资金，并根据飞地年度绩效考核给予财政奖励。对入驻“科创飞地”的人才项目，由省市级财政联合保障。设置各“科创飞地”园区管理专项资金，对物业管理费用、运营费用等实施优惠减免，以“先拨后结”方式对各类政策补助资金进行统一核算、专项保障。

2. 完善“科创飞地”政策体系

以金融、科技、招商等方面为重点，出台一系列相关优惠政策，加大对“科创飞地”的政策支持，促进“科创飞地”转型升级。鼓励龙头企业入驻“科创飞地”，设立研发中心，将创新成果与场地租金和奖金挂钩，实行动态管理。加强飞地财政专项资金保障，对飞地企业所有审批事项实行“一站式”办理，实现从项目进入到退出全生命周期闭环运行的政策体系。

3. 加强“科创飞地”创新服务

建设飞地人才（企业）服务综合体，推动科技、工商、财政、税务、市场监管等部门建立协同专业服务团队，定期为入驻企业提供服务。打造“最多跑一次”的飞地模式，打通异地办理渠道，采用网上办公形式为飞地企业办理工商、税务、社保、银行、人事等相关业务，实现“一窗受理、双城合作”，放宽年龄限制，完善兼职、全职、薪酬审批和退出机制。

4. 加强人才激励

开展科技飞地人才引进试点，支持“飞地”创新型科技人才在科技研发、异地缴纳保险、税收、子女入学、医疗卫生等方面享受同城同等待遇，支持“飞地”企业职工享受医疗、教育、卫生、社会保障等基本公共服务。

5．完善考评机制

将“科创飞地”建设纳入秦创原监测体系，分类制定“科创飞地”绩效评价指标，完善绩效评价机制。简化“科创飞地”考核指标，仅对人才引进、税收贡献、企业成果等关键指标进行考核。

参考文献

杭州市发展和改革委员会课题组：《杭州建设“科创飞地”的战略思考与模式分析》，《特区经济》2022 年第 11 期。

廉军伟、曾刚：《科创飞地嵌入区域协同创新网络的运行机理——以浙江新昌县为例》，《科技管理研究》2021 年第 16 期。

沈波、刘丹、皮付见、栾瑞、王君君、吴卜圣、霍西恒、罗继业、刘镇承：《构建贯彻落实新发展理念的科创载体——大飞机创新谷建设的探索、成效与展望》，《中国企业改革发展优秀成果 2020》（第四届）（下卷），2020 年。

B.18

秦创原创新驱动网络平台建构研究*

王 军　李 华　吴爱萍**

摘　要：　秦创原创新驱动网络平台（以下简称“平台”）是秦创原数字化建设的线上服务载体，是以数字化为支撑提升科技创新体系效能的重要探索。平台综合应用云计算、大数据、机器学习算法等技术，在汇集各类科技资源数据、构建主题数据库的基础上，建设包括两链融合“促进器”、成果转化“加速器”、立体联动“孵化器”、科技资源、创新大市场、政策支持、科技金融、便民服务、数据互联互通等在内的九大功能模块。平台的建设实现了科技资源开放共享、创新供需高效对接、数据分析支撑决策，产生了良好的社会效益和经济效益。

关键词：　秦创原　创新驱动　网络平台

陕西作为科教大省，是科技创新创业的天然沃土。贯彻新发展理念，服务和融入新发展格局，进一步推进产业链创新链深度融合，加速把创新优势转化为高质量发展优势，推动陕西由“科教大省”迈向“科技强省”，需要不

---

* 本文受陕西省区域创新能力支撑引导计划“秦创原创新驱动网络平台建设”（项目编号：2022PT-49）支持完成。数据来源说明：文中所涉及数据均来自陕西省秦创原创新驱动平台建设工作专报第22期《以数字化“驾驶舱”激发“原”创新动能——秦创原网络平台初见成效》，https：//kjt. shaanxi. gov. cn/kjzx/ztzl/qcy/jzcx/279670. html。

** 王军，陕西省委科技工委委员、省科技厅副厅长；李华，西安电子科技大学经济与管理学院教授、博士生导师，主要研究方向为决策分析、科技管理、工业工程的理论与应用；吴爱萍，西安电子科技大学经济与管理学院教师，主要研究方向为评价与决策、科技管理。

断破解科技成果转化面临的痛点、堵点、难点问题，答好创新驱动发展“陕西实践”的时代问卷。为贯彻落实习近平总书记三次来陕考察重要讲话重要指示，找准奋力谱写陕西高质量发展新篇章的突破口，陕西省委、省政府于2021年3月启动建设秦创原创新驱动平台，致力于将秦创原打造成全省创新驱动高质量发展的总源头、总平台和推动经济转型升级的新动能、新引擎。

陕西省科技厅组织建设的“秦创原创新驱动网络平台”，以“统筹科技资源，推动数据共享；提供精准服务，促进供需对接；突出‘三器’目标，辅助政府决策”为整体思路，综合应用云计算、大数据、机器学习算法等技术，全面打造集立体联动“孵化器”、成果转化“加速器”、两链融合“促进器”等九大功能模块于一体的秦创原数字化“驾驶舱”，是秦创原建设的重要组成部分，是秦创原数字化建设的线上服务载体。

一　秦创原创新驱动网络平台建设的价值意义

建设秦创原创新驱动网络平台旨在通过建设科技资源开放共享、供给需求高效对接、大数据支持科学决策、科技应用场景化的示范平台，破解科技资源共享难、供给需求对接难、科技创新决策难等突出问题。

（一）破解科技资源共享难题

科技人才、科研仪器、科研数据等科技资源是科技创新活动开展的必备条件，是提升科技创新能力的基础要素。科技资源种类繁多，且分布在高校、科研院所、企业等性质各异的创新主体中。科技资源的开放共享可推动分散的科技资源按需流动，提高科技资源利用率，充分发挥其对创新发展的服务和支撑作用。目前已有部分政府可控的科技资源被整合共享，但整合力度不足且缺乏市场运作机制，辐射能力有限。

科技资源数字化建设是推动科技资源进一步开放共享的契机。以大数据、人工智能、云计算等为代表的新一代信息技术发展迅猛，更低成本的传感器、数据存储和更有效的数据挖掘能力促使新产业、新业态不断涌现，这也使得当今经济社会发展信息化和数字化特征更加显著。数据已然成为重要的生产要素和资源，多源数据有机融合的潜在价值远远超过单个数据本身。对科技资源进行数据化处理，能打破科技创新供给侧和需求侧的信息壁垒，提高科技资源信息流动的效率，进一步扩大科技资源开放共享的辐射面，进而提高科技资源利用率。

（二）促进供给需求高效对接

尽管科技资源数据化加快了科技创新供需双方的信息流通和交互，但如果缺乏专业化服务和市场化机制，科技创新供给需求对接仍然不够高效。需要进一步转变政府职能，营造有利于促进科技创新供给需求匹配的环境，以提供丰富的创新创业服务为手段，为科技创新供需搭建对接平台。

线上平台开放共享、多边互动的特性允许科技创新供需双方突破地理距离壁垒，能够容纳更多的科技创新参与者，承载更丰富的优质资源。通过提供集成化服务，激活创新要素，进一步发挥资源辐射优势吸引更多的创新主体加入。除此之外，通过数据标准化的方式展示科技创新供需双方的成果信息、需求信息、人才信息、项目信息、合作资源，这种结构化的数据信息能够加快信息搜索速度，降低供需对接拥挤程度，降低信息交换成本，提升科技创新供需对接的有效性。

（三）推进大数据分析支撑科学决策

传统的科技管理在决策目标和决策过程上都存在不足。一方面，科技创新离不开政府的引导和支持，政府决策应是问题导向的，但科技创新发展过程中问题的出现往往成为政府部门如何精准施政的第一道关卡，导致科技管理决策目标模糊。另一方面，传统的科技管理决策通常依赖少数管理者或专家的经验，且由于数据获取途径匮乏，所获取的数据较为片面且存在滞后性，使得科技管理决策过程不够科学。

在获取了各类科技资源以及科技活动大量数据的基础上，发挥多源数据的整体合力，对科技资源数据展开多角度、多层次、多场景分析。通过对科技资源数据价值的深度挖掘，将科技大数据与科技管理决策相结合，把数据优势转变为决策优势。一方面，能够及时、准确地发现科技创新发展过程中存在的问题，辅助管理者明确决策目标，实现数据驱动靶向决策；另一方面，能够为科技管理决策过程提供客观、全面的数据支撑，弥补直觉式、偏好式、专家式决策的不足，实现数据服务科学决策。

（四）打造科技应用场景

场景驱动创新旨在面向应用场景开发新技术、新产品，有助于突破现有技术瓶颈、实现技术升级迭代；同时也可挖掘新技术应用的更多场景，最大限度发挥新技术的价值。识别场景需求的痛点和难点是场景驱动创新的关键，在此基础上面向场景需求提出解决方案，进而实现技术创新与转化应用。秦创原创新驱动网络平台为场景驱动创新提供了更多可能：因为大数据分析能够更精确地识别特定场景的痛点，从而使技术创新与应用场景高度融合，大大提高科技成果转化效率。

除此之外，秦创原创新驱动网络平台本身就是数字技术在科技创新场景下的创新应用。在数字化项目同质化严重的情况下，更应该充分发挥海量数据和丰富应用场景优势，面向陕西科技创新发展情境，以秦创原创新驱动平台建设需求为导向，打造具有陕西特色的科技应用场景。通过促进科技资源开放共享、创新供需高效对接、数据分析支撑决策，从科技治理的层面促进数字技术和实体经济深度融合。将秦创原创新驱动平台打造成具有示范价值的数字技术科技应用场景，形成典型案例，为其他地区高质量发展提供可推广、可借鉴的经验。

二　秦创原创新驱动网络平台系统功能模块设计

为破解科技资源共享难、供给需求对接难、科技创新决策难的问题，按照“以数据互联互通为基础，以科创服务功能为手段，以数据创新应用为目标”的思路，遵循“简单明了、便于迭代、利旧升级”的原则，设计秦创原创新驱动网络平台系统功能模块结构（见图1）。

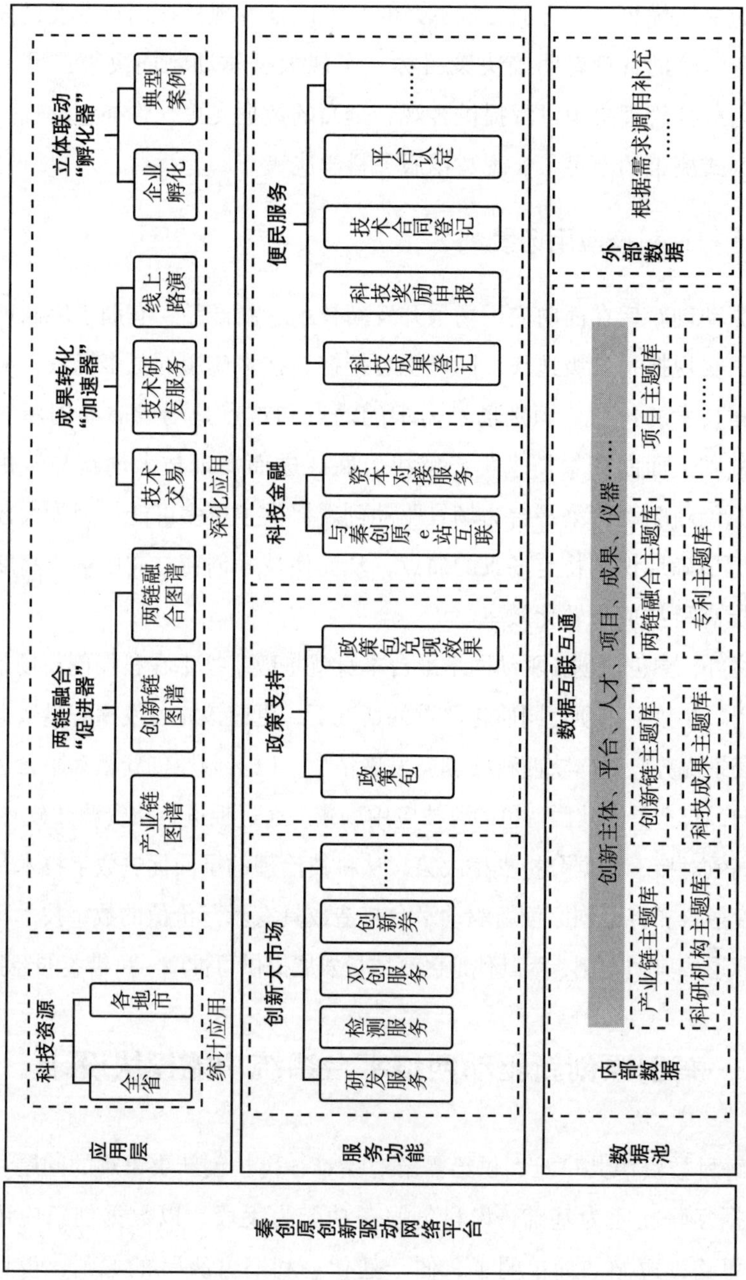

图1 秦创原创新驱动网络平台系统功能模块结构示意

（一）以数据互联互通为基础

科技创新涉及的要素繁多，不同业务归口于不同部门等，导致科技资源数据具备多源异构特征。要深度挖掘低融合度科技大数据的价值，发挥科技资源数字化效能，关键的第一步是打通数据壁垒、消除数据孤岛、做好数据治理。秦创原创新驱动网络平台基于现有的科技资源系统，分三步走搭建互联互通的科技资源数据池：梳理科技资源数据并制定数据标准、搭建科技资源数据基础平台、建设科技资源数据中心。

1. 梳理科技资源数据并制定数据标准

在明确拟梳理的科技资源数据范围的基础上，运用规范的数据梳理方法展开科技资源数据梳理工作；制定科技资源数据标准及数据交换标准规范，为建设省市联动的秦创原创新驱动网络开放平台奠定基础。

2. 搭建科技资源数据基础平台

运用数据处理工具对梳理后的科技资源数据进行清洗、融合、关联算法改造；根据科技资源数据标准及数据交换标准，制定数据共享处理机制，开发数据交换接口，打造互联互通的科技资源数据基础平台。

3. 建设科技资源数据中心

通过整合内部和外部各类科技数据资源，按照统一标准建立不同粒度、不同主题、不同维度的科技资源数据库，形成横向集成、纵向贯通、全局共享的数据资源中心，服务秦创原创新驱动网络平台上层的多场景应用。

（二）以科创服务功能为手段

秦创原创新驱动网络平台是秦创原数字化建设的载体，实现秦创原线下线上协同建设的良性循环则是题中之义。推动科创服务“上线”，为科技创新主体提供全方位服务，这不仅能够保障秦创原创新驱动网络平台的数据来源，还能充分发挥数据挖掘效能辅助线下秦创原的建设。面向各类创新主体，秦创原创新驱动网络平台构建创新大市场、政策支持、科技金融、便民服务四个科创服务功能模块。

创新大市场：集成全省现有中小企业研发服务、大型科学仪器共享及检验检测、双创管理与服务、创新券管理、农科 114 服务、国际人才交流等科技服务系统，为创新主体提供一体化服务。

政策支持：加强政策精准支持，汇总省级及各地市秦创原政策包，提供信息管理与检索功能，通过对接秦创原创促中心、秦创原发展公司的“秦创原 e 站”，展示、监测政策执行和落地情况。

科技金融：与秦创原发展有限公司开发的秦创原 e 站实现互联，为企业提供一站式的资本对接咨询服务。

便民服务：推动政务服务便捷化，对各项科技政务服务办理流程和注意事项梳理公布，打造便民服务窗口。

（三）以数据创新应用为目标

秦创原创新驱动网络平台是实现科技治理从“经验决策”向“大数据决策”转变的工具。这就需要面向具体决策问题，深度融合管理者、数据知识、决策场景，将数据分析所得的知识嵌入管理决策过程，在决策过程中实现数据知识管理和过程数据收集沉淀，从而服务管理者科学决策，辅助政府部门精准施政。秦创原创新驱动网络平台拟实现面向数据可视化的统计分析应用和面向不同决策场景的数据深化应用两个层次的数据应用。

1. 面向数据可视化的统计分析应用

科技资源基于对各类创新主体、平台、人才、项目、成果、仪器等多源异构数据的清洗、融合、关联，以科技资源地图的形式可视化全省各行政区域内科技资源分布情况。

2. 面向不同决策场景的数据深化应用

基于科技资源、创新大市场、政策支持、科技金融、便民服务等模块汇聚和沉淀的数据，面向秦创原创新驱动网络平台不同的决策场景，研发应用支撑算法，多角度关联、有机融合、深度挖掘科技资源数据，为管理者提供决策支撑。

决策场景1：两链融合“促进器”。围绕“两链融合”，在梳理完整产业链的基础上，分析全省重点产业链关键环节上的龙头企业、关键技术等分布情况，识别产业链薄弱环节；进一步梳理支撑全省该重点产业链关键技术的创新资源，明晰创新资源在该产业链上的布局，辨析产业创新链的短板；根据创新资源与龙头企业在关键技术上的互动合作情况，识别“两链融合”要素，判断产业链创新链融合程度。

决策场景2：成果转化“加速器”。聚焦“成果转化”，实时可视化全省技术交易相关数据，从合同类型、技术领域等角度分析陕西省技术输出/吸纳情况；分析不同领域、区域企业技术需求分布，以及各科创服务平台为企业提供技术服务情况；与秦创原线上路演直播平台实现互联，展示项目路演的直播信息以及录播回放。

决策场景3：立体联动“孵化器”。立足“企业孵化”，分析陕西省各类孵化器区域分布等整体情况；站在全局视角分析科技型中小企业、高新技术企业、瞪羚企业、科创板上市企业培育现状；以西北有色金属研究院、中国科学院西安光学精密机械研究所等为典型案例，总结创新发展及企业培育孵化模式，树立创新孵化典范。

秦创原创新驱动网络平台为实现两链融合“促进器”、成果转化“加速器”、立体联动“孵化器”等九大功能模块，利用大数据技术对科技创新过程中产生的海量数据实现分布式采集、存储和管理，结合机器学习等算法实现科技资源数据的深度挖掘分析，并结合 GIS 等技术实现数据可视化应用；基于云计算技术，为大数据技术的应用提供动态可扩展的数据存储服务、提供强大的计算服务能力。

三　秦创原创新驱动网络平台建设的实践成效

秦创原创新驱动网络平台自 2021 年 10 月初步建成并上线试运行以来，累计注册企业 7206 家、研发机构 453 家、科技服务机构 1209 家，提供各类科技服务 3 万余项次，产生了良好的社会效益与经济效益。

（一）加大科技资源开放共享，促进数实深度融合

1. 打造了科技资源数据池

秦创原创新驱动网络平台分类汇集了885个园区基地、718家科研机构、389家科技企业孵化载体、29811名科技人才、34972项科技成果、10266台大型科学仪器、457项科技政策等详细数据，数据总量达800余万条。已建成园区、机构、企业、平台、人才、成果、仪器、项目、专利、论文等十大主题数据库。通过资源搜索功能，为用户生成定制化搜索清单，既为管理决策提供了底层数据支撑，又实现了企业等用户的创新需求与创新资源的高效对接。

2. 实现了横纵数据互联互通

秦创原创新驱动网络平台对接西咸新区秦创原总窗口及各地市秦创原分平台，推动互联互通和一体化协同运行，基本形成了省级总平台“整体统筹、宏观展示”和各地市分平台“细化流程、兑现政策”的运行架构。目前，已经实现了与秦创原发展公司、秦创原路演中心等平台的横向互联，与秦创原总窗口及各地市分平台的纵向互通，初步形成了秦创原“一张网”。

（二）促进供给需求高效对接，助力企业创新发展

1. 研发服务精准对接企业技术需求

着力解决企业研发人员匮乏、研发实力薄弱、研发水平不足等问题，秦创原创新驱动网络平台为企业提供精准找技术、找仪器等便捷优质的研发服务。截至2022年7月，秦创原网络平台已推动全省5480台仪器设备（单台价值20万元以上）的开放共享；在线发布企业技术需求1232个，通过秦创原创新驱动网络平台的线上撮合，解决企业技术难题639个，研发交易金额超过3.4亿元。立足推进跨地区、有针对性的农业咨询服务，在线发布涉农咨询信息2576条，通过秦创原创新驱动网络平台应答，解决问题1208个。

2. 金融服务扎实助力企业纾困解难

针对企业融资难、融资贵的难题，秦创原创新驱动网络平台进一步强化资本协同服务，实实在在提高企业的获得感。截至 2022 年 7 月，秦创原创新驱动网络平台已链接 61 家投资机构和 13 家商业银行，提供 52 类科技金融债权服务，上线“以链定贷”“以智定贷”“以补定贷”等科技金融产品 49 个，对接资金需求约 5300 万元。

3. 孵化服务多维助推企业育成壮大

聚焦科技企业培育和孵化载体升级，秦创原创新驱动网络平台为企业提供在线孵化载体认定评价、入孵项目动态管理、服务人才培训等孵化服务。通过秦创原创新驱动网络平台对接了 1 万余家创业团队和初创企业入孵孵化载体，推动了 2923 支创业团队注册成立企业，协助 984 家企业入库科技型中小企业，帮助 696 家企业认定高新技术企业。

4. 政策服务有效推动科技创新创业

为切实推动政策落实、落地、生效，秦创原创新驱动网络平台汇总省级及各地市秦创原政策包，提供政策信息发布、管理及检索功能。据统计，秦创原创新驱动网络平台已向企业精准推送政策信息 2427 家次，政策落地兑现金额达 3. 4 亿元。

（三）构建数字化“三器”，大数据支撑科技创新决策

1. 助力“两链融合”

通过产业链图谱、创新链图谱和两链融合图谱可直观揭示产业链薄弱环节、挖掘创新链优势资源、识别两链融合瓶颈短板，为围绕产业链部署创新链、围绕创新链布局产业链提供决策支持。自 2021 年底，基于专家建议和三张图谱大数据分析结论，省科技厅针对重点产业链薄弱环节、技术瓶颈和发展需求部署了 24 个两链融合重点专项，对高效配置科技资源、推动强链补链、破解两链融合瓶颈等难题进行了有益的探索。

2. 促进成果转化

通过对陕西省技术交易输出、吸纳数据的多维度统计分析，为进一步培

育和发展陕西省技术市场、开展省际的技术合作等提供了靶向目标。2022年上半年，全省技术合同交易额已达到1429.64亿元，较2021年同期增长42%。开展项目路演27场，汇集推介路演视频123个，为创新创业者、投资者打造了“永不落幕”的路演舞台。

3. 推动企业孵化

基于对陕西省孵化载体区域分布特征、企业孵化培育现状的分析，不仅能够为孵化载体建设全覆盖提供决策依据，还能有效识别陕西省企业孵化的短板和堵点，为科技型企业的梯次培育提供联动支撑，助力形成科技型中小企业“铺天盖地”、科技型领军企业“顶天立地”发展态势。截至2022年7月，陕西省已累计建设各类省级及以上科技企业孵化载体389家，孵化面积超过1000万平方米，在孵企业及团队2万余家。2021年陕西省新增科创板上市企业7家，首次认定191家瞪羚企业和98家潜在瞪羚企业，高新技术企业、科技型中小企业数量增长均超过35%。

秦创原创新驱动网络平台不仅是秦创原数字化建设的线上服务载体，更是以数字化赋能高质量发展的陕西探索。随着秦创原建设不断推进，秦创原创新驱动网络平台的数据信息将进一步扩充，服务功能将进一步强化，支撑决策能力将进一步提升，应用场景将进一步丰富。秦创原创新驱动网络平台将在应用中不断完善，在建设中加速应用，为推进中国式现代化贡献陕西力量。

参考文献

顾新建、杨青海、顾复、代风、纪杨建：《科技资源共享的需求、内容、方法体系框架》，《科技管理研究》2020年第23期。

赵隆华、侯瑞：《大数据下区域科技资源共享型智能服务平台模式研究》，《科学管理研究》2021年第2期。

陈凯华、冯泽、孙茜：《创新大数据、创新治理效能和数字化转型》，《研究与发展管理》2020年第6期。

陈国青、曾大军、卫强、张明月、郭迅华：《大数据环境下的决策范式转变与使能创新》，《管理世界》2020 年第 2 期。

本刊首席时政观察员：《用数据说话、用数据决策、用数据管理、用数据创新　加快数字化转型打造智能化政府》，《领导决策信息》2019 年第 4 期。

尹西明、苏雅欣、陈劲、陈泰伦：《场景驱动的创新：内涵特征、理论逻辑与实践进路》，《科技进步与对策》2022 年第 15 期。

B.19

陕西“独角兽”企业培育路径研究*

西北工业大学企业创新课题组**

摘　要： 本文从资源、支持体系、环境体系方面分析陕西省“独角兽”企业成长环境现状；通过对比四川省、浙江省，指出陕西省“独角兽”企业创业生态环境存在融资资源不足、政策支持不够、产业聚焦度不高等主要问题；运用 SWOT 方法分析陕西省发展“独角兽”企业的优势、劣势、机会和威胁；指出“独角兽”企业成长路径四个阶段的关键因素分别是创业环境、资本、人才、技术、盈利能力、风险治理，基于此，提出优化平台资源，打造环境体系，健全融资、引智、科创、税收政策，中介支持，政策保障，建立资本机制等建议，以促进“孵化企业”向“种子独角兽”“准独角兽”“独角兽”的快速成长。

关键词： 独角兽　创业生态环境　陕西

一　陕西省“独角兽”企业成长环境现状

（一）陕西省“独角兽”企业方兴未艾

2021 年中国新晋“独角兽”企业 142 家，总数达到 316 家①。2020 年

* 本文为 2021 年陕西省科协决策咨询项目“陕西省‘独角兽’企业培育路径研究”相关研究成果。

** 课题组组长：刘丽华，博士，西北工业大学管理学院副教授、硕士生导师，研究方向为创新管理。主要成员：吉婷、林珮汝、池宝，西北工业大学管理学院研究生，研究方向为工业工程。

① 长城战略咨询：《中国独角兽企业研究报告 2022》，2022 年 12 月 26 日。

陕西省共有5家“独角兽”企业，分别是西安的度小满（金融科技类）、英雄体育VSPN（旅游体育类）、易点天下（企业数字服务类），延安的英雄互娱（数字文娱类）、渭南的永辉彩食鲜（产业互联网类）。截至2022年4月，陕西省“独角兽”企业有2家，分别是西安的量子体育（新媒体类）和渭南的永辉彩食鲜（新消费类）。

（二）陕西省人才资源丰厚

截至2021年，全省共有高等学校111所，拥有大批军工科研院所，是全国的军工大省。科研人员、高校团队的聚集，充分凸显了陕西科教智力资源的人才优势。

（三）陕西省大力发展高水平创新创业服务平台

2021年陕西省科技企业孵化器有151个，孵化器总收入达179.60亿元；众创空间有298个，总收入高达71.64亿元。完善“创新中心+孵化器+科创企业”创新创业体系，新建省级创新创业平台40家以上①，引导高新区和高校、科研院所、新型研发机构、行业龙头企业等建设各具特色的专业孵化载体，2021年陕西的大学科技园有4个，孵化基金总额2.20亿元。

（四）成果转化效率稳步提升

陕西着力推动产学研深度融合，积极构建市、校、院所联合的体制机制，增加高水平源头供给，完善优质成果转化服务体系。2021年全年共签订各类技术合同68951项，合同成交金额2343.44亿元，获授权专利86272件，有效发明专利拥有量67379件。

（五）优化营商环境取得新突破

2020年，在全国296个城市中，深圳、上海、北京营商环境得分位居前

① 中华人民共和国统计局：《中国火炬统计年鉴》，中国统计出版社，2021。

三，西安位居第11名，得分为0.4016，宝鸡市位于第117名，得分为0.2594。在市场活跃度和软环境方面西安分别位于第二和第四位。在市场监管指数、社会服务指数、知识产权创造力和科技研发投入方面西安也位于前列①。

二　陕西省“独角兽”企业创业生态环境存在的主要问题

（一）与四川省、浙江省“独角兽”企业创业生态环境对比

课题组基于创业生态系统理论，建立以资源、支持体系、环境体系为核心的“独角兽”企业创业生态环境指标体系，基于统计年鉴等公开资料计算指标数据。陕西省和四川省均为国防军工企业大省，从地理位置、人文环境以及发展历程等方面来看，均有一定的相似性。浙江省是“独角兽”企业大省，同时也是“独角兽”企业发展速度最快的省份之一。因此，选取这两个省份与陕西省的创业生态环境各方面的指标进行对比。

从表1可以看出，陕西省和四川省在人力资源、中介支持、基础设施和商务成本等方面表现相当。四川省相对陕西省拥有较多的融资资源，陕西省在平台资源方面表现优于四川省。

陕西省和浙江省在人力资源、基础设施方面基本持平。在中介支持方面，陕西省的中介机构数量比浙江省多。在融资资源方面，陕西远远落后于浙江，不论是投资次数还是投资金额，陕西省的表现都不及浙江。

（二）陕西省“独角兽”企业成长环境短板分析

通过综合对比分析，陕西省的主要短板为融资资源缺乏、政策支持力度不够、产业聚集度不高，尚未形成“独角兽”企业爆发的高地。

① 粤港澳大湾区研究院：《2020年中国296个地级及以上城市营商环境报告》，http：//www.199it.com/archives/1276795.html。

表 1　陕西省、四川省和浙江省的“独角兽”企业创业生态环境对比

指标			陕西省	四川省	浙江省
资源体系	人力资源	高层人才(比例)	0.08765	0.06038	0.084956
资源体系	人力资源	普通人才(比例)	0.2519	0.2051	0.2299
资源体系	融资资源	天使投资(轮)	12	43	170
资源体系	融资资源	风险投资(轮)	30	55	216
资源体系	融资资源	信贷投资(比例)	6407	14334	32155
资源体系	平台资源	众创空间总收入(千元)	1145816	373688	1476046
资源体系	平台资源	企业孵化器总收入(千元)	1457134	1430761	3106203
支持体系	政策支持	税收政策(项)	5	6	16
支持体系	政策支持	融资政策(项)	8	11	13
支持体系	政策支持	科创政策(项)	12	6	14
支持体系	政策支持	引智政策(项)	7	8	16
支持体系	政策支持	服务政策(百分制分值)	63.74	70.83	67.38
支持体系	中介支持	会计师事务所(比例)	0.0025827	0.0016307	0.00062168
支持体系	中介支持	律师事务所(比例)	0.0013181	0.0021359	0.00078356
支持体系	中介支持	租赁及商业服务业企业(比例)	0.002403	0.002079	0.0013583
环境体系	基础设施	互联网水平(比例)	1.326	1.253	1.542
环境体系	基础设施	交通运输(比例)	0.91056	0.84478	1.33592
环境体系	商务成本	水电气成本(元/户)	100.2	99.9	98.9
环境体系	商务成本	工资成本(元)	26226	26522.1	52397.4
环境体系	商务成本	土地成本(元/平方米)	9828	7840	16726
环境体系	产业基础	产业聚集度(个)	7	12	159
环境体系	产业基础	产业结构(%)	第一产业占比 8.66	第一产业占比 11.43	第一产业占比 3.34
环境体系	产业基础	产业结构(%)	第二产业占比 43.4	第二产业占比 36.15	第二产业占比 40.70
环境体系	产业基础	产业结构(%)	第三产业占比 47.94	第三产业占比 52.41	第三产业占比 55.53

资料来源：课题组根据《中国统计年鉴（2021）》、中国人民银行、清科研究中心、中国火炬统计年鉴、中国政府透明度指数报告、企查查、EPS 数据库、农业行业观察、各省政策文件、各省统计年鉴等相关文件整理所得。

融资是“独角兽”企业发展的必经之路，但陕西省的融资资源稀少，不论是天使投资还是风险投资等，投资次数少，投资金额少，这导致相当一部分企业由于资金链问题而无法成为“独角兽”企业。因此，陕西省应着重扩大投融资机构，吸引外地投融资机构来陕交流合作，同时培养眼光独到的基金管理人，发掘优秀的创业项目，增加“独角兽”企业的培育可能性。

陕西省对税收、融资、引智、服务政策等支持力度不大。政府应该通过实施减税、免税、贴息贷款、贷款担保等措施来减轻企业的资金压力，也可以出台一些政策法规在各个方面帮助企业成长。

陕西省的产业聚集度不高，高新区内项目布局分散，企业间关联度不高，产业发展缺少整体合力。政府规划应有前瞻性和导向性，全省统筹，明确各市的产业定位和发展方向，拉长产业链，提高产业聚集度，增加产品附加值，增强市场竞争力。加大对企业的精准帮扶，加强龙头企业与相关部门的对接，做好对产业园区的组织协调、督促检查工作，在同等情况下优先使用本地产品，拓展市场，共同促进产业链发展。

（三）陕西省发展“独角兽”企业的SWOT分析

1. 优势

（1）人才资源丰富

陕西综合科技实力居全国前列，科技基础雄厚。拥有两院院士60人、国家重点实验室26个、“985”高校3所、“211”高校8所[①]。

（2）宽松的创业环境

近五年，陕西省深入实施创新驱动发展战略，持续完善创新创业体系，努力构建创业投资发展体系。首先，陕西省加大科技创新投入力度，同时引导社会资本投入，加快建设创业投资发展体系。其次，陕西省多措并举联合高校建设多家“四主体一联合”新型研发平台和多家国家级、省级创新创业平台，加快培育战略科技力量。再次，陕西省持续优化创投生态环境。政府、企业、金融机构等相关组织共同发力，不断营造并维护有利于创新创业

① 中华人民共和国统计局：《中国火炬统计年鉴》，中国统计出版社，2021。

企业发展的良好制度、金融环境。最后，陕西省内成立了西安高新区创业园等创业重点园区，形成了独具特色的“1+N”孵化器集群发展模式以及“预孵化+孵化+加速培育”的创新创业生态体系。

（3）完善的科创政策

陕西省针对创新驱动引领高质量发展出台了九个方面共38条政策措施，为创新赋能，加强了人才供给和政策保障，有力推动“大众创业、万众创新”。秦创原创新驱动平台是陕西创新驱动发展的总平台，也是创新驱动发展的总源头。秦创原平台的建立，为陕西省企业、科研机构、高等院校以及各个市场主体提供机会，开放共享科技资源。

（4）“硬科技”产业基础良好，能源资源雄厚

陕西拥有丰富的能源资源以及良好的“硬科技”产业基础，西安的航空航天产业、人工智能、汽车制造业和能源化工等在全国都处于领先地位。

2. 劣势

（1）大型平台型企业孵化力量不足

相较于北上杭深，陕西省行业头部领导型企业数量相对较少，这在很大程度上阻碍了陕西省孵化出“独角兽”企业。平台型企业在新经济企业初创阶段能够对其进行资源赋能，克服技术瓶颈、资金短缺等难题。陕西领军企业孵化“独角兽”的能力仍有提升空间。

（2）产业聚集度不高

陕西省没有产生有力的产业聚集效应。陕西涉及高科技领域的产业集群有3个，对比四川省的8个和浙江省的24个，聚集度不高。陕西的软件园数量多却不够集中，而且细分不够，没有突出的优势行业。

（3）私募基金管理人才少

陕西私募基金管理人共计265家，管理基金规模1150亿元，均不足全国1%，在全国长期处于中下游，说明陕西省技术、资金和市场的结合程度不够。高新区“独角兽”培育企业投资主要集中于A轮，主要来自深圳、北京、上海等市外投资机构，反映出陕西本地创投环境需进一步优化。

(4) 陕西省产业发展不平衡、不充分

陕西省依据资源分布形成了陕北重化工能源、陕南重绿色产业、关中重先进制造业的特点，服务业对经济增长贡献率较低，私营企业发展水平低，竞争力薄弱，非公经济占比不高，主要体现在劳动密集型、技术含量低的制造业，交通运输业等一般性竞争行业，缺少低成本优势，融资困难，抵御风险能力较低。

3. 机会

(1) 陕西省政府大力支持

陕西省出台了“瞪羚企业”、“独角兽”企业认定办法，如《陕西省瞪羚企业培育认定实施方案》等，并给予企业不同程度的资金作为奖励；《西安市独角兽企业培育方案（2018—2021 年）》，政策充分考虑影响“独角兽”企业发展的各种因素，从内外部两方面保障“独角兽”企业的发展，既有资金的支持，还有技术、管理方面的支持，充分展现了陕西省政府重视“独角兽”企业的培育和发展。

(2) 陕西省区位优势明显

陕西省位于中国西北部，与四川、内蒙古、河南、宁夏、山西、甘肃、湖北、重庆 8 个省（区、市）相邻，是中国邻省数量最多的省份，具有连接中西部、承东启西的重大区位优势。陕西省作为我国地理版图的中心和向西开放的前沿，正在逐渐成为“双循环”和“一带一路”建设的战略重地，身为国家“一带一路”倡议的重要节点，陕西省的“一带一路”建设已初见成效。这些建设成果都为陕西经济发展、产业结构升级打下了基础。陕西紧抓“一带一路”机遇，通过构建要素高效流动的开放高地，形成特色优势产业集聚地等，打造内陆改革开放高地，为经济发展和产业发展带来新的活力与动力。

(3) 陕西省市场环境总体趋势向好

陕西省市场监管部门持续推进“放管服”改革，市场准入环境持续优化、政务服务水平提升，有效激发了市场主体活力。陕西省聚焦交通、建筑、医药、军工等重点领域，简化政府服务流程，不断改善市场竞争环境，市场主体对市场的公平竞争性非常满意。

4. 威胁

（1）创业风险较大

部分科技型“独角兽”企业在创业之初没有经营利润，需要通过各种途径来解决企业资金投入问题，整个过程充满了风险，而初创企业普遍缺乏风险管理意识，对抗风险的能力较弱，造成了很多企业在初创时就被市场淘汰。

（2）其他省份“独角兽”企业实力强劲

北上广深等超大城市因为地理位置和金融中心的优势，造就了近半数的中国“独角兽”企业，而陕西省的“独角兽”企业无论是数量还是市场估值，都无法与之比拟，陕西省的“独角兽”企业在市场信息的获取、资金、市场占有率、技术创新等方面受到来自竞争企业的威胁。

三 促进陕西省“独角兽”企业培育的政策建议

基于“独角兽”企业成长过程，确定陕西省“独角兽”企业培育路径（见图 1），根据不同成长阶段的关键因素提出相关培育建议。

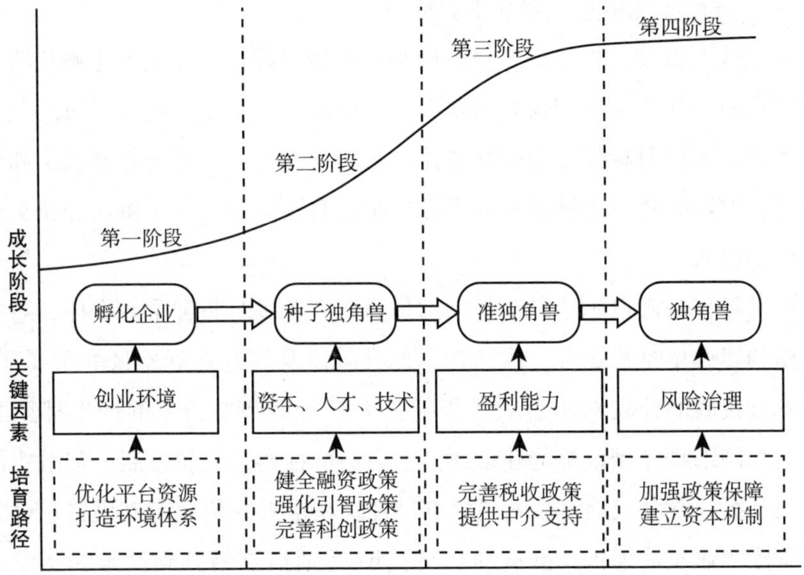

图 1　陕西省“独角兽”企业培育路径

1. 孵化阶段

（1）优化平台资源，孵化潜力项目

一方面，充分挖掘领先平台型企业，构建适合孵化、培育“独角兽”企业的生态。当前“独角兽”企业培育最高效、最便捷的方式，是由平台型企业通过将自身部分业务拆分出来、将资源进行自由组合以及战略投资的方式，孕育出多家旗下的“独角兽”子公司。陕西省应进一步深化与高端平台合作关系的深度与广度，拓展、加强海内外“独角兽”高产企业的战略合作，聚焦陕西省重点领域及重点项目，融合陕西省高端能源化工、装备制造、航空航天等优势产业，以知名平台企业市场、技术等的强大力量，支持更多本省“独角兽”企业的孕育。

另一方面，促进科技企业孵化器高质量发展。加强对孵化器的系统管理，建立动态监测管理体系和业绩考核制度，强化科技主管部门的领导与管控，促使行业产业形成优胜劣汰的良性循环；优化孵化器的管理运营，引导其往专业化、品牌化方向发展。积极与高校、研究所、国外科研机构合作，引进和培养具有丰富孵化器管理经验的人才，提升孵化器运营管理水平。

（2）打造环境体系，增强创业活力

强化政策支撑，构建高质量发展制度环境。政策支撑是催化孵化器发展的坚强后盾，从当前迫切需要满足的需求出发，制定出加快高质量孵化器建设的实施方案以及科技企业孵化载体认定管理办法，规范孵化器认定和管理等流程，明确孵化器落地服务的保障机制，鼓励高校、科研机构和龙头企业等主体的投入。

推进新型基础设施建设。作为孵化企业的发展基石和重要支撑，新型基础设施的建设也是稳投资、优结构、促升级以及提升发展质量的重要环节，新型基础设施的建设对于有效投资的扩大、新经济增长点的产生都至关重要，加强网络型基础设施的建设还能助力经济社会高质量发展，刺激实体经济转型升级，激活发展和积蓄更大新动能。精准补齐传统基础设施建设的短板，聚焦产业发展需求，推进物联网、5G 等通信网络基础设施的建设、改造和升级，推广“互联网+”、人工智能技术等的应用，实现自主运行、监管与维护服务，使传统基础设施建设在云计算、大数据、互联网的共同作用下，形成一套完整的信息技术。

压低商务成本。商务成本可以分为软、硬成本两个方面：硬成本包括企业从创立到经营整个过程中各种生产要素的支出；软成本指的是政策、政府效率等导致的企业在设立或经营过程中所产生的效率损耗总和。通过推动孵化器的品牌化发展，树立品牌理念，统一品牌形象，形成品牌化连锁化发展，以发挥示范带动作用，实现低成本扩张，拉动企业合作。政府通过经济杠杆和有关产业政策主动积极有效地调控商务成本，制定商务环境评估的综合指标体系，形成具有陕西特色的商务环境新观念和新举措。

2. 种子“独角兽”阶段

（1）健全融资政策，实现资本赋能

“独角兽”企业在发展上升期具有高风险、高资本依赖的特点，更适合风险投资，需要加大对种子“独角兽”企业资金支持的力度，构建资金来源渠道与组成多元化的“独角兽”企业融资体系，搭建起政府、券商、保险、风投等多主体协同共赢的融资架构；构建覆盖天使投资、风险投资、私募股权投资的多层次、多元化股权投资服务体系，放宽国资、社会化募资等的出资限制，鼓励并引导金融资本投资种子期“独角兽”，以提高创投资本对陕西新经济的关注度。

大力发展科技创新担保，针对重点产业提供特色科技保险支持，完善贷款担保机构风险控制体系，降低“独角兽”企业贷款担保业务过程中担保机构所承担的风险。构建起陕西省、省内各区市以及重点发展区域的多层级担保体系，确保各层级之间各自独立又相互联系，针对“独角兽”设立专项担保基金。地方政府可以专为科技型“独角兽”企业成立提供融资服务的科技银行，同时推动科技银行推出系列产品，为不同发展阶段的科技型“独角兽”企业提供专业化、定制的金融服务。此外，商业银行应推动金融创新，有针对性地推出“独角兽”企业成长项目，进一步强化对处于孕育、启动、壮大、拓展不同发展阶段的“独角兽”的资金扶持功能，适当降低具有成长潜力的高成长期“独角兽”企业的信贷审批门槛，为种子“独角兽”企业提供全方位、多元化的金融服务，为其营造较为宽松的成长环境。

（2）强化引智政策，增加人才供给

革新学校培养模式。推动高等教育体系和经济发展有机融合，依据经济发展需求适时调整教育体系、更新知识，让学校教育走在经济发展前列，在陕西产业规划下，宏观指导高校进行学科调整，打造陕西特色化学科体系。在强调基础研究的前提下，融入符合陕西未来发展趋势及强势产业的新学科。

拓展交流渠道并与海外高端人才达成长期合作。加强协作、定期互访，将引进人才转变为引进理念、想法，构建新的人才开发机制，并逐步培育一批适应产业结构调整、优化升级需要的先进人才队伍。

（3）完善科创政策，提升创新能力

强化知识产权保护。健全“独角兽”企业知识产权保护相关法规，针对“独角兽”企业出台专项知识产权保护法规或特别条款，定期开展企业知识产权监督抽查，加大对侵权假冒等违法行为的处罚力度，引导企业建立知识产权管理机构，提升“独角兽”企业对知识产权的创造、应用、保护与管理能力，保障“独角兽”企业合法权益，为“独角兽”企业的稳步发展保驾护航。

强化创新成果转化。提供相应的政策支持，包括激励保障、服务监管政策等。以市场为导向，建立“独角兽”企业技术服务平台，对“独角兽”企业提供创新要素配置、技术研发方向选择等方面的指导。集聚优势科技资源，为“独角兽”企业提供创新、生产、管理等方面的援助。聚焦成果转化落地体制机制束缚问题，持续完善“课题—项目—企业”全链条服务。

3.“准独角兽”阶段

（1）完善税收政策，减轻企业负担

优化企业税收治理体系。将“独角兽”企业的经济行为加以整合，纳入互联网税收治理体系，形成系统的、动态的数据库，从而更好地在税收方面为“独角兽”企业的成长提供优惠和帮扶政策，适当让利社会资本，打造具有吸引力的税收治理体系，降低“独角兽”企业成长面临的税收压力，鼓励其投入更多精力放在产品创新和科研投入上。

（2）建设高水平中介服务队伍，助力企业高质量发展

“准独角兽”企业经营的进一步发展扩大对企业提出了更高的要求，企业需要有更具创新性的产品和服务以得到投资者、消费者等的认可，因此“准独角兽”企业最终成长为“独角兽”企业的过程离不开可以为企业经营提供保障的优质社会服务。建立、引入中介服务机构，成立高质量、规范化、专业性强的中介服务机构库，为企业提供免费咨询服务，提供更多的增值服务，助力企业生产经营。

首先，陕西省各区域企业服务中心可以通过提供免费场地等支持政策，吸引、筛选各类别的中介机构入驻，建立涵盖企业管理服务、科技服务、税务、法律、知识产权等业务的中介服务机构队伍，提供全方位、一站式、专业性强的咨询服务。其次，招引中介服务机构的同时，陕西省各区域企业服务中心应建立面向入驻的服务机构的指标体系与评价机制，通过年度考核等方式来达到提高中介机构服务水平的目的。

4. “独角兽”阶段

（1）加强政策保障

为了给“独角兽”企业巩固高精尖端人才，避免人才流失给企业造成损失，在人才引进政策方面，陕西省为高端人才提供住房、落户、子女教育等优惠政策。完善政策性担保和周转基金政策，给予“独角兽”企业融资绿色通道和上市绿色通道。进一步加大对“独角兽”企业上市的支持力度，不仅要为高科技和新经济企业打开上市渠道，也要为新商业模式和独特成长型产业的企业打开上市渠道，为企业开辟资金来源和流通渠道，降低“独角兽”企业上市和融资过程的风险，甚至可以打造专门的“独角兽”特色产业园，集中引导“独角兽”企业的发展。

陕西省要为“独角兽”企业的发展提供适当的政策支撑，要严防政府积极的政策支撑变成对企业的行政干预，从而影响企业正常的商业决策。针对制造业、服务业和高新技术行业深化“放管服”改革，从而降低“独角兽”企业的市场准入门槛，防止将事后监管责任变成事前进入门槛。对一些新兴行业的前置审批等进行规范和简化，加快政府部门对新兴行业的审核

权限，将政府部门的工作重点放在事后的监管上。

（2）建立资本机制

“独角兽”企业的风险主要存在于融资和上市过程中，所以除了一些政策性的保障，政府还可以为“独角兽”企业提供专业的投融资服务，专业机构有针对性地帮助“独角兽”企业完成投融资和上市服务，可以极大地降低“独角兽”企业成长中的风险。

首先，陕西省可以建立创业投资体系，包括投资、融资和企业经营管理等，服务“独角兽”企业的发展。政府构建 PE 基金、VC 基金、天使基金等多层次股权投资基金体系，建立具有一定规模的省级层面的创投基金，打造本地创投基金在私募股权投资领域的影响力和话语权，加强对本地“独角兽”企业发展的保障。同时也可以鼓励和引导超大城市甚至国际金融资金投资陕西省“独角兽”企业，以此培育出“独角兽”企业。

其次，陕西省可以在“独角兽”产业园区划定专门的投融资服务中心区域，按照功能对其进行规划、合理配置，形成专门的服务区域，充分发挥政府投融资平台的强大效用，有效连接企业、投资者和政府，为“独角兽”企业的发展提供强大合力，高效便捷地为“独角兽”企业的发展提供服务，降低其成长过程中的风险。

最后，陕西省可以建立股权转让中介机构，并培训相关专家。完善中介机构的技术评估体系和综合评价体系，促进中介机构的自我完善和发展，使其方便快捷地为“独角兽”企业提供专业高效的服务。同时应该加强陕西省对中介机构的监管，严查欺诈性交易，为中介机构的健康运营打造稳定的外部环境。

参考文献

中华人民共和国统计局：《中国统计年鉴》，中国统计出版社，2020。

北大光华管理学院：《中国省份营商环境报告 2020》，https：//www. gsm. pku. edu. cn/

info/1316/22719. htm。

陈强、肖雨桐、刘笑：《京沪独角兽企业成长环境比较研究——城市创新创业生态体系的视角》，《同济大学学报》（社会科学版）2018 年第 5 期。

《优化营商环境条例》，中国政府网，http：//www. gov. cn/zhengce/2020 - 12/27/content_ 5573810. htm。

王益澄、陈璐璐、林雄斌、葛亚军：《中国独角兽企业空间分布特征及驱动要素研究》，《宁波大学学报》（理工版）2021 年第 1 期。

解树江：《独角兽企业成长的关键要素》，《中国中小企业》2021 年第 11 期。

张岭、张田莉、梁杰：《独角兽企业成长规律及培育路径研究》，《经济体制改革》2021 年第 5 期。

张梅：《今年我省新建省级创新创业平台超 40 家》，《陕西日报》2021 年 2 月 23 日。

马邈：《我国独角兽企业的培育和发展研究》，华中科技大学硕士学位论文，2018。

案例篇

Case Reports

B.20

陕西法士特高智新智慧工厂*

吕 芬**

摘 要： “电动化、智能化、网联化、共享化”的汽车“新四化”对汽车行业生产企业提出了更高的要求，以工业互联网为代表的新数字化基础设施，需对产业全链路和用户服务全周期提供有力支持。陕西法士特汽车传动集团公司作为全球最大的商用车变速器研发制造基地，以“四个一”打造法士特智能制造新模式，从组织变革到先进制造技术研发，从IT、OT融合的数字化到智能化场景，结合大量新技术创新，打造虚实融合、知识驱动、动态优化、安全高效、绿色低碳的工厂。法士特从各车间的单点自动化

* 本报告系2022年陕西省社会科学基金年度项目“陕西传统制造业数字化转型的协同机制及政策研究”（编号：2022D055）、2021年陕西省社会科学基金项目“陕西推进数字经济和实体经济深度融合路径研究”（编号：2021D037）、2022年陕西省哲学社会科学重大理论与现实问题研究后期资助项目“数字技术促进创新链产业链深度融合组态效应研究”的阶段性研究成果。

** 吕芬，管理学博士，陕西省社会科学院经济研究所助理研究员，主要研究方向为产业数字化与转型。

产线改造到咸阳智能制动的数字化工厂，再到高智新智慧工厂，随着逐步升级，总结实施经验，探索出一套适用于制造型企业以小到大、以点带面、稳步推进的生产数字化转型解决方案。并将关键流程、关键步骤、关键要素进行标准化和规范化，形成可复制推广的企业级标准规范。对于企业内部生产线自动化改造、车间数字化改造和工厂智能化改造具有广泛指导意义。

关键词： 法士特 数字转型 智慧工厂 智能制造

一 引言

党的二十大报告指出“要坚持以推动高质量发展为主体”“推进新型工业化”“加快建设制造强国、质量强国、数字中国”等一系列举措，从高站位、大思路上坚定了法士特等装备制造企业高质量发展的信心。《“十四五”智能制造发展规划》《关于加快推进国有企业数字化转型工作的通知》等系列指导文件印发，明确指出制造型企业以智能制造为主攻方向。

陕西法士特汽车传动集团公司作为全球最大的商用车变速器研发制造基地，拥有年产销汽车变速器 120 万台、齿轮 5000 万只和汽车铸锻件 20 万吨的综合生产能力。公司连续 19 年产销量名列中国齿轮行业第一，重型汽车变速器年产销连续 16 年排名世界第一①。依靠自主创新和科技进步，法士特已建成以“国家级企业技术中心”“院士专家工作站”“国家级博士后科研工作站”为支撑的国内一流科技研发体系和自主创新体系，形成集产学研于一体、国内外市场优势互补发展的新格局。法士特积极响应国家政策号召，在企业“十四五”发展规划中提出，建立健全公司数字化体系，加快

① 本报告数据均来自陕西法士特汽车传动集团有限责任公司官方网站以及内部资料（http：//www. chinafastgear. com/）。

形成数字化发展新动能、新机制、新增长点的步伐，助力数据成为核心竞争力和企业高质量发展目标的实现。在此背景下，智慧工厂建设成为企业数字化转型的重要抓手，是法士特践行企业高质量发展、进行制造模式升级、提升精细化管理水平、开展流程化组织变革的重大战略举措，对法士特数字化转型发展有着深远的战略意义。

二　法士特数字化转型迫在眉睫

生产线，到智慧工厂，是传统制造行业近些年的发展之路。真正实现让工厂“智慧”起来，还需要大量的技术和人员，通过对业务流程的持续改进，挖掘生产数据之间的关联关系，以智能化促进产线的自动化、稳定化和柔性化提升，实现对生产过程的精细化管理，实现生产效率和质量水平的持续提升。同时基于业务数字化的 16 个信息化系统互联互通打造法士特工业互联网，通过对人、机、物、系统的全面链接，连接上下游企业，使得产业链更具柔性，构建起覆盖全产业链和全价值链的制造和服务体系。

作为大型离散制造企业，生产经营环节的智能制造水平决定了企业未来发展水平。在市场经济压力下，企业面临的问题越发明显，对产品质量、成本要求越发苛刻，越来越多的个性化定制产品对交付周期形成了巨大挑战，总而言之，对于制造模式、工艺组织、生产柔性都提出了更高的要求。

在 2015 年以前，法士特已经引入较多数控智能化加工设备，并自主实施了多条生产线的自动化精益化改造，但车间生产仍为一人一机或一人多机的管理模式，操作工需要依据工艺文件操作设备进行加工生产，并同时肩负刀夹量准备、上下料件、维护设备、生产问题反馈等辅助性工作，以上过程自动化水平较低，需要大量高技能水平的操作工，人力成本居高不下；同时操作工成为生产环节的关键影响要素，人员素质、技能水平、质量意识等方面的差异造成过程稳定性有波动，从而影响产品质量；为保证工艺严格执行，技术人员需定期对现场进行检查，管控难度大且精细度不足；由于缺乏设备联网与数据采集，车间对现场管控依赖工人填写的各类表单，缺乏数据支撑，形成现场黑箱，难以提升管控水平；生产经营环节建立了 ERP、MES、WMS 等系统，但系统集成度不足，存在数据孤岛、数据不准等问题，无法为经营决策提供准确实时的数据指标支持，制约了企业生产经营水平持续提升。

三　法士特数字智慧工厂："四个一"智能制造新模式

法士特秉承着"以智能制造为主攻方向，坚定不移建设制造强国"的初心，开展实施了商用车先进制造与信息技术融合的智能工厂创新应用项目建设，将智慧工厂建设作为企业数字化转型的重要抓手，是法士特践行企业高质量发展、制造模式高效升级、精细化管理高水平推进、流程化组织高度变革的重大战略举措。法士特高智新智慧工厂通过将新一代信息技术与先进制造技术融合，应用"数字孪生、万物互联、黑灯生产、智能决策、绿色低碳、数据闭环"六大核心技术打造了法士特智能制造"四个一"模式，即一朵（法士特）云、一个（大数据）湖、一张（工业互联）网、一张（数据可视化）屏。法士特数字智慧工厂所打造的"四个一"智能制造新模式，从组织变革、先进制造、数字制造、智能化提升、技术创新、绿色制造六个方面开展新举措。

（一）组织变革方面

智慧工厂的建设、运营与传统工厂有着很大的区别，法士特在管理层面就开始了自我革命，主要体现在：思想变革方面，坚持智慧工厂打造是一把手工程，各级人员具备数字化思维，同时以集团层面的主题年活动引导全员参与数字化转型；流程再造方面，建立以流程为中心的模块化、标准化流程，并打通全流程业务的 16 个信息化系统，建立以制造执行系统（MES）为核心的机器人流程自动化组织（RPA）；组织变革方面，将传统冗余的层级组织进行简化合并，构建更加灵活敏捷的扁平化组织；模式转变方面，实现了"预防+监控"的生产模式转变，实现了"工程师+高级技师"的人员

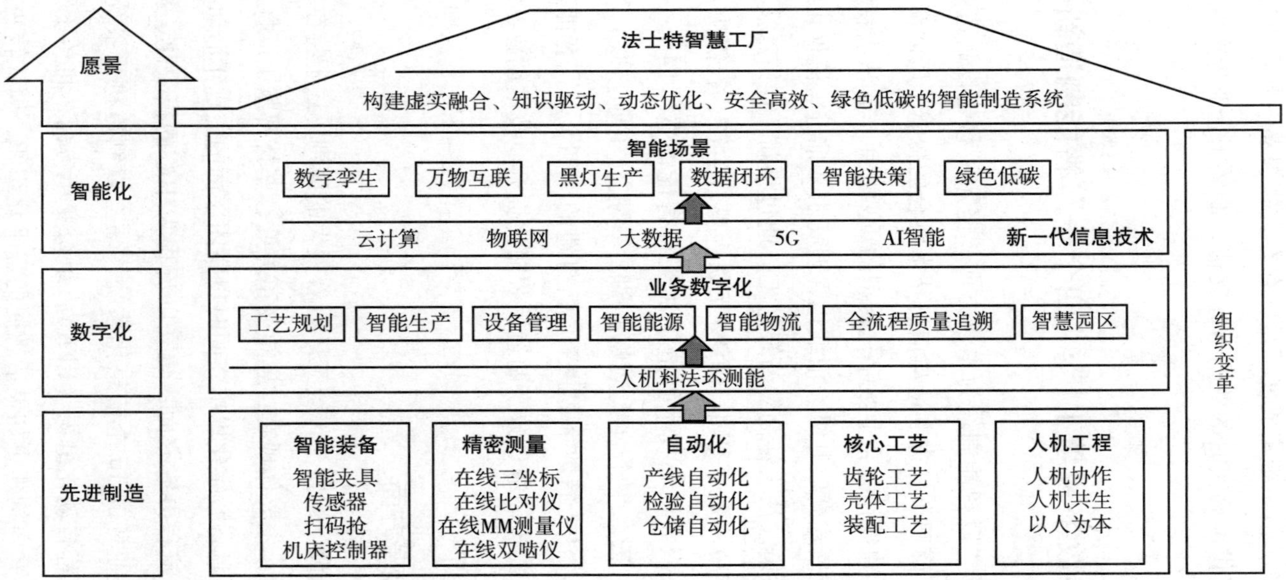

图 1　法士特“四个一”智能制造新模式框架

结构转变，实现了部门协同办公的工作模式转变，实现了数据分析赋能的改进模式转变。

（二）先进制造方面

通过大量应用五轴加工中心、秦川磨齿机、工业机器人、智能仓储和非标装备等智能装备，构建智能制造的基石；通过100%自动化率的壳体、齿轮生产线、71.5%自动化率的装备线，大力提高生产效率；采用在线测量、在线SPC、在线三坐标、光学检测、双啮仪精密测量设备保障加工质量；自主开发自适应加工、磨齿三截面抗扭曲、钢丝螺套自动安装、多腔体高压气密测试、精密热装对齿、全面防错等多项核心工艺，支撑生产制造过程的智能管控；同时在生产过程中，采用人因仿真、人机协同、人体外骨骼、智能力臂、灯联网、AR培训和AR巡检等人机工程技术，降低工人劳动强度，达到工效最优。

（三）数字制造方面

通过全流程的业务数字化，将多个数字化系统端到端集成，打通“研发—制造—质量”数据流程，打造“生产”“工艺”“质量”“物流”四大闭环；自上而下实现生产订单、产品信息、工艺参数、质量要求等数据的传递，以数据流驱动业务流，实现部门间高效协同；自下而上采集执行层设备实时数据，以数据支撑生产过程的精准分析，积累过程专业技术。梳理各环节关键业务指标体系，通过数字运营监控与分析平台实现业务指标监控和异常跟踪，通过PDCA实现管理闭环，促进绩效改善，实现企业在生产制造过程中的精细化管理与持续提升。

（四）智能化提升方面

通过将制造过程中的工业知识、数据、算法、方法论等提炼为工业技术，依靠人工智能、大数据分析等手段进行智能决策，打造生产、运营、管理、维保四大方向26项以上智能场景，实现了工厂的智能化。

（五）技术创新方面

通过大量的技术创新，将先进制造技术与新一代信息技术深度融合，在高智新智慧工厂建设中采用 5G、边缘计算、数字孪生、虚拟现实等多种技术，解决生产现场的难题，提升工厂技术实力。同时高度重视自主基础技术研究，一大批自主研发的新技术如自适应装配、加工自动在线补偿、夹具夹紧力检测、磨齿趋势分析预警、砂轮寿命预测、螺栓预紧力监控、热后以车代磨、AMT 自动测试技术等在智慧工厂中投入应用，多项技术属于国内首创，达到国际先进水平，大大提升了工厂自主能力和技术水平。

（六）绿色制造方面

通过采用光伏发电、智慧能源管理、绿色工艺、循环包装等 31 项先进技术，依托能源辅料低碳化、生产环境友好化、资源利用高效化、废弃处理无害化，实现生产现场噪声<80 分贝，年降碳达 7000 吨，年节约木材 4000 吨和 100%“三废”无害处理。

通过在高智新智慧工厂实施一系列创新举措，法士特亩均产值达 2230 万元，生产效率提高 72%，能源消耗降低 14%，交付周期降低 20%。得益于工厂高度的自动化和智能化，交付速度提升 20%，可实现 6 小时无人黑灯生产。同时相较传统生产模式减少产业工人 380 名，人员从单一技能向综合技能转变，实现数据分析赋能，人均产值提高 5.2 倍。同时建立了生产质量的分级管控新模式，实现生产过程的全流程质量追溯。通过不断的技术提升和创新发展，法士特智慧工厂在建成不到一年的时间内，先后荣获工业和信息化部等四部委联合评选的 2021 年“智能制造试点示范工厂”、工业和信息化部与国家市场监管总局牵头评选的 2022 年“智能制造标准应用试点”。

四　法士特数字转型的主要经验和启示

法士特智能化传动产品不断受到市场的追捧，使得产品质量保障要求更加严苛，对生产过程的精细化管控也提出了更高的要求。同时，在市场经济压力下，如何通过持续优化，在保证质量的前提下降低生产成本来提高企业竞争力成为制造业转型升级的关键所在。法士特在多年的生产经营中，逐步摸索出一套数字化转型之路，即让数据成为企业核心资产，改变传统依靠经验制造的方式，实现基于数据驱动制造的新模式，突出以智能制造促进企业转型升级和大力推广绿色低碳技术践行国企责任，实现生产过程的高质、高效、透明和管理精细化，推动企业内部、企业与相关合作企业、企业与客户之间的合作、协同和共享。尤其是在法士特高智新智慧工厂，切实推进以先进制造技术和新一代信息技术深度融合的智能工厂的创新应用，全力打造智能制造标杆工厂，助力企业高质量、可持续发展。

（一）以智能制造促进企业数字转型和高质量发展

作为大型离散制造企业，生产经营环节的智能制造水平决定了企业未来发展水平。通过从生产车间开始单点的产线自动化改造，到数字化车间，再到高智新智慧工厂建设，法士特逐步确立了以智能制造推动企业数字化转型的思路。在高智新智慧工厂建设中，通过实施一系列创新举措，不断完善法士特智能制造架构，将传统工艺制造的优势与新技术紧密结合，构建先进制造技术和新一代信息技术深度融合的智能制造系统：以智能装备、精密测量、自动化、核心工艺和人机工程作为智能制造的基石，实现“人机料法环测能”生产要素的数字化和工艺规划、智能生产、设备管理、智慧物流、质量追溯等核心业务的数字化，在数字化基础上通过构建生产制造过程中的智能化场景，打造法士特高智新智慧工厂。

先进制造方面，在生产现场应用五轴加工中心、高精度秦川磨齿机、智能 AGV、精密测量仪器等智能装备，并通过在设备上加装各类传感器，实时采集感知设备状态，构建智能制造的基石。通过全面自动化，打通上料、加工、检测、下线、配送等各个流程，应用 69 台 AGV 和 123 台工业机器人，实现壳体 2 条加工生产线自动化率达 100%、齿轮 13 条生产线自动化率达 100%、物流自动化率达 100%和装配自动化率达 71.5%，大幅提高生产效率。通过在生产线内采用高精度在线三坐标、各类光学检测等精密测量设备，实现车间内零部件关键尺寸和参数100%在线监测，并将数据上传至质量管理平台，通过趋势分析和预警，保障生产质量。在齿轮加工、壳体生产和装配过程等多个方面自主开发核心工艺，比如打破国外技术垄断的自适应加工技术、行业内首台套钢丝螺套自动安装技术、联合开发磨齿三截面抗扭曲技术等，保障产品的加工质量和加工效率。同时在建线过程中，充分体现人机协作、以人为本的设计理念，充分应用各类技术比如人因仿真分析、UR机器人协助、人体外骨骼、智能力臂、UWB定位和工业级增强现实系统等，识别和解决存在的人机工程问题，以建立友好的人机作业环境，降低工人劳动强度，达到工效最优。

数字化方面，建立生产要素的数字化和生产过程的业务数字化，实现对生产制造过程的精细化管控。在高智新智慧工厂，按照“人机料法环测能”全面梳理各项生产要素，建立了智能感知、互联互通、数据建模、数据应用四层设备万物互联框架。通过对300多类生产要素100%的身份管理，实现各类生产要素共计1000余种数据的实时采集，生产要素采集率达80%；通过应用大数据分析等数据应用技术，建立了人员轨迹分析、生产线节拍和产能均衡、工艺参数监测等20余种数据分析模型，实现50%控制信号下发。在生产要素数字化的基础上，规划建设/扩展16个信息化系统，包括MES、ERP、QMS、MDC、EAM、TCM、WMS、EMS、MDM、BI等。通过对全流程的业务数字化，将多个数字化系统端到端集成，打通“研发—制造—质量”数据流程。通过对全生产过程的精细化管控、采购—制造—销售的全流程协同、设备全生命周期管理、全流程质量追溯和智慧园区管理，实现全流程业务的数字化管理。

智能化方面，在要素数字化和业务数字化的基础上，通过融合新一代信息技术，形成法士特智能制造核心技术。采用数字孪生并行建厂思路，实现智能工厂全生命周期并行建设新模式；通过对“人机料法环测能”全生产要素智能化，基于物联网智能感知、5G联网采集等关键技术应用，建成生产数据高效流转的万物互联数字工厂；借助大数据、云计算等数字化技术，实现 AI 技术支撑的智能场景和生产系统超级自动化，实现真正的黑灯生产；基于业务与数据的全面贯通，以数据下发驱动生产运转，以数据采集监控生产执行情况，建立分析模型，实现工艺、生产、物流、质量四大闭环，积累过程专业技术，支撑 PDCA 持续改进，打造精益数字化工厂；将制造过程中的工业知识、数据、算法、方法论等提炼为核心工业技术，依托生产要素数字化和业务数字化，打造生产、运营、管理、维保四大方向 26 项智能场景。同时，通过大量的技术创新，采用 5G、边缘计算、数字孪生、虚拟现实等多种技术，解决生产现场的难题，提升工厂技术实力。

（二）大力推广绿色低碳技术践行可持续发展

党的二十大明确提出，要“通过加快发展方式绿色转型，积极稳妥推进碳达峰碳中和”。法士特在“十四五”之初就制定了绿色低碳发展战略，通过技术创新、标准制定、资源综合利用、设备升级、节能降耗、清洁生产、数智化转型等方法，有效落实碳减排。在绿色制造方面，通过光伏发电、智慧能源、环保辅料、绿色工艺、循环包装、集中处理、再利用等 31 项先进技术的应用，系统开展了“能源辅料低碳化、生产环境友好化、资源利用高效化、废弃处理无害化”的四化建设，实现全制造过程的节能减排。

在高智新智慧工厂屋顶建设 10 兆瓦“自发自用、余电上网”的分布式光伏电站系统，提供约 1000 万度的清洁能源，年减少二氧化碳排放量约 8922 吨，节约电费约 120 万元；采用集中油雾处理技术，应用行业领先的“过滤+静电+集尘”的三级过滤，有效去除空气中 0. 01um 以上的油烟。使得车间内部的油烟、粉尘排放量远优于环保及职业健康要求；使用集中过滤技术，实现油液清洁度、温度的精确控制，大幅延长使用寿命，加工油寿命延长至 20 年以上，切削液寿命延长至 5 年以上，油液消耗降低 40%以上，废液排放降低 80%以上。批量采用干式切削技术，提升切削效率的同时降低切削液的消耗以及废液排放量。运用了一体化包装设计理念，优化采购件的包装设计。采用多品种兼容转运架，替代木箱进行变速器总成运输，每年可降低木材消耗约4000吨，降低二氧化碳排放7240吨，实现降本约1931.7万元；加大环保投资，从源头进行“三废”治理。重点实施喷漆废水循环利用、废气VOCs处理等项目，使非甲烷总烃排放降至1.4mg/m³，氮氧排放区间降低至0.1~0.2mg/L，远优法规排放限值，实现废弃处理无害化。通过对生产制造全过程创新批量应用上述一系列绿色制造技术，打造国内商用车零部件行业首家“零碳工厂”，助力行业可持续发展。

图2　法士特高智新智慧工厂零碳认证证书

五　主要结论

法士特智慧工厂从规划开始，根据自身生产特点，结合外部优秀企业的智能工厂实施经验，自主实施具有国际一流水平的智能制造示范工厂。在工厂规划、建设、调试和生产中，总结积累了大量的经验，同时对智能制造有了根本性的认识，形成了企业核心竞争力。由于大多数离散型制造企业面临的问题具有普遍性，法士特采用的智能工厂架构、业务流程体系、智能制造标准体系、业务集成方案、智能工厂实施方法论及相关知识成果都具有普适性，因此，法士特打造智慧工厂的经验对于大多数传统制造型企业具有适用性。同时，将通过在集团公司内部其他厂区推广，持续丰富智慧工厂建设经验。并依托自身行业影响力，向上下游企业覆盖推广。此外，在高智新智慧工厂建设中，法士特培养了一批专业的智慧工厂规划和实施团队，能够给中小企业提供专业的规划和咨询服务，在共享经济模式的支持下，实现共同链合发展。

参考文献

习近平：《高举中国特色社会主义伟大旗帜 为全面建设社会主义现代化国家而团结奋斗——在中国共产党第二十次全国代表大会上的报告》，中国共产党第十九届委员会，2022。

乔非、孔维畅、刘敏、王坚、张浩：《面向智能制造的智能工厂运营管理》，《管理世界》2023 年第 1 期。

张宏斌、吴锋：《基于自动化排布算法的工厂系统布局方法》，《工业工程与管理》2020 年第 4 期。

李鸿磊、黄速建：《智能化时代的商业模式特征及创新路径》，《经济与管理研究》2017 年第 6 期。

高晓涛：《法士特：强化四个引领 实现“十四五”良好开局》，《商用汽车新闻》2022 年第 1 期。

肖献法：《法士特 8 类展品聚焦：传统+新能源+智能化》，《商用汽车》2019 年第 5 期。

B.21
清控科创“一体两翼”科创孵化

班　斓*

摘　要： 秦创原创新驱动平台是陕西省创新驱动发展总平台、创新驱动发展总源头，聚焦建设立体联动“孵化器”、科技成果产业化“加速器”和两链融合“促进器”。清控科创西部创新加速中心，作为秦创原引进的清华大学科创服务平台、秦创原首家签约的创新创业服务载体，围绕党的二十大报告提出的“提升国家创新体系整体效能”，针对秦创原“三器”建设目标及“两链”融合发展方向，打造了“一体两翼”特色科创服务模式，即以“学院+”特色理念及“西咸创业π”服务计划，与各学院建立合作，引进院系落地，构建科研院所、投资机构、技术专家、科创导师联盟，全面为区域科技成果转化赋能，致力于建好政府和高校、科研院所、企业、金融机构共同参与，市场化进行的开放共享创新平台，成为“科技成果转化加速器”典范。

关键词： 清控科创　科创孵化　秦创原

党的二十大报告指出，“坚持创新在我国现代化建设全局中的核心地位”“健全新型举国体制，强化国家战略科技力量”“提升国家创新体系整体效能”“形成具有全球竞争力的开放创新生态”。围绕党的二十大报告提出的“提升国家创新体系整体效能”，清控科创基于先进的产业园区运营经

---

* 班斓，经济学博士，陕西省社会科学院经济研究所助理研究员，研究方向为区域高质量发展。

验及20年深耕科创服务的独特理念，针对秦创原“三器”建设目标及“两链”融合发展方向，打造了“一体两翼”特色科创服务模式，致力于建好政府和高校、科研院所、企业、金融机构共同参与，市场化进行的开放共享创新平台，成为“科技成果转化加速器”典范①。

一　立足清华品牌，赋能“秦创原”

秦创原创新驱动平台自启动以来，聚焦建设立体联动“孵化器”、科技成果转化“加速器”和两链融合“促进器”，加速推动秦创原创新驱动平台建设，把创新优势转化为高质量发展成果，不断聚力，助推陕西高质量发展。为贯彻落实省委、省政府关于秦创原创新驱动平台建设的部署要求，搭建科技创新与产业发展的桥梁纽带，打造陕西科技新名片，促进“两链”融合，秦创原创新促进中心率先引进清华大学科创孵化服务平台——清控科创西部创新加速中心。

清控科创西部创新加速中心成立于2021年7月9日，是清控科创控股股份有限公司在西北区域战略发展的重要布局，作为秦创原引进的清华大学科创孵化服务平台、秦创原首家签约的创新创业服务载体及“科技成果转化加速器”典范，中心立足清华大学及清控科创20年的科创运营服务经验及全国64个载体、孵化31家上市公司的优秀成果，打造了与秦创原“两链”融合发展卓然契合的“学院+”特色理念，布局西北，聚焦秦创原，定位西咸，落地沣西云谷，以科创服务及力促科技成果转化为突破口，为秦创原发展“引才引智、引资引流”。

清控科创西部创新加速中心具有专业化科创服务能力及标准化运营体系，能够真正围绕科创企业发展痛点难点，解决企业实际问题，有效为秦创原科创服务“搭平台”，成为秦创原“科技成果转化加速器”典范。

清控科创西部创新加速中心具有全国科创服务资源、智库，能为秦创原

① 本文所涉及的数据均来源于清控科创西部创新加速中心官网和内部资料。

及陕西科创企业提供多元化资源渠道，已建立成熟的有“院校联盟”“专家智库”“合作机构”“资本力量”“项目阵营”，形成“秦创原科创服务资源网”，借助“政企院校金”资源，全方位助力企业科技成果转化。

二　力促成果转化，贡献“资源力”

清控科创西部创新加速中心自成立以来，力促成果转化，在引进科创企业、加速项目转化、引入科技人才、加强合作交流、提升品牌影响力等多方面发力，贡献“资源力”，取得显著成效。

（一）引才引智，孵化多位科创明星

清控科创西部创新加速中心自成立以来，引才引智，引入200余位科技人才，着重引进6名高层次“科创人才”，孵化多位科创明星。西安清秀生态科技有限公司杨鹏教授被评为科技部创新人才推进计划“中青年科技创新领军人才”、中组部国家人才计划“科技创新领军人才”，2020年入选西安市高层次人才“国家级领军人才”，2022年入选“西咸新区首批‘秦创原创新人才计划’”；陕西星环聚能科技有限公司项目负责人高喆，毕业于清华大学，为杰出青年，入选国家人才计划。陕西碱基律动生物科技有限公司陈熙明为甘肃省杰出青年；陕西和润智创科技有限公司王磊，2016年入选泰山产业领军人才——科技创业类；西安农链互联网科技有限公司张婷、西安天之博特科技有限公司田博，入选2022年“西咸新区首批‘秦创原创新人才计划’”。同时，通过“学院+”特色理念，清控科创西部创新加速中心已与18个院系，包括清华大学、西安交通大学、电子科技大学、西北工业大学、西北农林科技大学等高校建立战略合作关系，引进重点高校科创项目10余个，签订近30位陕西省级、市级等创业导师。

（二）引企助企，加速科创项目转化

1. 助力“星环聚能”获得数亿元天使轮融资

作为清控科创西部创新加速中心孵化的明星项目，“星环聚能”自2021

年7月入驻到12月开始“备战”融资，其间，中心全程参与到星环聚能发展过程中，为项目融资“加码助力”。自项目入驻以来，中心先后帮助项目进行工商注册，对接法务财税、产权专利等服务，从前端帮助企业在秦创原落地生根，同时在企业发展中期积极对接省市、秦创原及西咸新区相关配套政策，并对企业进行一对一辅导申报，帮助企业享受政策红利，举办“西咸创业π计划”系列创业培训活动，解决企业发展难题，对接国家级、省市重要领导参观调研，组织主流媒体关注报道，提升品牌影响力；在企业连接市场及资本阶段，中心对接秦创原、西咸新区及沣西新城相关政府部门，积极为企业寻找厂房，联动产业上下游资本资源，最终成功帮企业打通发展壁垒，解决实际问题。经过与创投机构的接洽，企业在实践中不断升级迭代项目技术，经过努力，终于在2022年6月获得亿元天使轮融资。

2. 助力“引汉济渭”获得订单并实现创收

自“引汉济渭”入驻以来，中心积极对接各方资源，2021年12月，在秦创原和中心的牵头下，引汉济渭的无人机产品顺利拿下一笔76万元订单，真正实现了科技成果市场化。同年，引汉济渭受西安市建科大社区委托，对建科大社区核酸检测场地进行无人机消杀作业，利用科技精准助力战“疫”。中心积极为企业对接媒体宣传，帮助企业扩大影响力。

3. 帮助“清秀生态”获得秦创原春种基金100万元股权融资

中心不仅为“清秀生态”提供办公配套、工商注册、法务财税等基础服务，同时帮助企业积极对接省市、秦创原及西咸新区的人才认定、科小高企等相关配套政策，进行一对一辅导申报，帮助企业享受政策红利，组织省市级主流媒体进行专题采访报道，提升品牌影响力，举办“西咸创业π计划”等系列培训活动，为企业全面赋能。在中心的助力对接下，西安清秀生态科技有限公司获得秦创原春种基金100万元股权融资，用于研发团队进行公司化运营。

（三）加大宣传，提升品牌影响力

清控科创西部创新加速中心自成立以来，加大宣传，举办各类创新创业活动100余场，媒体报道近300次，对接服务4000余个项目，服务2万人次，累计曝光量1000万余次。陕西省委书记刘国中、省长赵一德及省内外重要领导先后莅临中心调研100次；吸引《欧华时报》、国际华文联盟、人民网、新华网、中国网、《陕西日报》、陕西电视台等国内外主流媒体报道累计近200次，举办"西咸创业π计划"自主品牌公益培训活动60场；在第十一届中国创新创业大赛（陕西赛区）中，清秀生态、英菲莱特分获生物医药初创组第二名、三等奖；逸动智球荣登央视《创业英雄汇》，并获得意向投资。天之博特先后荣获IROS2021F1TENTH Virtual Competition总冠军、2018全球（南京）人工智能应用大赛三等奖、南京市《创赢未来》栏目总冠军；同时，中心也先后荣获2021年度西部云谷"双创之星"企业奖、2022年度"西部云谷青年先锋队"及2022年西咸新区"好青年集体"称号。

三　"一体两翼"科创孵化特色模式

针对陕西高校转化不够的问题，清控科创西部创新加速中心也因地制宜，探索出了一条适合于陕西科创发展及秦创原发展的模式——"一体两翼"科创孵化特色模式，即"学院+"特色理念、"西咸创业π"服务计划、《科创新星说》品牌栏目，打破"零散""精准服务"，以两链融合为基准，解决企业不同阶段的痛点，有效匹配，科学服务。

（一）一体："学院+"服务计划

"一体"指立足本地产业发展需求，借助本地科教资源，与各学院建立整体合作，引进院系落地，构建科研院所、投资机构、技术专家、科创导师联盟，全面为区域及科创企业赋能，即"学院+"服务计划。

"学院+"服务计划，围绕"孵化服务、投资对接、院系合作、政策申报、科技成果转化、人才引进"六个维度进行全面赋能。立足本地产业发展需求，借助本地科教资源，沿用清华大学与清控科创多年实践成功的"学院成建制"模式。并以"成建制合作"解决科技成果转化效率低、市场渠道窄、大企业需求落地难、技术转换难、产业链条不连通等问题，形成产业一体化。

同时，清控科创西部创新加速中心在孵化器原有服务的基础上，重点进行"产业+"赋能，全面打通"学院+"服务生命周期。前期，通过引智引资、组建联盟，播种开垦"院系资源土壤"，已联合清华大学、西安交通大学、西北工业大学、西安电子科技大学等18所高校、科研院所等资源，技术供应商、资本机构，形成"秦创原"核心原动力及土壤根基。中期，通过融合创新、精准赋能、供养培育，以中心的服务与运营来为企业供给营养，以多元化资源渠道为产业的各个点及发展阶段精准赋能，解决产业链条中各环节的实际问题，并为各产业技术及赛道提供解决方案、商业模式、应用场景、技术服务、资源渠道、市场合作；后期，通过打通产业、力促转化，孵化、投资一批优质项目，并将孵化成熟的、具备产业互补性的项目推向产业后端，对接资本及市场，促进产业科技成果转化，帮助一批项目实现科技成果转化，收获果实。

图1　打通"学院+"服务生命周期

（二）"两翼"："西咸创业π"计划

"两翼"，一是以"西咸创业π"计划为服务内容。清控科创西部创新加速中心特别结合企业实际诉求，为帮助企业成长发展，加强组织培训活动，打造了“西咸创业 π”计划。

“西咸创业 π”计划，是以打造区域创新发展新引擎为主线，以强化创新创业服务平台建设为切入点，围绕双创全要素、全业务、全流程开展的系列创新创业品牌活动。聚焦创新孵化、产教融合、人才对接、创业培训、资本对接、产业升级等方面，为创业者提供全方位服务。旨在推动新区“双创”事业向更大范围、更高层次、更深程度迈进，全面营造创新创业的良好氛围，为新区经济高质量发展持续注入新动能，构建推动区域创新发展的新高地。

“西咸创业 π”计划包括“科创加速站、人才驿站、创业学院站、创享空间站”四大板块，为科创企业全面赋能。

（三）“两翼”:《科创新星说》品牌栏目

“两翼”以《科创新星说》为品牌栏目，通过关注企业发展动态，聚焦企业热点事件，挖掘创业人物的心路历程、创业经历，为企业进行原创专题报道，挖掘企业亮点，有助于企业对接媒体报道，提升品牌价值。

《科创新星说》品牌栏目，是清控科创西部创新加速中心推出的一档以“创业人物”为主角、“企业动态”为入口、“对话访谈”为形式、“创客故事”为亮点、“创业历程”为路径、“媒体报道”为扩散的科创新星原创报道栏目。重在通过关注企业发展动态，聚焦企业热点事件，挖掘创业人物的心路历程、创业经历、人生转变、项目轨迹，以人物展示创业百态，以共鸣激荡创业共情。

《科创新星说》品牌栏目，以“图文专访+短视频”形式，在清控科创西部创新加速中心融媒体发布，并与国际在线、中国网、陕西电视台、陕西发布、陕电侠、西安电视台、西安发布、腾讯陕西、新浪陕西、三秦都市报、凤凰网等媒体合作报道，助力科创项目品牌宣传，提升陕西及秦创原科创项目品牌影响力。

四 科创孵化特色创新措施

（一）挖掘一批“产业推手”

围绕产业链部署创新链，围绕创新链布局产业链，清控科创西部创新加速中心结合企业领域，重点挖掘扶持一批“产业推手”，打造“两链”融合，推动产学研用一体，在氢动能、数字农业、环保科技、电子信息技术、人工智能、新材料、新能源等各产业领域也孵化出一批优质项目。具体如下。

在氢动能产业领域，引进扶持秦创原引汉济渭研究中心，致力于打造水陆空一体化的人工智能数字孪生解决方案，目前将数字孪生、人工智能、氢能源应用作为三个主要技术方向进行产品布局和研发。

在数字农业产业发展上，引进支持农链科技发展，作为“中国数字农业创新实践者”，农链科技在全国率先提出数字农业“四次元”概念，从“生产主体数字化、生产管理数字化、市场营销数字化、产业决策数字化”四个维度入手，利用自主研发的“点点帮农”产销一体化大数据共享服务平台和数据智能技术，为基层政府和新型农业经营主体服务，可有效破解农业领域“农业科技推广难”和“农产品销售难”等行业痛点。

（二）提供“陪伴式一站式服务”

从招募引入企业后，清控科创西部创新加速中心致力于为入驻企业提供“陪伴式一站式服务”，帮助企业全程办理工商注册等日常工作，并引入第三方知识产权、法务、财税等机构，点对点帮助企业起步运行。

（三）提供全方位精准辅导

一是整合梳理精简版政策包。清控科创西部创新加速中心大力研究秦创原政策导向，研究秦创原70条、西咸新区15条及12条，整合梳理出精简版政策包，帮助企业点对点进行政策申报。

二是打造科创专家智库，提供精准辅导。清控科创西部创新加速中心签订省市近40位专家导师，通过培训辅导，帮助企业梳理思路、打磨项目、增长知识、互通有无。

三是对接金融机构，以“金”助企。清控科创西部创新加速中心帮助企业对接陕金控、西咸金控、光大银行等金融机构及省内外投融资机构，以“金”助企，星环聚能已获得数亿元天使轮投资，在此过程中，中心从工商注册到培训再到媒体推广、对接厂房及投资机构，积极参与项目发展中，实时提供帮助，促使企业成功获投；同时还帮助满心满行、清秀生态获投，农链科技在陕股交所科创板（高企专区）挂牌。

五　展望与启示

清控科创西部创新加速中心始终坚持“以已为桥、企业为先”的服务精神，形成了“工商注册—政策申报—知识产权—创业培训—媒体推广—业务合作—融资对接”一站式科创服务，并结合实际发展及自身特色，打造了“一体两翼”特色服务模式，整合出台了符合企业需求的“政策包+服务包”，直接有效地为企业打破创业壁垒提供有效途径。

同时，清控科创西部创新加速中心重点挖掘扶持一批“产业推手”，打造“两链”融合，推动产学研用一体，在氢动能、数字农业、环保科技、电子信息技术、人工智能、新材料、新能源等各产业领域也孵化出一批优质项目。

未来，清控科创西部创新加速中心将不断蓄力，紧密围绕党的二十大精神，为“加快实施创新驱动发展战略，加快实现高水平科技自立自强”及“深入实施人才强国战略”贡献力量。并立足秦创原发展目标，汇聚产业资源，打造立体联动“孵化器”、科技成果转化“加速器”、两链融和“促进器”，推动陕西科技创新高质量发展。

参考文献

郑曦：《一流高校产学研共生体建设理念与路径——基于西北工业大学太仓长三角研究院的实践》，《科技管理研究》2022年第22期。

陈子韬、袁梦、孟凡蓉：《政府资助、科技类社会组织与产学研协同创新》，《科学学研究》2023年第1期。

杨向卫、朱小芳、孙冰红：《“双一流”背景下地方行业高校特色发展实证研究——以陕西8所行业高校为例》，《中国高校科技》2020年第7期。

B.22
科技赋能“小木耳大产业”*

赵鹏鹤**

摘　要： 乡村振兴的基础是产业兴旺，关键是做强县域经济。县域经济是推动新型城镇化建设、对接城市与农村、带动乡村产业发展的龙头。柞水县为破解乡村振兴难题，探索产业兴农新路径，通过农业科技创新，聚焦木耳产业，科学制订产业规划，研发木耳原种，建立种源体系，全力提高管理培训水平，铸造“柞水木耳”品牌，打造产业链发展，以市场化为导向优化产业结构，实施一二三产融合发展，实现了农民增收、产业良好发展、县域经济实力增强。通过科技赋能助力乡村产业振兴，将柞水木耳发展成为产业链条更长、科技含量更高和高附加值产品更优的综合效益好的大产业，带动农民增收，实现经济、社会与生态协调发展。

关键词： 乡村振兴　产业发展　科技赋能　小木耳

党的二十大报告指出，加快建设农业强国，扎实推动乡村产业、人才、文化、生态、组织振兴。全面建设社会主义现代化最艰巨繁重的任务仍然在农村，农村发展的关键是推动乡村产业发展。2020 年 4 月 20 日，习近平总书记在柞水考察时点赞“小木耳、大产业”，充分肯定了柞水金米村的产业发展模式，为乡村产业发展开出良方。近年来，柞水县以科技创新加持木耳

* 本报告系陕西省社会科学院 2022 年度重点课题（立项号：22ZD02）的阶段性成果。

** 赵鹏鹤，博士，陕西省社会科学院经济研究所助理研究员，研究方向为环境治理与区域经济。

产业发展，做优做强产业链，使小木耳逐渐成长为大产业，柞水木耳也成了民众致富的“金耳朵”。柞水县形成了“科技专家+示范基地+农业技术员+科技示范户+辐射带动农户”的食用菌产业科技发展的新模式，打通了科技赋能农业产业化的“最后一公里”。

一　聚焦木耳产业，推动乡村产业化发展

坐落于秦岭深处的陕西柞水县，森林资源极为丰富，全县植被覆盖率高达88%，森林覆盖率达80%，为木耳产业的发展提供了得天独厚的条件。作为生长木耳的最佳树种之一，当地以柞树种植木耳由来已久。长期以来，传统的木耳栽种方式产量低、销量少，柞水木耳也因此“养在深山人不知”。究其原因，主要存在以下问题：①从事黑木耳栽培种植的农户缺乏科学的理论和技术，种植技术落后，习惯粗放经营，导致成本高、产量少、收益低；②对自然条件依赖性强，因经济条件限制，缺乏相应的基础设施；③销售网络不畅，以传统的上门收购为主，销售价格受制于人，种植户风险大；④信息蔽塞，无法及时对接市场变化，栽培种植带有盲目性。

为破解木耳产业的发展难题，探索出产业兴农新路径，柞水县立足地方资源优势，木耳产业被确定为脱贫攻坚的主导产业。自此，柞水县对木耳产业实施国家专项财政资金支持，开展产业专业人才的引进，搭建合作平台攻克技术难题，推动线上线下销售协同发力，柞水木耳成功实现了从秦岭野生、家庭作坊到龙头企业产业化发展之路。特别是科技的注入，从木耳选栽、生长管理、生产加工到废弃物处理等全力帮助从业人员提升技术能力，在技术对接、产业改造、市场拓展及平台支撑等方面全力助推木耳产业转型升级发展。

柞水县坚持以科技创新为先导，赋能全环节、全链条、全产业增值融合发展，在设备端、生产端、加工端、销售端和融合端持续用力、狠下功夫，推进木耳产业提档升级。政府引导平台——柞水县科技投资发展有限公司承担着“小木耳、大产业”的发展重任。该平台以“服务三农”为宗旨，充

分发挥科技引领作用，积极参与乡村产业振兴，采用“公司+科研院所+示范基地+农户”生产经营模式，建设了李玉院士工作站、木耳菌种繁育基地、木耳产品研发基地、木耳大数据中心、木耳加工包装车间、木耳质量检验检测平台和木耳专营店等，为木耳产业提供了从原种研发、大田栽植、生产加工到电商销售闭环式科技支撑。

柞水县立足自身资源禀赋，将木耳产业作为重点发展产业，成效已初步显现。柞水县已经形成规模化木耳产业带3条，建成木耳产业园区6个、专业村46个，栽植木耳近亿袋，户均收入可达8000元以上。以小岭镇金米村为例，2015年，曾经的柞水县小岭镇金米村贫困发生率达21.85%，通过“集体经济+基地+贫困户”模式和订单种植等形式，将当地小农户与大市场紧密连接，带动贫困民众长期受益，户均增收5000元以上，2020年人均可支配收入达1.1万元，产业发展带动农民增收效果明显，绿色循环经济和产业融合发展步伐加快[①]。

二 聚焦木耳产业，推动科技创新赋能

（一）科学制定产业发展战略

发展战略是引领产业发展的基本纲领。针对柞水地区木耳原种品质不良、栽培加工技术落后、菌种适应性差等问题，李玉院士在调研的基础上，根据食用菌产业化发展的特点，结合柞水的区域特点，提出了木耳产业发展的“1153”战略，全面助力柞水木耳产业发展。发展战略确定后，柞水先后出台多项发展规划，调整产业发展的顶层设计，保障木耳产业发展战略实施。专业技术人员为柞水乡村产业振兴注入科技力量，对实现木耳产业柞水顶层设计时的产业布局统筹和全方位的闭环保障措施提供基础。

① 申琳：《小木耳变成大产业》，人民网，2020年7月20日，http://rmfp.people.com.cn/n1/2020/0729/c406725-31801739.html。

（二）打造种质资源保障体系

野生食药用菌是公认的重要生物资源，加强种质资源收集、保护和开发利用，加快大型真菌资源的保育与利用，有利于国家战略、生态安全和农业发展，是践行习近平“两山”理念的重要实践。优良的种质资源是木耳产业的发展根本。针对柞水县野生菌分布不清、生存状况不明、资源保护措施不力、保护策略欠缺、开发利用不尽合理，大型真菌资源保育区建设处于空白的情况，实施“一区、一馆、五库”（菌物保育区、标本馆、菌种库、活体组织库、有效成分库、遗传信息库、信息库）菌物资源保育技术体系，保障食药用菌种质资源安全，解决产业发展“卡脖子”问题极为迫切。李玉院士团队在柞水县境内开展菌物多样性资源全方位的科考调查，并对科考形成的菌物标本、图片、组织块、基因、有效成分和信息等进行整理和数据化，建立完整的柞水菌物资源多样性的数据，为推进“一区、一馆、五库”建设工作、柞水县真菌资源的研究和开发利用提供源源不断的种质资源，进一步奠定柞水县食药用菌产业发展基础。

（三）技术帮扶提高产业化水平

科技创新是助力产业化发展的关键因素。一是品牌打造计划。院士团队对柞水木耳产业发展情况进行了全面深入调研，分析了制约木耳产业发展的影响因素，结合柞水实际，找到了木耳产业发展的病根。以“柞水木耳”为品牌，实施品牌化产业发展策略，协助柞水全面启动品牌打造计划。二是制定产业标准。院士团队协助制定了柞水木耳地方标准和 5 个企业标准及技术操作规范，制定了菌包生产、大棚吊袋栽培等 4 项技术规程，为木耳产业规范化、现代化发展提供技术支撑。三是开展专家技术培训。为提升产业发展质量，提高产业生产水平，科技人员对温室管理、种植大户、菌包厂技术人员等开展了多场次培训。四是推广先进的栽培技术。引入选育的木耳新品种，改良传统的栽培基质，采用科学的栽培管理技术，推动产业循环发展。五是推动木耳产业转型升级。随着时代发展，传统种植业已经朝数字化方向发展，采用先进的科学技术、先进的种植机械、先进的智能化设施，为木耳产业的现代化转型升级及高质量发展提供科技支撑。

（四）科技助力质量品牌打造

科技创新助力构建全产业链技术质量管理体系，为品牌打造夯实管理基础。为保障产业健康长期发展，院士团队在监测识别、质量溯源、安全控制技术的基础上，构建了食用菌生产加工全产业链质量安全云数据平台，制定了木耳产品技术标准和木耳技术操作规程。依托科研机构和云公司的技术支持，完善柞水木耳大数据中心数据收集功能，实现木耳产品从种植、加工到销售的全流程可追溯。对进入市场销售的柞水木耳建立二维码全程溯源体系，赋予木耳电子生产履历，实现木耳产品数字化、身份证管理，构建柞水木耳公共品牌和企业品牌。坚持线上线下并重，全力拓宽销售渠道，累计发展电商经营主体190余家，开办线上线下消费扶贫协作店21家。李玉院士因在柞水的贡献，2021年2月荣获全国脱贫攻坚楷模奖，中央电视台常年播放宣传柞水木耳及有关产品。

（五）研发培训体系强化产业优势

研发体系是保持产业优势的原动力基础。通过攻关关键技术、优化生产工艺、木耳产业延链拓链，提升产品市场竞争力。采用“外引内培”的方式构建研发体系，打造科技驱动发展平台，为产业发展提供源源不断的竞争力。对外，加大招才引智力度，为引入的科研团队，搭建了李玉院士工作站、木耳技术研发中心等科技驱动产业发展平台，开展秦巴山木耳种质资源发育与高产栽培关键技术研究，加强秦岭生态适生优质菌种研发。目前已将选育的1~5号菌种全面推广，科技含量高的金耳、玉耳等新品种也在逐步推广。已研发出木耳片、木耳冰激凌、木耳超微粉、木耳菌草茶等多种木耳深加工产品，全面提升了柞水木耳产品附加值和市场核心竞争力。对内，坚持“条块结合、全员培训”的原则，培养本土专家，提升科学种植水平。采取“邀请专家授课、外出培训学习、大户现场传授、送技术进棚入户”

等形式，多层次、多渠道开展技术培训，累计培训干部、耳农 2 万余人次，培养出本土木耳土专家 420 余名，初步实现了干部学木耳、耳农懂技术、村村种木耳的目标，为全县木耳高质量发展提供了人才和技术支撑。

三　聚焦木耳产业，多措并举推动产业链发展

（一）保障产业发展的种质资源

种质资源是农业产业发展的根本，进行菌种选育，是破解木耳产量低的根本途径。杂交育种、诱变育种、基因育种等现代化育种手段将为木耳产业发展提供更加优良的菌种，为木耳产业的发展奠定基础。李玉院士工作团队进行了 3 次本地原生木耳菌种样本采集，选育宜栽菌种 5 个，并为柞水 5 家菌包厂推荐使用，其中 2 个菌种已在全县大面积推广。在本地原生菌培养改良的基础上，运用现代生物技术，继续改良研发木耳原种能保障产业可持续发展。重点开发木耳新品种，积极发展草腐菌，替代木本资源消耗，特别是药食两用高附加值的食用菌，实现资源效益最大化。在专家的指导下，初步建立了产业基础体系。协助建成了木耳菌种繁育基地、木耳研发中心、木耳大数据中心、木耳检验检测中心、木耳休闲食品深加工研发基地，建成了木耳代餐超微粉生产线。

（二）实现生产方式现代化集聚发展

推进木耳产业的规范化、模块化发展，实现一二三产融合发展。实现生产组织方式转型，大力发展产业集聚区、专业大户，推动食用菌生产的规模化、集群化、工厂化。一是找准定位，保障适度规模。明确本地食用菌产业发展的定位、方向、目标和路径，因地制宜发展食用菌产业。科学论证得出全县木耳类和其他食用菌品种产量规模底线可以控制在 1 亿袋左右的结论后，柞水把发展食用菌产业确定为农业发展和农民增收的战略产业。从转变发展方式入手，加大菇棚等设施化、标准化、工厂化改造，大力推动食用菌

生产的转型升级，大力推动集约化基地和规模化主体建设，协调一二三产融合发展。二是加快木耳规范化生产。通过制定木耳类的生产技术规程，并组织农户按规程生产，提高本县木耳规范化栽培管理水平，进而提升全县木耳产品的品质和产能。三是模块化发展。以龙头企业为核心，以示范种植为引领，聚焦木耳产业链生产管理等环节，布局形成了产业带、功能区、专业村和种植户，初步形成了“三带六区、专业村支撑、大户带动”的木耳产业格局。四是加快工厂化发展。以科普园、示范园、观光园，绿化、美化、硬化“三园三化”为标准，加快标准化食用菌基地和高标准菇棚建设，采取“五统一”模式（统一基地规划、统一原辅材料、统一菌种供应、统一技术服务、统一加工销售），实行全过程“流水线”的标准化服务管理。继续完善柞水木耳小镇建设，加大食用菌产业园区建设力度，更好发挥行业引领、示范和带动作用。

（三）坚持以市场导向优化产业结构

坚持市场导向，提升常规木耳栽培水平引进开发珍稀菌，适度发展药用菌；以集约化、规模化、工厂化为抓手，加大力度培育食用菌集聚区和规模主体。在重点提升木耳产业优势的同时，充分利用柞水丰富的山地、森林和菌种资源，适度拓展食用菌种种植品种，调整产业结构，开发衍生产品，做大做强产业链条。借鉴东北地区曾将木耳食用菌种卖到全国各地的做法，现在每年都有少量菌棒出口的基础上，把木耳菌种和菌包往全省和周边省市进行销售，拓宽企业销售渠道。大力挖掘木耳深加工产品，持续在深加工、精分离、全利用上下功夫，推出了木耳糖、木耳肽、木耳菌草茶等深加工产品。以原木耳产品为基础，结合旅游产业发展，大力开发了木耳宴系列菜品200余个，广受游客和消费者好评。在木耳销售环节，根据县情实际，主动对接市场，推出“六销”模式（宣传推介展销、电子商务营销、龙头企业带销、商场超市直销、乡村旅游代销、扶贫协作助销），共在汽车站、酒店、超市、高速服务区等配备木耳销售专柜25个，在西安等消费中心城市开办木耳专卖店14家。目前，“政府+合作社+农民+电商+网红”的五方联动营销体系机制已经形成。

（四）实施品牌化的一二三产融合发展

强势的品牌是市场地位和收益的体现，木耳产业也不例外。品牌化战略有利于柞水木耳产业的长期良性发展，有利于形成强势的市场地位，有利于区域经济高质量发展。一是发挥“互联网+品牌”优势。借助国家商标“柞水木耳”品牌优势，在全县范围内统一规范使用“柞水木耳”“柞水黑木耳”等国家地理标志，提高品牌竞争力和市场竞争力。发动域内企业，大力开展网络营销，提高企业电商、产业电商能力；鼓励年轻人投身食用菌产业和食用菌电商经营，提高数字化时代市场营销的能力。二是依托“旅游+”带动产业创新。柞水紧邻西安，森林覆盖率较高，被称为“森林氧吧”，同时有牛背梁、木耳小镇等著名景区，可借势柞水旅游发展优势，依托现有生产、加工的基础，大力开展食用菌新产品开发，拉长食用菌产业链。大力发展食用菌主题旅游，开发旅游地商品、生态养生食品和保健品及其衍生产品，以旅游新需求引导带动一二三产的联动、产品研发和产业的转型升级，丰富产品供给，注入产业活力。

四　关键与启示

（一）立足自然禀赋选准产业是关键

乡村振兴的关键是要选准产业，发展好产业，只有这样才能实现农业农村的现代化。我国农村自然禀赋特征各异，经济区域化差别明显，发展乡村产业要立足实际，依托当地的资源、人文历史及现有产业基础，因地制宜选择适合本地的乡村产业。自然禀赋的差异性决定了产业发展的不同。在发展乡村产业时既要突出特色，又要发挥比较优势，形成独具特色的产业格局。在“两山”理念指引下，柞水依托当地的绿水青山，选择木耳产业作为主攻方向，多措并举带动农户积极参与木耳产业发展，已于2020年实现全面脱贫。

（二）科技助力是产业化发展的路径

面向木耳产业发展的实际问题，坚持科研与生产有效结合，把科技成果应用到农业现代化建设中是推进农业现代化的有效途径。一是科研与生产有效联结。柞水通过建立院士工作站、研发中心等科研平台，构建了科研单位与生产单位的纽带，形成了科研生产联合体，建立双边的长、短期协作关系，加速了技术成果向生产转化的过程。二是科技助力生产全过程。在菌种研发、栽培选育、加工生产、质量控制等环节，加强关键点的科学研究，提升产业发展的质量，保障产业发展的优势，夯实了产业化发展的基础。三是科技强化品牌化建设。品牌建设是木耳产业发展的重要支撑，以科技创新培育新的增长点，打造柞水木耳知名品牌。实施品牌战略，加强品牌建设的发展规划和科技创新示范点创建，以企业开发为主、政府引领为辅，开发出更多的地理标志产品。

（三）创新驱动是做强做优的原动力

创新驱动是产业持续获得竞争力的源泉。柞水县科技赋能木耳产业已经取得突破性进展，综合效益显著。柞水以木耳产业为着力点，围绕产业链部署创新链，累计实施科技项目近 30 项，投入资金 7000 余万元，引进各类科技人才 380 余名，建立菌种繁育及深加工产品研发示范基地，夯实了柞水木耳产业发展创新基础。通过科技提升产业发展水平，打造特色优势，实现了柞水木耳从小到大、从有到优、从弱到强的转变。围绕产品深加工，开发培育出竹荪等一系列珍稀食用菌；围绕产业质量提升，制定行业标准和安全管理体系；围绕产业链痛点堵点，培育出木耳原种，解决了种植普适性问题，加强了生产加工的智能化，实现了产品质量的数字化，推进了销售环节的网络化。木耳产业发展在带动柞水经济发展的同时，以科技创新为助力，树立柞水品牌，探索品牌+旅游、品牌+健康、品牌+文化的发展模式，促进一二三产融合发展，实现从卖产品到卖质量再到卖生态的转变，推动区域经济高质量发展。

（四）产业数字化是提质增效的方法

数字化赋能农业转型和农村产业融合发展，可以显著降低企业和农户搜寻成本、运输成本、追踪成本和确认成本，增加产量、提高质量、产生效益。通过突破农业转型和农村产业融合的物理时空局限，扩大有效市场、有为政府和行业组织、产业联盟等发挥作用的空间，畅通农业农村深化分工协作、增强协同创新能力的路径。柞水木耳产业在生产、供销等方面，充分运用物联网、大数据、云计算等先进科技，实现生产端到销售端的全链路业务在线化、数据化和智能化。同时，数字化倒逼柞水木耳产业种植端、生产端的标准化。此外，数字经济发展带动新农人在现代农业发展中发挥引领带动作用，许多城市人才通过参与农产品营销、品牌培育和农业服务能力建设成为新农人，也昭示了数字经济发展有利于拓展优质要素进入农业农村发展的空间。

（五）规划引领产业标准化发展是产业化发展的基础

规划引领产业标准化发展是产业化发展的基础。进入新时代，巩固乡村产业发展成效，推动农业农村中国式现代化发展已成当务之急。产业选准后，因地制宜做好产业规划，一张蓝图干到底，才能实现农业农村振兴。规划中要体现最新的发展理念、农业和科技的融合，列出具体的事项和进度表，引领产业发展。

（六）机制创新是产业发展的制度保障

形成农业产业的优势，对农业全产业链的支持、扶助、减负是世界性的做法。因地制宜建立健全振兴食用菌产业发展的体制机制，强化产业计划和政策措施的落地，调动政府、企业、农民对从事食用菌生产和开发的积极性。一是示范先行，带动农户共同发展。建立支持种植大户和村干部带头示范的激励机制，推行木耳菌包承包制度，进行重点扶持，推动木耳产业生产端发展。二是实行“一企一策”模式，培育食用菌精深加工龙头企业。出台鼓励补贴政策，简化用地等审批手续，实施差别化电价等，减轻企业负担。三是拓宽产业融资渠道。创新资金筹措方式，建立政府协调机制，解决贷款难、融资难、利率高问题。四是多层次招商，打造企业集群。创新招商方式，以全球化视野专项招商、定点招商，重点吸引同仁堂、安惠、仙芝楼等品牌企业开展项目合作，形成企业集群，提高产业层次，形成一流业态。

五 结语

通过科技赋能柞水木耳产业，打造以木耳产业为主导的产业链，实现产业链全链条发展，引领乡村产业振兴，提高乡村产业发展的效率和质量，为巩固产业可持续发展、提高产业竞争力提供了源源不断的动力。在柞水木耳产业原有规模的基础上，将其发展成为产业链条更长、有更高科技含量和更高附加值产品支撑的综合效益巨大的大产业，带动农民持续增收，同时为绿水青山就是金山银山理念提供了更好的诠释。

参考文献

习近平：《高举中国特色社会主义伟大旗帜 为全面建设社会主义现代化国家而团结奋斗——在中国共产党第二十次全国代表大会上的报告》，中国共产党第十九届委员会，2022。

《科技战贫的木耳院士——全国脱贫攻坚楷模李玉》，吉林农业大学，http://zixun.mushroommarket.net/202103/02/195712.html。

梅林海：《柞水打造经济增长新引擎》，《商洛日报》2021年5月8日。

马敖：《 辽宁省岗山省级森林公园大型真菌多样性研究》，吉林农业大学硕士学位论文，2019。

权威报告·连续出版·独家资源

皮书数据库

ANNUAL REPORT(YEARBOOK) DATABASE

分析解读当下中国发展变迁的高端智库平台

所获荣誉

- 2020年，入选全国新闻出版深度融合发展创新案例
- 2019年，入选国家新闻出版署数字出版精品遴选推荐计划
- 2016年，入选“十三五”国家重点电子出版物出版规划骨干工程
- 2013年，荣获“中国出版政府奖·网络出版物奖”提名奖
- 连续多年荣获中国数字出版博览会“数字出版·优秀品牌”奖

皮书数据库

“社科数托邦”
微信公众号

成为用户

登录网址www.pishu.com.cn访问皮书数据库网站或下载皮书数据库APP，通过手机号码验证或邮箱验证即可成为皮书数据库用户。

用户福利

- 已注册用户购书后可免费获赠100元皮书数据库充值卡。刮开充值卡涂层获取充值密码，登录并进入“会员中心”—“在线充值”—“充值卡充值”，充值成功即可购买和查看数据库内容。
- 用户福利最终解释权归社会科学文献出版社所有。

数据库服务热线：400-008-6695
数据库服务QQ：2475522410
数据库服务邮箱：database@ssap.cn
图书销售热线：010-59367070/7028
图书服务QQ：1265056568
图书服务邮箱：duzhe@ssap.cn

社会科学文献出版社 SOCIAL SCIENCES ACADEMIC PRESS (CHINA) 皮书系列
卡号：853886552922
密码：

S基本子库
SUB DATABASE

中国社会发展数据库（下设 12 个专题子库）

紧扣人口、政治、外交、法律、教育、医疗卫生、资源环境等 12 个社会发展领域的前沿和热点，全面整合专业著作、智库报告、学术资讯、调研数据等类型资源，帮助用户追踪中国社会发展动态、研究社会发展战略与政策、了解社会热点问题、分析社会发展趋势。

中国经济发展数据库（下设 12 专题子库）

内容涵盖宏观经济、产业经济、工业经济、农业经济、财政金融、房地产经济、城市经济、商业贸易等12个重点经济领域，为把握经济运行态势、洞察经济发展规律、研判经济发展趋势、进行经济调控决策提供参考和依据。

中国行业发展数据库（下设 17 个专题子库）

以中国国民经济行业分类为依据，覆盖金融业、旅游业、交通运输业、能源矿产业、制造业等 100 多个行业，跟踪分析国民经济相关行业市场运行状况和政策导向，汇集行业发展前沿资讯，为投资、从业及各种经济决策提供理论支撑和实践指导。

中国区域发展数据库（下设 4 个专题子库）

对中国特定区域内的经济、社会、文化等领域现状与发展情况进行深度分析和预测，涉及省级行政区、城市群、城市、农村等不同维度，研究层级至县及县以下行政区，为学者研究地方经济社会宏观态势、经验模式、发展案例提供支撑，为地方政府决策提供参考。

中国文化传媒数据库（下设 18 个专题子库）

内容覆盖文化产业、新闻传播、电影娱乐、文学艺术、群众文化、图书情报等 18 个重点研究领域，聚焦文化传媒领域发展前沿、热点话题、行业实践，服务用户的教学科研、文化投资、企业规划等需要。

世界经济与国际关系数据库（下设 6 个专题子库）

整合世界经济、国际政治、世界文化与科技、全球性问题、国际组织与国际法、区域研究 6 大领域研究成果，对世界经济形势、国际形势进行连续性深度分析，对年度热点问题进行专题解读，为研判全球发展趋势提供事实和数据支持。

法律声明